强动荷载下结构的损伤评估及灾变控制

崔 莹 张煜敏 著

中国建筑工业出版社

图书在版编目（CIP）数据

强动荷载下结构的损伤评估及灾变控制/崔莹，张煜敏著．—北京：中国建筑工业出版社，2019.5

ISBN 978-7-112-23632-9

Ⅰ．①强…　Ⅱ．①崔…②张…　Ⅲ．①建筑结构-爆破载荷-载荷分析②建筑结构-地震荷载-载荷分析　Ⅳ．①TU312

中国版本图书馆CIP数据核字（2019）第070566号

本书的主要内容包括：爆炸冲击荷载的作用特征；钢管混凝土墩柱的爆炸试验；爆炸荷载下复式空心钢管混凝土墩柱动态响应数值模拟；复式空心钢管混凝土墩柱的抗爆性能影响因素分析；复式空心钢管混凝土墩柱的损伤评估；强震特点及桥梁结构损伤；基于性能的结构防灾抗震设计方法；桥梁结构在强震作用下的响应；结构防灾抗震元件的优化设计与效能分析；位移型抗震分灾系统效能分析。

本书以桥梁结构为研究对象，运用爆炸力学与振动力学相结合的方法，通过理论分析、试验研究、数值模拟等研究手段对桥梁墩柱、上部结构在爆炸、强震等强动荷载下的动态响应、损伤机理、评估准则、防灾措施等几个方面进行了研究，重点考察了强动荷载（爆炸、强震）的作用及传播特征，强动荷载（爆炸、强震）作用下结构构件的响应及影响因素，爆炸荷载作用下结构构件损伤评估方法及准则建立，结构防灾抗震元件的优化设计与效能分析，以及位移型防灾抗震系统效能分析等内容。本书旨在完善强动荷载（强震、爆炸）下结构动态响应、损伤评估及抗震减灾设计的相关研究，力图揭示结构在强动荷载下的响应、损伤及破坏的全过程，以及不同设计构造因素对于结构的影响，从而为结构在强动荷载作用下的防灾减灾设计提供理论依据。书中所得结论对完善工程结构在强动荷载下的力学响应及防灾减灾设计有着现实而积极的意义。

本书可供土木工程、建筑工程、桥梁工程人员使用。

责任编辑：郭　栋
责任设计：李志立
责任校对：赵　颖

强动荷载下结构的损伤评估及灾变控制
崔　莹　张煜敏　著
*
中国建筑工业出版社出版、发行（北京海淀三里河路9号）
各地新华书店、建筑书店经销
霸州市顺浩图文科技发展有限公司制版
北京建筑工业印刷厂印刷
*
开本：787×1092毫米　1/16　印张：14　字数：348千字
2019年7月第一版　2019年7月第一次印刷
定价：**56.00**元
ISBN 978-7-112-23632-9
（33906）

前　言

强动荷载主要是指作用在工程结构上诸如强震、爆炸和高速冲击等偶然荷载。强动荷载作用时间短且强度大，引发结构的应变率高，往往造成结构的破坏非常强烈，甚至造成结构的连续倒塌。目前在我国民用建筑设计规范中对于偶然荷载作用效应通常只考虑地震荷载与风荷载，而公路桥涵设计通用规范中也仅将船舶、漂流物及汽车的撞击作用考虑为偶然荷载，对于工程结构在偶发强动荷载作用下的动态响应及破坏模式还尚未有具体的约束条款。随着国民经济的不断发展以及全世界范围内时有发生的恐怖袭击，对于一般的工业民用建筑、桥隧等构建筑物，遭受各种因素引发的爆炸或冲击荷载作用的可能性不断提升。因此，进一步明确在强动荷载下结构的动态响应、损伤及破坏模式，从而降低这些构建筑物在突遇强动荷载作用时所引发的结构破坏甚至倒塌的风险是具有现实意义的科学问题。作为强动荷载之一的地震荷载虽然相比较于其他类型的强动荷载研究较多，结构抗震设计计算也相对成熟，然而现行的国内外抗震规范均只考虑了主震影响，没有考虑地震序列中的强余震对结构的抗震性能影响，因此在结构的防灾抗震设计及评价方面也仍存在不足。因此，深入研究在强动荷载下结构的动态响应及损失评价，从而有效地防止结构在突发爆炸或强震作用下破坏和倒塌，减少人员伤亡和经济损失，对实现防灾减灾有着十分重要的理论与实际意义。

本书以桥梁结构为研究对象，运用爆炸力学与振动力学相结合的方法，通过理论分析、试验研究、数值模拟等研究手段对桥梁墩柱、上部结构在爆炸、强震等强动荷载下的动态响应、损伤机理、评估准则、防灾措施等几个方面进行了研究，重点考察了强动荷载（爆炸、强震）的作用及传播特征，强动荷载（爆炸、强震）作用下结构构件的响应及影响因素，爆炸荷载作用下结构构件损伤评估方法及准则建立，结构防灾抗震元件的优化设计与效能分析，以及位移型防灾抗震系统效能分析等内容，得到了一些有参考价值的结论。本书旨在完善强动荷载（强震、爆炸）下结构动态响应、损伤评估及抗震减灾设计的相关研究，力图揭示结构在强动荷载下的响应、损伤及破坏的全过程，以及不同设计构造因素对于结构的影响，从而为结构在强动荷载作用下的防灾减灾设计提供理论依据。书中所得结论对完善工程结构在强动荷载下的力学响应及防灾减灾设计有着现实而积极的意义。

本书的出版得到了西安石油大学学术著作出版基金的资助。本书的部分内容得到了国家自然科学基金、高校博士点专项科研基金的资助。其中，第一章至第六章及第十二章由崔莹撰写，第七章至第十一章由张煜敏撰写，崔莹统稿。

由于时间仓促和作者水平有限，书中难免存在不足之处，恳请读者批评指正。

目　　录

第1章　绪　　论

1.1　研究背景及意义

1.1.1　强动荷载的主要类型

强动荷载（Intensive Dynamic Loading）通常是指爆炸、冲击、振动、地震等作用时间短但释放能量较大的一类偶然荷载，此类荷载最为显著的特征是在结构对象上的作用时间短且引发的应变率较高，因此，被施加的结构对象的响应也不同于传统类型的荷载。此类荷载的强度一般至少都足以引起材料的塑性变形，而载荷持续的时间则从纳秒（如薄膜的撞击和辐射脉冲载荷）、毫秒至秒（如核爆炸或化学爆炸对结构物的载荷）的量级。目前研究较多的几类强动荷载类型归纳如下：

1. 爆炸荷载

爆炸是一种极为迅速（通常在几个毫秒到几十个毫秒的时间之内完成）的物理或化学的能量的释放过程。爆炸物发生爆炸时，气体急剧膨胀推挤周围的空气，在膨胀气体的外沿形成了一个压缩空气层，即爆炸冲击波，含有爆炸释放出的大部分能量。因此，爆炸荷载对于结构单元的施加是瞬态的过程。

2. 冲击荷载

具有一定速度的运动物体，向着静止的构件冲击时，冲击物的速度在很短的时间内发生了很大变化。同时，冲击物也将很大的力施加于被冲击的构件上，这种力在工程上称为“冲击载荷”。通常，根据受冲击载荷作用的材料的质点速度和特征强度，将冲击载荷分为低速、中速和高速三种。

3. 振动荷载

振动荷载是指能使结构或构件产生不可忽略的加速度而且正反向交替的周期性荷载。振动荷载在建筑、路桥结构中均较为常见，人的行走跑跳、设备的使用、车辆的行驶等均能形成振动荷载。

4. 地震荷载

地震是在地球内部不断运动的过程中，集聚的构造应力所产生的应变超过某处岩层的极限应变时，通过地壳的破裂快速释放内部能量的过程。地震引起的振动以波的形式从震源向各个方向传播。伴随着瞬间发生的地震之后，通常还会发生大量余震，它们隶属于同一地震序列[2]，整个地震序列的发生将会造成地震的一系列次生灾害。

1.1.2　强动荷载对结构破坏的反思

强动荷载虽然属于偶然荷载，但是荷载作用时间短且强度大，引发结构的应变率高，往往造成的结构破坏非常强烈。在前述四种主要强动荷载类型中，尤其以爆炸荷载与地震荷载造成的结构破坏为甚。

随着国民经济的不断发展，燃气管道已经进入楼宇，燃气使用不当就极易引发爆炸，从而使结构受到爆炸冲击作用的可能性增加。同时，由于全世界范围内恐怖袭击时有发生，爆炸对于建筑结构的威胁正与日俱增。爆炸恐怖袭击不仅造成大量人员伤亡和财产损失，也对临近的建筑造成严重的损伤破坏。1983 年 4 月 18 日，美国驻黎巴嫩大使馆由于汽车炸弹恐怖袭击，导致一幢七层的建筑物发生局部倒塌，共造成 63 人死亡，100 多人受伤；1993 年 2 月 26 日，美国世贸中心地下二层停车场发生爆炸，整个地下结构层被炸穿，造成楼内多处起火，损失惨重；1995 年 4 月 19 日，俄克拉荷马城市中心的联邦大楼遭受汽车炸弹袭击，9 层的大楼顷刻间倒塌三分之一，造成 168 人死亡，800 多人受伤。建筑物遭受爆炸荷载作用后的前后对比如图 1-1 所示；1998 年 8 月 7 日，美国驻肯尼亚和坦桑尼亚大使馆先后遭到汽车炸弹的袭击，炸弹在瞬间把两个大使馆及其附近的地区变成了废墟，造成了巨大的人员伤亡；2001 年 9 月 11 日，美国世界贸易中心双子塔楼遭到两架被劫持飞机的先后撞击，致使双子塔楼倒塌，进而造成 2830 人遇难；2005 年 10 月 30 日，印度新德里市中心连续发生 4 起爆炸事件，造成 10 人死亡，40 人受伤；2010 年 3 月 29 日，莫斯科地铁发生恐怖连环爆炸，造成 40 人死亡，150 人受伤；2011 年 1 月 24 日，俄罗斯莫斯科多莫杰多沃机场抵达大厅内发生自杀式炸弹爆炸，造成 35 人死亡，130 余人受伤。除恐怖袭击引起的爆炸之外，工业生产与生活中的突发爆炸等意外事故的发生也都有可能导致建筑结构发生严重损坏或倒塌，造成人员伤亡和财产损失。1968 年 5 月 16 日，英国伦敦 22 层的罗得点公寓由于燃气爆炸而导致结构连续倒塌；2011 年 3 月 16 日，日本强震造成福岛核电站爆炸，事故不仅造成了人员伤亡，而且造成了严重的核污染和核辐射的不良后果；2012 年 12 月 17 日，乌克兰哈尔科夫一幢 16 层楼房由于居民煤气罐使用不当引发爆炸，造成 9～11 层的楼板损坏，4 人死亡。

(*a*)

(*b*)

图 1-1 俄克拉荷马办公大楼爆炸前后对比

(*a*) 遭受爆炸荷载前；(*b*) 遭受爆炸荷载后

我国虽然发生的恐怖袭击较少，但由于易燃易爆化学品和天然气使用处置不当等所引发的爆炸事故发生率也在不断增长，人民生命财产遭受的威胁也与日俱增。1996 年 1 月

31 日，湖南省邵阳市郊发生特大炸药爆炸事故，致使爆炸点周围 100m 左右的房屋受到不同程度的毁坏，事故共造成 134 人死亡，405 人受伤；2001 年 3 月 16 日，河北省石家庄市长安区发生蓄意爆炸案，造成 108 人无辜丧生，多栋房屋倒塌；2005 年 4 月 21 日，重庆市东溪化工有限公司的乳化炸药生产车间突发爆炸，致使厂房及生产设备遭到严重破坏，共造成 19 人失踪，10 人受伤；2006 年 4 月 10 日，山西省忻州市轩岗煤电公司一幢家属楼因住户私藏炸药而引发爆炸，造成 34 人死亡；2007 年 6 月 5 日，温州乐清虹桥镇一幢 5 层民宅发生燃气爆炸，导致一楼和地下室完全坍塌；2010 年 1 月 7 日，位于兰州市西固区北部钟家河的中石油兰州石化公司三零三厂发生重大爆炸事故，距事故现场 17 公里处能感到爆炸引发的震动。事故造成 6 人死亡，1 人重伤，另有 5 人轻伤；2010 年 7 月 28 日，南京第四塑料厂拆迁工地丙烯泄漏，引发爆燃，造成 13 人死亡，120 人受伤，方圆一公里内的民居楼、宾馆以及店铺的玻璃窗全部震碎，距离爆燃点约 100m 的两层楼高的厂房被震倒；2011 年 11 月 14 日，西安市嘉天国际大厦一层餐饮商铺发生爆炸事故，冲击波伤及路边公交站候车人员和行人，酿成 10 亡 36 伤的惨剧；2012 年 11 月 23 日，山西省晋中市寿阳县一家火锅店忽然发生煤气爆炸燃烧事故，造成 14 人死亡，47 人受伤；2013 年 2 月 1 日，连霍高速公路河南渑池段义昌大桥因一辆运输烟花爆竹的车辆发生爆炸，造成该桥南半幅桥面垮塌，造成多辆车辆坠桥。事故造成 10 人死亡，11 人受伤。频发的各种爆炸事故和恐怖主义爆炸袭击使我们清醒地认识到，结构构件抗爆性能的好坏直接决定建筑结构在面临爆炸荷载作用下的安全性的高低。

与爆炸荷载不同，地震属于一种自然灾害，其突然发生通常会带给人类生命及财产的巨大损失，自然灾害已成为世界性的阻碍经济、社会发展，影响社会安定的重大因素。尤其在经济飞速发展的现代社会，突如其来的地震带有更为巨大的破坏力，使其成为各种造成重大经济损失和社会问题的各种自然灾害之首。

伴随着瞬间发生的地震之后，通常还会发生大量余震，它们隶属于同一地震序列，整个地震序列的发生将会造成地震的一系列次生灾害，诸如建筑结构、桥梁等公共设施的倒塌，火灾、滑坡、泥石流、海啸等。不仅地震灾害本身所产生的巨大能量会造成对人类生命安全的威胁和各类基础设施的破坏与倒塌，其所引起的次生灾害也会导致十分巨大的间接经济损失，而地震引发的感情创伤和各类社会问题更是难以消除。根据《中国环境统计年鉴 2007》的相关资料，自 20 世纪以来，中国发生 6 级以上地震近 800 次，遍布除贵州、浙江两省和香港特别行政区以外所有的省、自治区、直辖市。2001～2010 年期间全国发生 5.0 级以上地震次数为 423 次，平均每年 40 多次，表 1-1 对其进行了统计。

2001～2010 年间 5 级以上的地震　　　表 1-1

发生时间	发生次数	发生时间	发生次数
2001	39	2006	38
2002	33	2007	25
2003	46	2008	97
2004	43	2009	36
2005	32	2010	34

近 20 年来所发生的重大自然灾害中，无论是人员伤亡损失还是经济损失，地震灾害

均排在灾害之首，统计结果如表 1-2 及表 1-3 所示[1]。从统计表中的各项数据、近年来自然灾害的特点以及所致损失的排列位次可以看出，地震灾害引起的生命、财产损失均高居榜首，但这些数据仅仅是直接性的灾情状况，灾害所引起的间接损失则难以精确估算，其对社会经济的影响也将持续较长时间。

中国近 20 年来发生的重大自然灾害　　表 1-2

位次	灾害种类	灾害发生时间	死亡人数
1	地震	2008 年 5 月 12 日	87150
2	洪涝	1998 年 7 月	3656
3	洪涝	1996 年 6 月	2775
4	旱灾	1991 年 2 月	2000
5	洪涝	1991 年 6 月	1729
6	洪涝	1995 年 5 月	1437
7	洪涝	1996 年 8 月	1200
8	旱灾	1994 年 8 月 21 日	1174

中国近 20 年经济损失排在前十位的自然灾害　　表 1-3

位次	灾害种类	灾害发生时间	直接经济损失(估计)(亿元)
1	地震	2008 年 5 月 12 日	8451
2	地震	2010 年 4 月 14 日	8000
3	洪涝	1998 年 7 月	2100
4	冰冻雪灾	2008 年 1 月 10 日	1477
5	旱灾	1994 年 1 月	963
6	洪涝	1996 年 6 月 30 日	882
7	洪涝	1999 年 6 月	567
8	洪涝	2003 年 6 月	552
9	洪涝	1991 年 6 月	525
10	洪涝	1995 年 5 月	470

从以上分析不难看出，虽然多数强动荷载虽属于偶然荷载，但其荷载偶发、强度大、时间短的特点造成被施加荷载的结构往往损伤破坏严重，甚至发生连续倒塌，造成了大量的人员伤亡和不可挽回的经济损失。因此，如何有效地防止结构尤其是普通工业与民用建筑、桥隧等在突发强动荷载下的破坏、损伤和倒塌，减少人员伤亡和经济损失，已经成为各国科研和工程技术人员所面临的一项迫切又重要的攻关课题。

1.1.3　研究意义

从上述的分析我们不难看出，在复杂环境下工作的工程结构如交通安全保障设施、港口设施、海上采油平台、桥梁，以及有特殊防护要求的建筑如大使馆、政府机构、核电站厂房、城市生命线工程等，除了承受静荷载、疲劳荷载等传统类型的荷载之外，也遭受着爆炸、撞击、振动、地震等强动载作用的风险。强动载的短时特征造成结构的响应不同于传统类型的荷载。通常对于重要的建筑物，如军事防护结构、外交使馆等，在设计时即考虑了诸如爆炸荷载等强动荷载，因而具有一定的防护能力。然而，对于一般的工业民用建筑、桥隧等构建筑物，通常的设计计算过程中并未考虑如上所述的燃气爆炸等强动荷载的作用，但这些结构也可能遭受各种因素引发的爆炸或冲击荷载。所以，需要进一步明确在强动荷载下结构的动态响应、损伤及破坏模式，从而降低这些构建筑物在突遇强动荷载作用时所引发的结构破坏甚至倒塌的风险。作为强动荷载之一的地震荷载虽然相比较于其他类型的强动荷载研究较多，结构抗震设计计算也相对成熟，经过近 100 年的科学研究和工程实践，经历了包括刚性设计、柔性设计、延性设计、结构控制设计以及基于性能的多个抗震设计阶段[2]，这些方法均以使结构具有更好的抗震性能作为设计目标。但随着高新技术的飞速发展，现代社会对于结构的性能要求与以往不同，不仅注重结构的安全方面，还对结构的整体性能、安全和经济等方面有所要求。因此，以保障生命安全为抗震设防目标的设计思想显得不够完备。如何能做到结构在中、小震作用下仍能正常使用，在大震时不发生倒塌以保障生命安全，同时不会造成巨大的经济损失，已然成为现代抗震设计需要面对和解决的问题。

综上，建筑结构对强动荷载的反应模式与在传统荷载下的反应模式完全不同，人们在传统荷载方面积累的科研成果并不能直接应用于强动荷载作用于结构的分析上。因此，进一步研究强动载对工程结构的影响，对于提高国防和人工防护工程的防护能力，最大限度地减轻灾害、事故造成的破坏，从而保证结构安全和生命财产安全有重要意义。

1.2 国内外研究现状

如前所述，工程结构面临的强动荷载作用有冲击荷载、爆炸荷载、振动荷载及地震荷载，荷载类型及研究对象涉及内容较深广[3]。因此，结合本书研究对象是以桥梁结构中的墩柱在爆炸荷载作用下及防落梁系统在强震荷载作用下的响应及相关分析，国内外的相关研究领域主要从爆炸荷载及地震荷载两个方面进行总结分析。

1.2.1 强动荷载于结构的作用特征

1. 爆炸荷载作用

炸药爆炸引起建筑物破坏的因素主要有以下几个方面：爆轰产物的作用，空气冲击波的作用以及爆炸所掀起的固体飞散物的直接作用。由于爆轰产物作用范围大约只在 10～15 倍装药半径范围之内，破片、砖石等固体飞散物虽然飞散很远，但是对爆炸物只能造成局部破坏，并且与外界条件关系很大，所以爆炸对建筑物的破坏主要考虑空气冲击波。描述空气冲击波强弱的参数有三个：峰值超压、正压区作用时间和冲量。空气冲击波对建筑物的破坏，是由峰值超压和冲量共同作用的结果。因为正压区作用时间随着距爆心距离和药量的增加而增加，故大药量远距离作用时，一般以峰值超压的破坏为主，小药量近距离作用时，一般以冲量破坏为主。

以美国为代表的西方发达国家自 20 世纪 50～60 年代就开展了结构在爆炸荷载下的响应研究，20 世纪 80 年代中后期开展了有关建筑物防护恐怖爆炸工程技术的系统研究，对大使馆和联邦办公建筑提出了专门的防护技术措施，同时逐渐地将军用技术向民用建筑转移，并进行了可行性研究[4,5]。美国出台有关军事设施和民用建筑的抗爆设计规范也较国内要成熟和提早许多[6]。从研究的热点来看，早期众多国家机构和学者关于爆炸效应和结构防护问题的研究主要集中在军事结构上，爆炸以核爆炸和常规武器爆炸为主。而真正集中于工业与民用建筑上的抗爆防爆技术的研究，只是近些年才发展起来的。

2. 地震荷载作用

地震是在地球内部不断运动的过程中，集聚的构造应力所产生的应变超过某处岩层的极限应变时，通过地壳的破裂快速释放内部能量的过程。与海啸、龙卷风、冰冻灾害相同，地震是地球上经常发生的一种自然灾害[7]。伴随着瞬间发生的地震之后，通常还会发生大量余震，它们隶属于同一地震序列[8]，整个地震序列的发生将会造成地震的一系列次生灾害。国内外地震工程研究人员通过总结近年来的震害资料，开始对过去的抗震设计思想进行检讨，更加细化和完善了“小震不坏，中震可修，大震不倒”的多级抗震设防思想。研究考虑基于性能的抗震设计原则，并在 SEAOC Vision 2000[9]、FEMA273[10]/274[11]以及 ATC-40[12]报告中得以体现，随后引起了各国学者的广泛关注[13]。基于性能的设计（Performance-based Seismic Design）被认为是未来结构抗震设计的基本思想。

结构分灾抗震设计方法是基于性能抗震设计方法中的一种，结构分灾抗震设计的概念和设计方法是在已有的抗震设计方法基础上提出的，延性设计与结构控制设计方法的广泛应用及大力发展为分灾抗震设计方法的提出提供了极好的平台。

1.2.2　结构在爆炸荷载下的响应及倒塌分析

近年来许多学者对于钢筋混凝土梁、柱、墙、板以及钢结构在爆炸荷载作用下的响应，砌块填充墙的作用及破片破坏效应、窗玻璃的响应、钢管混凝土构件的动态响应研究等进行了一些理论分析及数值模拟，分析了其破坏形态和破坏模式[14-30]。另外，也有学者对单个构件在爆炸、冲击荷载作用下的损伤程度进行评估，文献［31］中得到了刚塑性简支和固支梁在冲击荷载下的 P-I（Pressure-Impulse）曲线，文献［32］中经过数值模拟，得到了钢筋混凝土柱的 P-I 曲线。文献［33］以及文献［34］中对四个钢筋混凝土桥墩柱以及六个钢管混凝土柱进行了模拟汽车爆炸试验，发现钢筋混凝土柱在爆炸冲击荷载作用下均发生柱底端的剪切破坏而钢管混凝土柱会发生弯曲延性破坏，表明钢管混凝土柱有着较好的抗震和抗爆性能；文献［35］以及文献［36］对钢筋混凝土桥墩柱进行了爆炸试验和有限元数值模拟，分析了不同药量及爆炸距离和爆炸类型对钢筋混凝土柱的影响。文献［37］利用准静态荷载模拟爆炸冲击作用于外包有碳纤维的钢筋混凝土柱，结果表明通过包裹碳纤维，钢筋混凝土柱的破坏形式由剪切脆性破坏变为弯曲延性破坏。P-I 曲线是用来评估构件或结构的损伤程度的一种方法，同时可以用来评估人员在爆炸中的受伤程度，最早发展于“二战”时期。已有一些学者利用单自由度模型推导了构件的 P-I 曲线[38-40]。由于其应用简便，得到工程设计人员的认可。美国的抗爆设计手册中[6]已应用该方法来进行结构的抗爆设计。但是由于结构构件尺寸、截面形状、跨度、边界条件等不同，可能发生的爆炸荷载作用下的破坏模式也不同，同时由于新型材料的出现，要得到某一构件的 P-I 曲线仍需要进行大量的研究工作。龚顺风等[41,42]通过数值模拟，对钢筋混凝土板及柱在爆炸冲击荷载下的动力响应进行了分析。李天华[43]

通过大量的数值模拟进一步得到了简支钢筋混凝土板的 *P-I* 曲线和曲线拟合公式。魏雪英等[44]通过数值模拟的方法对钢筋混凝土柱在不同折合距离条件下的抗爆性能进行了评析。潘金龙等[45]对外贴 FRP 加固钢筋混凝土双向板在爆炸荷载下的动力性能进行了分析，对不同 FRP 的粘贴厚度和密度对板抗爆性能的影响进行了评析。吴赛[46]采用流固耦合的数值模拟方法，分析了不同设计参数对复式钢管混凝土柱抗爆性能的影响。冯红波等[47,48]对不同折合距离条件下钢筋混凝土柱的抗爆性能进行分析并进行了柱相关设计参数的探讨。Smith 等[49, 50]对发生在城市街道中的爆炸与建筑结构的相互作用进行了模型试验和数值研究，得知冲击波的增强效应与周围环境密切相关，有时距离爆炸点近的建筑物损伤小，距离较远的建筑反而会遭受更大的破坏。B. Luccioni 等[51]应用 AUTODYN 模拟了爆炸冲击波的传播与反射过程，研究了爆炸压力和冲量分布的网格尺寸影响。都浩等[52,53]应用 AUTODYN 模拟了爆炸冲击波在建筑物之间的传播过程，并进一步研究邻近建筑物对爆炸荷载的反射和阻挡效应。师燕超等[54,55]应用 AUTODYN，建立了爆炸波传播及其与结构柱相互作用的数值模拟方法，进一步建立了判定爆炸荷载作用下钢筋混凝土柱破坏程度的一种基于竖向剩余承载力的破坏准则，同时建立了爆炸荷载作用下任意钢筋混凝土矩形柱 *P-I* 曲线的拟合公式。文献［56-58］中对混凝土结构、砌体结构、地下结构在爆炸荷载作用下的动态响应进行了理论分析或数值模拟。

对于结构的连续倒塌研究可以追溯到 20 世纪 70 年代。1968 年伦敦 22 层的罗得点大楼，第 18 层的偶然燃气爆炸，造成结构的一角倒塌直至地面，造成 4 人死亡 17 人受伤的后果。这次爆炸暴露了结构设计最致命的弱点，人们开始重视结构的整体性，防止结构连续倒塌的发生[59,60]。结构的连续倒塌是指以局部破坏为起点，并且随着时间的推移逐渐演化成整体倒塌的整个过程。对于连续倒塌的研究方法目前仍基于静力学，包括改变荷载路径法、直接设计法、间接设计法及等效静力法。这些方法的缺点是未考虑爆炸荷载对结构的总体效应，仅考虑了由于突然去掉某一结构构件而产生的静态以及动态荷载，却并没有考虑由于爆炸荷载对其他结构构件的损伤以及造成的破坏。事实上，由于一个或多个结构构件的破坏，邻近的结构构件和整体结构不可能不受影响，但现有的方法由于没有考虑爆炸过程中仍具有承载力的结构构件强度、刚度的退化而存在一定弊端。

另外，也有学者对于结构的防护方法和防爆措施进行了相关研究[61-64]。这一领域可以分为两类：一类是提高结构自身的抗爆能力；另外一类是采取相应的措施减小作用在主要建筑物上的爆炸冲击荷载，例如研究如何设置抗爆墙、防爆屋顶、防爆门窗等。Sucuoglu 等[65]研究了因车辆撞击和爆炸导致承重柱破坏而引起的钢筋混凝土结构的内力重分布途径以及相关的结构防御机理；Williams[66]提出了一种研究爆炸对建筑物破坏的简单方法，得出基于构件塑性阶段时大量铰发生转动和屈服线的倒塌机理；B. M. Luccioni 等[67]通过对一实际因爆炸而导致整体倒塌的建筑物进行数值模拟，得出增加多层建筑物低层柱刚度可以避免建筑物连续倒塌的发生；Ruwan Jayasooriya 等[68]通过数值模拟，对遭受爆炸冲击荷载后钢筋混凝土框架的剩余承载力进行了分析讨论；Pandey，A. K. 等[69]对钢筋混凝土结构和砌体结构在爆炸荷载下的动态响应进行了理论分析和数值模拟研究；国内的阎石等[70]对外部地面爆炸荷载引起的钢筋混凝土框架结构的倒塌机理进行了初步研究，对框架结构的动力响应、损伤位置及程度和连续倒塌的全过程进行数值模拟，明确了爆炸荷载传递的路径、方式及引发的最终倒塌结果间的关系；申祖武等[71]利用LS-DYNA对单层框架结构在汽车炸弹爆炸荷载下的动力响应进行数值模拟，分析了爆炸冲击荷载作用下建筑物的破坏效应并提出了抗爆对策；李忠献和师燕超等[72,73]依据综合直接模拟法和替代传力路径法的优点，提出了考虑结构关键柱失效及其周围构件非零初始条件和初始损伤的钢筋混凝土框架结构连续倒塌分析的新方法；宋拓等[74]采用备用荷载路径法，以一幢五层钢框架结构为对象，对其在爆炸冲击作用下的连续倒塌性能进行了研究。

1.2.3 结构在地震荷载下的防灾控制研究

以本书所涉及的桥梁结构为例。桥梁结构抗震中常用的分灾设计有减隔震支座、阻尼器、墩柱塑性铰机制、伸缩装置、挡块、限位装置、连梁装置等，在桥梁结构遭受地震作用时均能起到分灾、耗能的作用，又是保证结构承载力不可或缺的部分[75,76]。相关研究现状如下：

1. 减隔震支座

桥梁橡胶支座从1965年开始研究并投入应用，是一种简单的减隔震装置，但橡胶支座在地震中的减震效果并不理想，尤其是对于高墩、大跨的桥梁结构。

在减隔震概念被提出之后，便得到了各国的重视和广泛应用，高阻尼橡胶支座、铅芯橡胶支座等减隔震支座在世界范围内得到了广泛的应用和发展。第一座采用减隔震技术的桥梁是建于1973年的新西兰Motu桥[77]，美国、新西兰、日本和欧洲的一些国家已经将减隔震设计纳入了桥梁抗震设计规范。我国也有许多研究人员针对铅芯橡胶支座的动力特性与耗能作用进行了分析研究，研究结果表明，铅芯橡胶支座具有良好的减震性能[78]。胡兆同、刘健新、李子青在“桥梁铅销橡胶支座性能的试验研究”中，对其在低频水平反复荷载作用下的减震耗能机理、刚度及方向性等特性进行了研究[79]。王志强对铅芯橡胶支座除进行了纵向、两个横向力学性能的相互影响研究外，还进行了双线性分析模型的修正[80]。李雅娟、梁彬、张科超等人亦在铅芯橡胶支座的标准化研究中做了很多相关的工作[81,82]。如今，铅芯橡胶支座仍广泛应用于桥梁工程界，其设计与施工技术亦更趋于完善。

2. 阻尼器

阻尼器的作用原理是在结构受到地震作用时，阻尼器在结构相对运动的强迫作用下，产生抵抗结构相对运动的阻力并在运动过程中做功，耗散部分相对运动所产生的能量，从而减小结构的地震响应，起到减小结构损坏和保证结构正常使用功能的作用[83]。

美国是较早开展减震技术的国家之一，早在1972年就在纽约世贸大厦安装了10000个黏弹性阻尼器。位于加利福尼亚州的一幢饭店因结构底部较柔，采用流体阻尼器进行了抗震加固，使结构的抗震性能在没有改变原有结构风格的基础上达到了规范要求[84]。

日本是结构控制技术应用发展最快的国家，特别是1995年神户地震发生后，结构控制技术的发展便更加迅猛。许多建筑物、桥梁在采用隔震技术的同时，也采用了耗能减震装置。其中铅阻尼器、钢阻尼器、摩擦阻尼器、黏弹性阻尼器、黏滞和油阻尼器均有许多应用[85]。

中国工程界的减震消能研究是从20世纪90年代开始发展起来的，很多学者致力于对耗能技术进行自主开发，并得到了广泛的应用。我国首座在减震加固补强中使用阻尼器的是江阴大桥，主要是以减少桥梁纵桥向地震反应为目标。苏通长江大桥安装的阻尼器是在常规阻尼器的双方向加设限位弹簧，当限位器的最大位移超过750mm时，阻尼器进入两端弹簧限位阶段，限位由非线性弹簧实现，最终位移可达到850mm，限位力可达980t[86]。

虽然阻尼器的应用在工程界已经很广泛，但迄今国内的桥梁工程界仍没有适应性较广的相关标准，大多数研究都是针对单个阻尼器的耗能性能，还有一些试验的结果并不理想。

3. 墩柱塑性铰机制

20世纪60年代，“延性”的概念由以Newmark为首的研究者们提出，用以概括结构物超过弹性阶段的抗震能力，延性抗震设计相对于强度抗震设计是一个较大的进步。其原理是以结构的非线性变形为基础，在结构不发生大的破坏和丧失稳定的前提下，通过在结构可能出现塑性铰的位置设置塑性变形机制，使预期的塑性铰出现在易于发现和易于修复的结构部位，提高构件的滞回耗能能力、极限变形能力从而减轻或避免震害的发生[87]。

国内外在近年来开展了大量对桥墩延性设计的研究，欧洲、美国、新西兰、日本等现行的桥梁抗震规范都很强调这方面的内容。许多学者针对箍筋约束对混凝土构件抗震能力的影响做了大量分析，认为侧向约束箍筋的采用是提高结构构件弯曲延性的最有效方法之一[88]。国外关于钢筋混凝土柱体的延性性能研究绝大多数是针对建筑结构中的钢筋混凝土框架柱，而针对桥墩特点的研究相对较少[89]。

国内的阎贵平是较早对低配筋桥墩进行延性能力研究的，试验结果表明国内桥墩的箍筋配置和间距均不足以起到约束混凝土的作用[90]。后续针对桥墩延性能力的相关研究逐渐增多，但在旧的抗震设计规范中并没有延性设计的相关内容，直到2008年新颁布的《公路桥梁抗震设计细则》JTG/T B02-01—2008中才针对延性构造的设计做了相关规定[91]。

4. 伸缩装置

桥梁伸缩装置是为使车辆平稳通过桥梁并满足结构变形要求的需要、在桥面伸缩接缝处设置的装置[92]。

伸缩装置的发展与桥梁结构的发展密切相关，随着桥梁跨径的不断增大，对伸缩装置的伸缩量、变位性能等均提出了越来越高的要求。伸缩装置的类型亦从板式橡胶的形式发展到模数式的伸缩装置。然而，能够提供常规荷载作用所产生变形量的伸缩装置却在历次的地震中大量破坏，减震伸缩装置便应运而生。该装置本身并不具备减震的性能，它主要是配合减震支座的使用。在日常运营条件下，伸缩装置可以实现小位移来吸收由温度、混凝土的收缩徐变引起的位移；当大震来临时，伸缩装置可以实现大位移以使减震支座充分发挥作用[93]。

通过研究伸缩装置间隙大小对结构抗震响应的影响效果，发现过大的伸缩缝间隙可以避免碰撞的发生，但在实际应用上并不适用。过大的间隙会影响桥梁的平顺性，对桥梁的使用造成不便。单纯依靠调节伸缩缝间隙，并不一定能使结构满足其在地震作用下的安全需求[94]。

5. 防落梁系统

由于伸缩缝的存在，桥梁结构成为不连续的结构体系，使桥梁的地震反应也趋于复杂。大量的桥梁震害经验表明，地震中桥梁伸缩缝处的过大位移以及相邻结构的碰撞是桥梁破坏的重要原因之一[95]。为了避免地震作用下桥梁结构的碰撞现象及落梁震害的发生，采取合理的抗震措施非常必要。美国和日本等国家针对增强桥梁上部结构之间联系的纵向连接措施进行了大量的研究工作，防落梁系统（包括搁置长度、限位装置和连梁装置）也属于这类措施。

美国 AASHTO 规范从两个方面考虑了防落梁系统的设计，分别是支撑长度与限位装置的设计[96]。

日本也是较早重视防止落梁设计的国家。1964 年新潟地震后，日本抗震设计规范便增加了防止落梁的构造措施。后来还对规范做过许多次修订，完善了防止落梁装置的设计，2002 年 3 月刊布使用的《道路桥示方书·同解说·耐震设计篇》要求要特别考虑桥梁系统整体的抗震性能，把支座、连梁装置作为桥梁必要的结构构件进行设计，对连梁装置的种类、形式及设计做了说明[97]。

《公路工程抗震规范》JTG B02—2013 中极为简单地提到了应考虑防止落梁的措施。中国台湾相关部门在集集地震发生之后将“防止落桥装置”指定为重要桥梁或高危险桥梁的必要装置。长安大学刘健新主持的交通部研究项目，也系统地对连梁装置进行了归纳分类，将其初步标准化[98]，研究发现防落梁系统可在地震荷载作用时为结构提供较好的安全保障[99]。

综上所述，针对结构开展强动荷载下的相关研究有着积极的科学意义和现实的工程价值。本书以桥梁结构中的主要构件墩柱及相关抗震分灾原件为主要研究对象，较为系统地研究了爆炸荷载下桥梁墩柱的响应及损伤评估，以及位移型抗震分灾系统设计与分灾效果分析，所得的各项研究结果对完善强动荷载下桥梁结构的损伤评估及灾变控制有着积极的意义。

参考文献

[1] 张伟东，姚建义，田野，等. 我国近二十年自然灾害回顾分析 [J]. 中国热带医学，2009，9 (6)：1111-1112.

[2] 李刚，程耿东. 基于性能的结构抗震设计——理论、方法与应用 [M]. 北京：科学出版社，2004.

[3] 王岩，周继凯，吴胜兴. 强动载对工程结构的影响问题综述 [C]. 北京：第 14 届全国结构工程学术会议论文集（第三册），2005 年.

[4] Committee on Research for the Security of Future U. S. Embassy Buildings, of the Building Research Board (BRB), Commission on Engineering and Technical Systems, National Research Council. The Embassy of the Future: Recommendations for the Design of Future U. S. Embassy Buildings [M]. Washington, D. C.: National Academy Press, 1986.

[5] Committee on the Protection of Federal Facilities Against Terrorism, Building Research Board, National Research Council. Protection of Federal Office Buildings against Terrorism [M]. Washington, D. C.: National Academy Press, 1988.

[6] ARMY TM5-1300, Structures to Resist the Effects of Accidental Explosions [S]. Washington, D.

C.：U. S. Department of the Army，Navy and the Air Force，1990.

[7] 滕吉文，白登海，杨辉等. 2008 汶川 Ms8.0 地震发生的深层过程和动力学响应 [J]. 地球物理学报，2008，51 (5)：1385-1402.

[8] 韩志军，王桂兰，周成虎. 地震序列研究现状与研究方向探讨 [J]. 地球物理学进展，2003，18 (1)：74-78.

[9] SEAOC. Performance-based seismic engineering of building [R]. Sacramento：Structural Engineers Association of California，1995.

[10] FEMA. NEHRP guidelines for seismic rehabilitation of buildings [R]. FEMA-273. Washington，D. C：Federal Emergency Management Agency，1996.

[11] FEMA. NEHRP Commentary on the guidelines for the seismic rehabilitation of buildings [R]. FEMA-274. Washington，D. C：Federal Emergency Management Agency，1996.

[12] ATC. Seismic evaluation and retrofit of existing concrete building [R]. Report ATC-40. Redwood City：Applied Technology Council，1996.

[13] 程斌，薛伟辰. 基于性能的框架结构抗震设计研究 [J]. 地震工程与工程振动，2003，23 (4)：50-55.

[14] Low HY，H Hao. Reliability analysis of reinforced concrete slabs under explosive loading [J]. Structural Safety，2001，23 (2)：157-178.

[15] 方秦，吴平安. 爆炸荷载作用下影响 RC 梁破坏形态的主要因素分析 [J]. 计算力学学报，2003，20 (1)：39-42.

[16] 师燕超，李忠献. 爆炸荷载作用下钢筋混凝土柱的动力响应与破坏模式 [J]. 建筑结构学报，2008，29 (4)：112-117.

[17] A Heidarpour，MA Bradford. Beam-Ccolumn element for non-linear dynamic analysis of steel members subjected to blast loading [J]. Engineering Structures，2011，33：1259-1266.

[18] Ke-Chiang Wu，Bing Li，Keh-Chyuan Tsai. Residual axial compression capacity of localized blast-damaged RC columns [J]. International Journal of Impact Engineering，2011，38：29-40.

[19] HH Jama，MR Bambach，GN Nurick. Numerical modeling of square tubular steel beams subjected to transverse blast loads [J]. Thin-Walled Structures，47 (2009)：1523-1534.

[20] Wei J，LR Dharani. Response of laminated architectural glazing subjected to blast loading [J]. International Journal of Impact Engineering，2006，32 (12)：2032-47.

[21] Lu Y，K Xu. Prediction of debris launch velocity of vented concrete structures under internal blast [J]. International Journal of Impact Engineering，2007，34 (11)：1753-1767.

[22] 焦延平，郭东，张虹，等. 爆炸荷载作用下钢筋混凝土梁非线性有限元分析 [J]. 振动与冲击，2003，22 (3)：65-67.

[23] 魏雪英. 爆炸冲击荷载下混凝土和砖砌体材料及结构的响应 [R]. 西安建筑科技大学博士后研究工作报告，2006.

[24] 冯红波，赵均海，魏雪英，等. 爆炸荷载作用下钢管混凝土柱的有限元分析 [J]. 解放军理工大学学报，2007，8 (6)：680-684.

[25] 刘锦春，方秦，张亚栋，等. 爆炸荷载作用下内衬钢板的混凝土组合结构的局部效应分析 [J]. 兵工学报，2004，25 (6)：773-776。

[26] 田力，李忠献. 地下爆炸波冲击下隔震连续梁桥动力响应分析 [J]. 天津大学学报（自然科学与工程技术版)，2005，38 (7)：602-610.

[27] 李国强，孙建运，王开强. 爆炸冲击荷载作用下框架柱简化分析模型研究 [J]. 振动与冲击，2007，26 (1)：8-11.

[28] 武海军，黄风雷，付跃升，等. 钢筋混凝土中爆炸破坏效应数值模拟分析 [J]. 北京理工大学学报，2007，27 (3)：200-204.
[29] 肖黎，屈文忠，周艳国. 框架结构在制导爆炸荷载作用下的毁伤效应 [J]. 武汉理工大学学报，2010，32 (2)：34-37.
[30] 都浩，邓芃，杜荣强. 爆炸荷载作用下钢筋混凝土梁动力响应的数值分析 [J]. 山东建筑科技大学学报（自然科学版)，2010，29 (6)：50-54.
[31] Ma GW，HJ Shi，DW Shu. P-I diagram method for combined failure modes of rigid-plastic beams [J]. International Journal of Impact Engineering，2007，34 (6)：1081-1094.
[32] Shi Y，H Hao，Z-X Li. Numerical derivation of pressure-impulse diagrams for prediction of RC column damage to blast loads [J]. International Journal of Impact Engineering，2008，35：1213-1227.
[33] Shuichi Fujikura，Michel Bruneau. Experimental investigation of seismically resistant bridge piers under blast loading [J]. Journal of Bridge Engineering，2011，16：63-71.
[34] Shuichi Fujikura，Michel Bruneau，Diego Lopez-Garcia. Experimental Investigation of Multihazard Resistant Bridge Piers Having Concrete-Filled Steel Tube under Blast Loading [J]. Journal of Bridge Engineering，2008，13：586-594.
[35] Eric B. Williamson，Oguzhan Bayrak，Carrie Davis，etc. Performance of Bridge Columns Subjected to Blast Loads. I：Experimental Program [J]. Journal of Bridge Engineering，2011，16：693-702.
[36] G. Daniel Williams，Eric B. Williamson. Response of Reinforced Concrete Bridge Columns Subjected to Blast Loads [J]. Journal of Structural Engineering，2011，137：903-913.
[37] Tonatiuh Rodriguez-Nikl，Chung-ShengLee，Gilbert A. Hegemier，etc. Experimental Performance of Concrete Columns with Composite Jackets under Blast Loading [J]. Journal of Structural Engineering，2012，138：81-89.
[38] Q. M. Li，H. Meng. Pressure-Impulse Diagram for Blast Loads Based on Dimensional Analysis and Single-Degree-of-Freedom Model [J]. Journal of Engineering Mechanics，2002，128 (1)：87-92.
[39] Fallah AS，Louca LA. Pressure-impulse diagrams for elastic-plastic-hardening and softening single-degree-of-freedom models subjected to blast loading [J]. International Journal of Impact Engineering，2007，34 (4)：823-842.
[40] Krauthammer T，Astarlioglu S，Blasko J，Soh TB，Ng PH. Pressure-impulse diagrams for the behavior assessment of structural components [J]. International Journal of Impact Engineering，2008，35 (8)：771-783.
[41] 龚顺风，朱升波，张爱晖，等. 爆炸荷载的数值模拟及近爆作用钢筋混凝土板的动力响应 [J]. 北京工业大学学报，2011，37 (2)：199-205.
[42] 龚顺风，夏谦，金伟良. 近爆作用下钢筋混凝土柱的损伤机理研究 [J]. 浙江大学学报（工学版)，2011，45 (8)：1405-1410.
[43] 李天华. 爆炸荷载下钢筋混凝土板的动态响应及损伤评估 [D]. 长安大学博士学位论文，2012.
[44] 魏雪英，白国良. 爆炸荷载下钢筋混凝土柱的动力响应及破坏形态分析 [J]. 解放军理工大学学报，2007，8 (5)：525-529.
[45] 潘金龙，周甲佳，罗敏. 爆炸荷载下 FRP 加固双向板动力响应数值模拟 [J]. 解放军理工大学学报（自然科学版)，2011，12 (6)：643-648.
[46] 吴赛. 爆炸荷载下复式钢管混凝土柱动力响应研究 [D]. 长安大学硕士学位论文，2012.
[47] 冯红波. 爆炸荷载作用下钢管混凝土柱的动力响应研究 [D]. 长安大学硕士学位论文，2008.
[48] 冯红波，赵均海，魏雪英，等. 爆炸荷载作用下钢管混凝土柱的有限元分析 [J]. 解放军理工大

学学报，2007，8（6）：680-684.

［49］ Smith P. D.，Mays G. C.，Rose T. A.，etc. Small scale models of complex geometry for blast overpressure assessment［J］. International Journal of Impact Engineering，1992，12（3）：345-360.

［50］ Smith P. D.，Rose T. A blast wave propagation in city streets- an overview［J］. Progress in Structural Engineering and Materials，2006，8（1）：16-28.

［51］ B. Luccioni，D. Ambrosini，R. Danesi. Blast load assessment using hydrocodes［J］. Engineering Structures，2006，28（12）：1736-1744.

［52］ 都浩，李忠献，郝洪. 建筑物外部爆炸超压荷载的数值模拟［J］. 解放军理工大学学报（自然科学版），2007，8（5）：413-418.

［53］ 都浩. 城市环境中建筑爆炸荷载模拟及钢筋混凝土构件抗爆性能分析［D］. 天津大学博士学位论文，2008.

［54］ 师燕超. 爆炸荷载作用下钢筋混凝土结构的动态响应行为与损伤破坏机理［D］. 天津大学博士学位论文，2009.

［55］ 师燕超，李忠献. 爆炸荷载作用下钢筋混凝土柱的动力响应与破坏模式［J］. 建筑结构学报，2008，29（4）：112-117.

［56］ Ma G，H Hao，Y Zhou. Assessment of structure damage to blasting induced ground motions［J］. Engineering Structures，2000，22（10）：1378-1389.

［57］ Hao H，G-W Ma，Y Lu. Damage assessment of masonry infilled RC frames subjected to blasting induced ground excitations［J］. Engineering Structures，2002. 24（6）：799-809.

［58］ Wu C，H Hao，Y Lu. Dynamic response and damage analysis of masonry structures and masonry infilled RC frames to blast ground motion［J］. Engineering Structures，2005，27（3）：323-333.

［59］ Grierson DE，L Xu，Y Liu. Progressive-failure analysis of buildings subjected to abnormal loading［J］. Computer-Aided Civil and Infrastructure Engineering，2005，20（3）：155-171.

［60］ Oswald CJ. Prediction of injuries to building occupants from column failure and progressive collapse with the BICADS computer program［C］. In 2005 Structures Congress and the 2005 Forensic Engineering Symposium-Metropolis and Beyond，Apr 20-24 2005. 2005. New York，NY，United States：American Society of Civil Engineers，Reston，VA 20191-4400，United States.

［61］ Crawford JE，et al. Retrofit of reinforced concrete structures to resist blast effects［J］. ACI Structural Journal，1997，94（4）：371-377.

［62］ Muszynski LC，MR Purcell. Composite reinforcement to strengthen existing concrete structures against air blast［J］. Journal of Composites for Construction，2003，7（2）：93-97.

［63］ Ishikawa N，M Beppu. Lessons from past explosive tests on protective structures in Japan［J］. International Journal of Impact Engineering，2007，34（9）：1535-1545.

［64］ 石少卿，刘颖芳，尹平，等. 新型抗冲击、抗爆炸防护结构的研究［J］. 后勤工程学院学报，2004，20（3）：9-11.

［65］ Sucuoglu Haluk，Citipitioglu Ergin，Altin Sinan. Resistance mechanisms in RC building frames subjected to column failure［J］. Journal of Structural Engineering，1994，120（3）：765-782.

［66］ Williams MS，Lok TS. Structural Assessment of Blast Damaged Buildings［C］. Structures under Shock and Impact VI：Proceedings of International Conference on Structures under Shock and Impact，399-409，200.

［67］ B. M. Luccioni，R. D. Ambrosini，R. F. Danesi. Analysis of building collapse under blast loads［J］. Engineering Structures，2004，26：63-71.

［68］ Ruwan Jayasooriya，David P. Thambiratnam，Nimal J. Perera，etc. Blast and residual capacity analysis of reinforced concrete framed buildings [J]. Engineering Structures，2011，33：3483-3495.

[69] Pandey，A. K.. Non-linear response of reinforced concrete containment structure under blast loading [J]. Nuclear Engineering and Design，2006，236 (9)：993-1002.

[70] 阎石，王积慧，王丹，等. 爆炸荷载作用下框架结构的连续倒塌机理分析 [J]. 工程力学，2009，26 (S1)：119-123.

[71] 申祖武，龚敏，王天运，等. 汽车炸弹爆炸冲击波作用下建筑物的动力响应分析 [J]. 振动与冲击，2008，27 (8)：165-168，186.

[72] Li Z X，Shi Y C. Methods for progressive collapse analysis of building structures under blast and impact loads [J]. Transactions of Tianjin University，2008，14 (5)：329-339.

[73] 师燕超，李忠献，郝洪. 爆炸荷载作用下钢筋混凝土框架结构的连续倒塌分析 [J]. 解放军理工大学学报（自然科学版），2007，8 (6)：652-658.

[74] 宋拓，吕令毅. 爆炸冲击对多层钢框架连续倒塌性能的影响 [J]. 东南大学学报（自然科学版），2011，41 (6)：1247-1252.

[75] 许晨明，隋杰英，翟瑞华. 耗能分灾在基于性能的抗震设计中的研究 [A]. 崔京浩. 第17届全国结构工程学术会议论文集（第Ⅲ册）[C]. 北京：工程力学杂志社，2008：233-236.

[76] 刘蕾蕾，李本伟，贺智功. 混凝土梁桥典型震害及抗震措施研究 [A]. 宋胜武. 汶川大地震工程震害调查分析与研究 [C]. 北京：科学出版社，2009：873-878.

[77] A. Mori，P. J.，Moss N.，etal. The Behavior of Bearings Used for Seismic Isolation under Shear and Axial Load [J]. Earthquake Spcetra，1999，15 (2)：199-224.

[78] 范立础，袁万城. 桥梁橡胶支座减、隔震性能研究 [J]. 同济大学学报，1989，17 (4)：447-455.

[79] 刘健新，胡兆同，李子青等. 公路桥梁减震装置及设计方法研究总报告 [R]. 西安：长安大学，2000.

[80] 王志强. 隔震桥梁分析方法与设计理论研究 [D]. 上海：同济大学，2000.

[81] 李雅娟. 制定铅销橡胶支座标准的研究探讨 [D]. 西安：长安大学，2002.

[82] 张科超. 铅销橡胶支座系统耗能形式与最优配铅率的参数化研究 [D]. 西安：长安大学，2010.

[83] 吴晓兰. 大跨度斜拉桥结构阻尼消能减震技术研究 [D]. 南京：南京工业大学，2004.

[84] 翁大根. 消能减震结构理论分析与试验验证及工程应用 [D]. 上海：同济大学，2006.

[85] Skinner R I，Robinson W H and Mc Verry G. An Introduction to Seismic Isolation [M]. Wiley，Chrichester，England，1993.

[86] 翁大根. 消能减震结构理论分析与试验验证及工程应用 [D]. 上海：同济大学，2006.

[87] 张俊岱. 伊朗德黑兰北部高速公路桥梁的抗震概念设计 [J]. 隧道建设，2005，25 (1)：17-20.

[88] 马坤全. 连续刚架桥抗震延性分析 [J]. 上海铁道大学学报，1997，18 (4)：6-16.

[89] Koichi Maekawa，Shear failure and ductility of RC columns after yielding of main reinforcement，Engineering Fracture Mechanics [J]. 2000，65：335-368.

[90] 刘庆华. 钢筋混凝土桥墩的延性分析 [J]. 同济大学学报，1998，26 (3)：245-249.

[91] 重庆交通科研设计院. 公路桥梁抗震设计细则（JTG/T B02-01-2008）[S]. 2008. 北京：人民交通出版社.

[92] 李扬海，程潮阳，鲍卫刚，等. 公路桥梁伸缩装置 [M]. 北京：人民交通出版社，1999.

[93] 王统宁. 公梁减震伸缩装置研究 [D]. 西安：长安大学，2003.

[94] 郑同. 地震作用下梁桥碰撞响应分析及缓冲装置性能评价 [D]. 西安：长安大学，2010.

[95] 戴福洪，翟桐. 桥梁限位器抗震设计方法研究 [J]. 地震工程与工程振动，2002，22 (2)：73-79.

［96］ Michel Bruneau. Performance of steel bridges during the 1995 Hyogoken-Nanbu（Kobe，Japan）earthquake-a North American perspective ［J］. Engineering Structures，1998，20（12）：1063-1078.

［97］（社）日本道路協會. 道路橋示方书（V耐震设计篇）· 同解说［S］. 東京：日本道路協會，平成14年3月（2002）.

［98］朱文正. 公路桥梁减、抗震防落梁系统研究［D］. 西安：长安大学，2004.

［99］张煜敏，刘健新，赵国辉. 地震序列作用下桥梁结构的响应及抗震措施［J］. 地震工程与工程振动，2010，30（2）：137-141.

第 2 章　爆炸冲击荷载的作用特征

2.1　爆炸冲击荷载的分类

爆炸荷载根据炸药约束情况，分为无约束爆炸和有约束爆炸两大类[1]。无约束爆炸荷载可以进一步分为：自由空气爆炸（Free air burst explosion）荷载；空气爆炸（Air burst explosion）荷载和地面爆炸（Surface burst explosion）荷载。

典型的自由空气爆炸冲击波压力时程曲线见图 2-1。爆炸冲击波的压力时程曲线上有两个主要阶段：超过周围大气压强的正向阶段，持续时间 t_0；低于周围大气压强的负向阶段，持续时间 t_0^-。负向阶段相比于正向阶段，荷载持续时间更长，强度更低。在负向阶段时，已经损坏的结构可能会遭受碎片的冲击引起更大的破坏。图 2-1 中所示 P_{s0} 通常指一侧的压力峰值或正向阶段超压峰值，压强超过周围大气压强的瞬间压强称为超压 P_s，是重要的爆炸冲击波效应之一，也是引起结构构件破坏的主要原因。

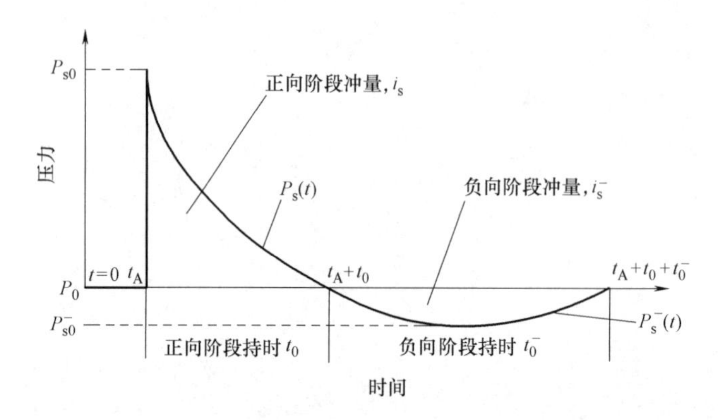

图 2-1　自由空气爆炸冲击波压力时程曲线

空气爆炸示意图如图 2-2 所示。由此引发的作用于结构上的荷载，称为空气爆炸荷载。

空气爆炸总是在有限的高度上进行的，在爆炸以后，冲击波以球面的形状在自由大气中传播，经过一段时间后，冲击波阵面的球半径逐渐加大，并超过爆炸高度 H。这时，一部分冲击波阵面就要与地面相碰撞，当反射波阵面赶上并与入射波阵面贴合，即成为另一个单一的冲击波——马赫波（Mach wave）。由于入射波阵面与反射波阵面的贴合是逐次沿高度发生的，所以合成波阵面的高度（也称为马赫杆高度）随着离爆心和投影点距离的增大而不断增加。图 2-2 中，入射波、反射波和马赫波的三个波阵面的交点称为三重点(Triple point)。马赫波阵面的压力时程曲线与入射波的很相似，但是峰值会略微大一些。

地面爆炸示意图如图 2-3 所示。由此产生作用在结构上的荷载称为地面爆炸荷载。

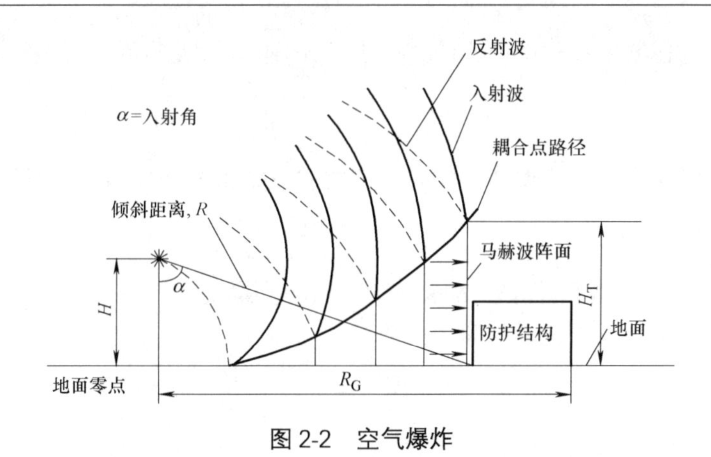

图 2-2 空气爆炸

地面爆炸的初始爆炸冲击波因地面反射而增强，与空气爆炸不同的是反射波在爆炸中心就与入射波相互融合，结构处于平面波的压力幅度内。平面波作用到结构物上，同样会发生反射作用，入射波与反射波相互耦合，使得作用在结构物上荷载的压力峰值和冲量均相应增加。

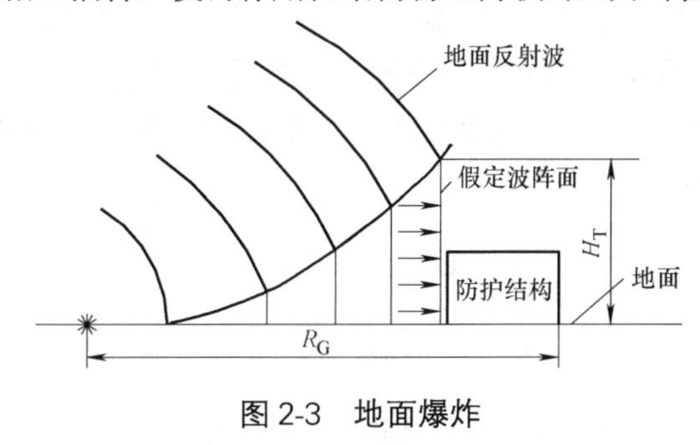

图 2-3 地面爆炸

2.2 爆炸冲击荷载的基本理论

2.2.1 爆炸冲击波的基本概念

爆炸物的爆炸必须有外界的作用，即需要有雷管、起爆剂等的引爆才能使爆炸物爆炸。爆轰过程是爆轰波沿爆炸物层层递进传播的过程，因此，从本质上讲，爆轰波就是沿着爆炸物传播的一种强冲击波。爆轰波与一般冲击波的主要不同点在于，爆炸物因受到它的强烈冲击作用而立刻发生高速化学反应，形成高温、高压的爆炸产物并释放出大量的化学反应热能，释放出来的这些能量又供给爆轰波对下层爆炸物进行冲击压缩。所以爆轰波也可以视为由前沿的冲击波阵面与紧跟其后的一个高速化学反应区所组成的强冲击波。

爆轰波阵面与冲击波阵面的首要差别是冲击波阵面很薄，大约为 4×10^{-5} cm。而爆轰波阵面的厚度，由于化学反应到完成需要大量的分子相互碰撞，因此爆轰波阵面的厚度要厚得多，其厚度以 cm 为量级。

2.2.2 爆炸冲击波的初始参数

冲击波初始参数可以按照如下思路予以考虑：当冲击波传入爆炸产物中后，产物迅速

由 P_D 膨胀为 P_x，在这一过程中产物的速度由 v_D 迅速地增大为界面处的运动速度 v_x，由爆轰理论可知：

$$v_x = v_1 + v_D \tag{2.1}$$

式中 v_1——反射冲击波传入爆炸产物时，产物质点获得的速度增量，且可以表示为：

$$v_1 = \int_{P_x}^{P_D} \frac{dP}{\rho \cdot c} \tag{2.2}$$

式中 (2-2) ρ、c——分别为爆轰产物的密度和相应的声速。

爆轰产物按照前述假设的两个阶段膨胀，所以

$$v_1 = \int_{P_K}^{P_D} \frac{dP}{\rho \cdot c} + \int_{P_x}^{P_K} \frac{dP}{\rho \cdot c} \tag{2.3}$$

将式（2.3）积分并代入式（2.1）得

$$v_x = v_D + \frac{2C_D}{k-1}\left(1 - \frac{C_k}{C_D}\right) + \frac{2C_k}{\gamma - 1}\left(1 - \frac{C_x}{C_k}\right) \tag{2.4}$$

式中 $C_k = \sqrt{\gamma P_K \frac{1}{\rho_k}}$，$v_D = \frac{D}{k+1}$，$C_D = \frac{kD}{k+1}$，$\frac{C_k}{C_D} = \left(\frac{P_K}{P_D}\right)^{\frac{k-1}{2k}}$，$\frac{C_x}{C_k} = \left(\frac{P_x}{P_K}\right)^{\frac{\gamma-1}{2\gamma}}$。

C_D，C_k，C_x——分别为爆轰产物膨胀时相应状态的声速。

在最初的瞬间，爆轰产物的飞散速度与冲击波阵面后的空气速度相吻合，所以空气冲击波必然是强冲击波，其关系式为：

$$D_x = \frac{\gamma_\alpha + 1}{2} v_x \tag{2.5}$$

$$P_x = \frac{\gamma_\alpha + 1}{2} \rho_a v_x^2 \tag{2.6}$$

式中 γ_α——空气的等熵绝热指数，对于强冲击波，$\gamma_\alpha = 1.2$；

ρ_α——冲击波阵面前未经扰动的空气密度。

依据式（2.4）～式（2.6）可以计算确定空气冲击波的初始参数。常见炸药所引发的空气冲击波的初始参数如表 2-1 所示。

空气冲击波的初始参数 **表 2-1**

炸药			P_x(MPa)	D_x(m/s)	v_x(m/s)
类型	ρ_0(g/cm^3)	D(m/s)			
TNT	1.60	7000	5.7	7100	6450
黑索金	1.60	8200	7.6	8200	7450
泰安	1.69	8400	8.1	8450	7700

2.2.3 爆炸冲击波的理论计算公式

爆炸荷载的基本参数有：超压峰值 P_s、正压持续时间 t_0、负压持续时间 t_0^-、冲量 i_s、超压时间的衰减关系（曲线形状）等。科研人员根据大量试验数据，基于相似定律得出各参数的理论计算公式。

1. 相似定律

动力学相似除了包括几何相似、运动相似之外，还要求各个对应点上作用力方向相

同，作用力大小成比例，其他物理量如密度、温度等也要分别成比例。对于爆炸来说，也存在某种相似律，如重量 W_1 的炸药在距离结构 R_1 处和重量 W_2 的炸药在距离结构 R_2 处，产生相同的超压时，应符合以下规律：

$$\frac{R_1}{R_2}=\sqrt[3]{\frac{W_1}{W_2}} \tag{2.7}$$

综合考虑炸药重量及炸药结构间距离的影响，引入折合距离 Z，计算式为[1]：

$$Z=\frac{R}{W^{\frac{1}{3}}} \tag{2.8}$$

式中 R——爆炸中心与结构的距离，即爆炸距离，W 为 TNT 质量，若为其他炸药，需转换成等效的 TNT 当量。从式（2.8）可知，当 R 一定时，TNT 质量 W 越大，折合距离 Z 越小，爆炸冲击波越强，破坏力越大。

爆炸冲击波正向和负向阶段的基本参数均可依据折合距离 Z，通过 TM5-1300 相关图表得到。如果爆炸是多个分散的爆炸源产生，或者爆炸荷载作用在特别柔性防护结构（如钢架结构）上，负压区的冲量和次生冲击可能相当重要，需要考虑负向阶段[2]。在多数的爆炸动态响应研究中，尤其是针对相对刚性结构进行分析，负向阶段常常忽略，仅考虑正向阶段的影响。

2. 正向阶段参数

（1）超压峰值 P_s

H. L. Brode（1955）[3]基于球形爆炸波模型的假设提出了超压峰值的经验公式（Z 为折合距离，单位：MPa）：

$$P_s=\begin{cases}0.67Z^{-3}+0.1 & P_{s0}>1\text{MPa}\\ 0.0975Z^{-1}+0.1455Z^{-2}+0.585Z^{-3}-0.0019 & 0.01\text{MPa}<P_{s0}<1\text{MPa}\end{cases} \tag{2.9}$$

J. Henrych（1979）[4]给出的经验公式为（Z 为折合距离，单位：MPa）：

$$P_s=\begin{cases}1.4072Z^{-1}+0.554Z^{-2}-0.0357Z^{-3}+0.000625Z^{-4} & 0.1\leqslant Z\leqslant 0.3\\ 0.619Z^{-1}-0.033Z^{-2}+0.213Z^{-3} & 0.3\leqslant Z\leqslant 1\\ 0.066Z^{-1}+0.405Z^{-2}+0.329Z^{-3} & 1\leqslant Z\leqslant 10\end{cases} \tag{2.10}$$

Mills（1987）[5]给出的经验公式（Z 为折合距离，单位：MPa）：

$$P_s=108Z^{-1}-144Z^{-2}+1772Z^{-3} \tag{2.11}$$

不同经验公式计算的超压折合距离曲线对比见图 2-4。可以看出，当 $Z>1$ 时，各计算结果都很接近；但 $Z<0.5$ 时，Henrych 公式计算值与 TM5-1300 手册中的计算结果比较接近，Mills 公式结果偏大，与其他公式计算结果相比较有一定误差。因为折合距离较小时，超压峰值对很多因素，如炸药类型、爆炸距离等比较敏感，即使是在同一折合距离下，由于炸药类型、重量和实际距离不同，得到的超压峰值也有所不同。

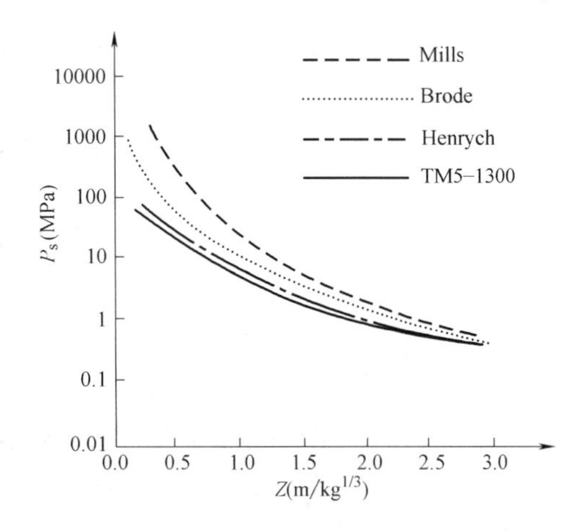

图 2-4 超压峰值曲线对比

我国国防工程设计规范中规定的空爆冲击波超压计算公式为[6]：

$$P_s = 0.084Z^{-1} + 0.27Z^{-2} + 0.7Z^{-3} \quad 1 \leqslant Z \leqslant (10 \sim 15) \tag{2.12}$$

上式计算无限空中爆炸时冲击波的峰值超压，若爆点距地面高度为 h（m）时，应满足$\frac{h}{\sqrt[3]{w}} \geqslant 0.35$，$w$ 为 TNT 炸药质量。

如果爆炸在地面上发生，由于地面的阻挡，空气冲击波不是向整个空间传播，而只能向半无限空间传播，被冲击波带动的空气量也减少一半。因此，如果爆炸是在混凝土或岩石一类的刚性地面爆炸时，可以看作是两倍的装药在无限空间爆炸。则冲击波超压计算公式为[94]：

$$P_s = 0.106Z^{-1} + 0.43Z^{-2} + 1.4Z^{-3} \quad 1 \leqslant Z \leqslant (10 \sim 15) \tag{2.13}$$

如果地面是砂、黏土等一类的普通地面，此时在爆炸作用下地面会明显发生变形而消耗能量，空气冲击波的能量就不可能全部反射出去，可以近似看作 1.8 倍的药量在无限空间爆炸。则冲击波超压计算公式为[6]：

$$P_s = 0.102Z^{-1} + 0.399Z^{-2} + 1.26Z^{-3} \quad 1 \leqslant Z \leqslant (10 \sim 15) \tag{2.14}$$

若爆点距地面高度为 h（m）时，式（2.13）和式（2.14）应满足$\frac{h}{\sqrt[3]{w}} \leqslant 0.35$，$w$ 为 TNT 炸药质量。

式（2.12）～式（2.14）计算得到的超压折合距离曲线对比，见图 2-5。

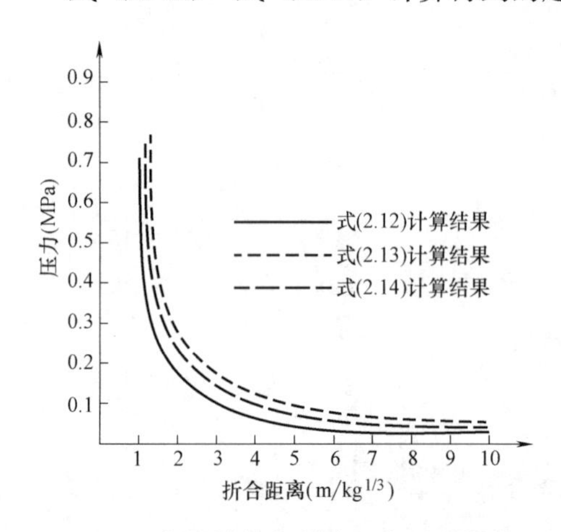

图 2-5　超压峰值与折合距离关系曲线

从图 2-5 可以看出，当折合距离一定时，刚性地面爆炸所产生的超压最大，普通土壤地面爆炸所产生的超压次之，大气中爆炸所产生的超压最小且比前两者的数值相差较大。说明地面反射对于空气爆炸所产生的超压有较大影响，因此在本书中所涉及的后续计算中考虑刚性地面反射的影响。

（2）冲量 i_s

冲击波的冲量计算比较复杂，通常冲量 i_s 计算采用压力时程曲线从冲击波到达时刻 t_A 到正向阶段结束时刻 $t_A + t_0$ 与时间轴围成的面积进行确定[7]：

$$i_s = \int_{t_A}^{t_A+t_0} [P_s(t) - P_0] \mathrm{d}t \tag{2.15}$$

J. Henrych[8] 根据 TNT 球形装药爆炸的试验研究得到的冲量（kg・s・m^{-2}）的经验计算公式：

当 $0.4 \leqslant Z \leqslant 0.75$ 时，冲量 i_s 可按下式计算（Z 为折合距离，W 为炸药质量，单位：MPa)：

$$i_s = (663 - 1115Z^{-1} + 629Z^{-2} - 100.4Z^{-3})\sqrt[3]{W} \tag{2.16}$$

当 $0.75 < Z \leqslant 3$ 时，冲量 i_s 可按下式计算（Z 为折合距离，W 为炸药质量，单位：MPa)：

$$i_s = (-32.2 + 211Z^{-1} - 216Z^{-2} + 80.1Z^{-3})\sqrt[3]{W} \tag{2.17}$$

（3）正压持时 t_0

正压阶段持时 t_0 是衡量爆炸对目标破坏程度的重要参数之一。

依据不同的爆炸类型给出计算 t_0 的经验公式[9]：

若爆点距地面高度为 h（m）时，w 为 TNT 炸药质量。当$\frac{h}{\sqrt[3]{w}}\geqslant 0.35$ 时，

$$t_0=1.35\times 10^{-3}\cdot\sqrt[6]{w}\cdot\sqrt{R} \tag{2.18}$$

若$\frac{h}{\sqrt[3]{w}}\leqslant 0.35$ 且地面为刚性地面时，

$$t_0=1.575\times 10^{-3}\cdot\sqrt[6]{w}\cdot\sqrt{R} \tag{2.19}$$

若$\frac{h}{\sqrt[3]{w}}\leqslant 0.35$ 且地面为普通地面时，

$$t_0=1.5\times 10^{-3}\cdot\sqrt[6]{w}\cdot\sqrt{R} \tag{2.20}$$

2.2.4 爆炸冲击波对结构的作用

爆炸冲击波产生的压力往往是结构普通设计时压力的数十倍，对结构的损伤破坏分为直接的冲击波效应和连续倒塌。爆炸波到达建筑物，高强高压的冲击波与结构发生作用，对建筑结构产生直接的损伤破坏效应，引起建筑外围结构，如墙体、门窗、梁、柱、楼板等构件的动态响应，直接破坏。如果冲击波荷载过大，除了会引起局部构件的破坏，还会向整个框架结构扩展，引起建筑结构连锁式破坏，即连续倒塌，导致建筑功能丧失而难以修复。爆炸冲击波效应主要受爆炸荷载的超压峰值、持续时间和冲量等参数影响。

以本书后续章节所研究的圆截面柱为例，冲击波对高而细的圆形结构物会产生图 2-6 所示情况[10]。图 2-6（a）表示入射波 I 已经于圆柱相碰，产生了一个弯曲的、向外扩展

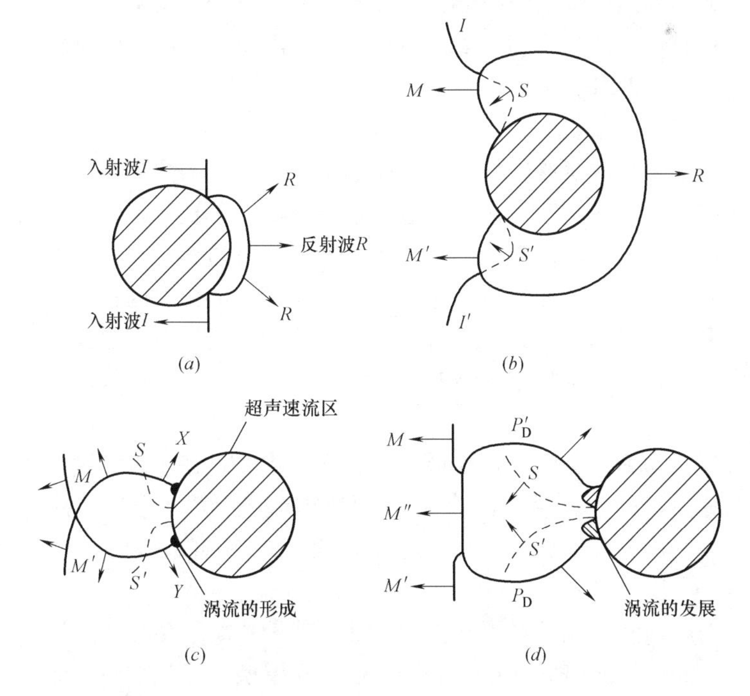

图 2-6　冲击波阵面与圆柱相互作用示意图

的反射波 R；图 2-6（b）中，入射波 I 和反射波 R 由一个马赫波 M 与圆柱表面相连，而反射波 R 比图 2-6（a）中要弱得多。这时滑移流 S 已经形成，这个滑移流就是把密度不同而压力相等的流动分开的线。当马赫杆在一平表面上形成时，滑移流向上游扩展，并向下游倾斜。因为在柱表面附近增加了的流动已使滑移流底部接近马赫波 M 的底部，所以，滑移流呈现弯曲的样子。在图 2-6（c）中，马赫杆的底部已相互反射，并正在圆柱的第二个回路上运动。滑移流已经扫到接近圆柱的背面，正与马赫杆的绕流部分 X 和 Y 相交，同时两个涡流形成。这些涡流是冲击波 X 和 Y 后面的反压与柱表面边界层流的相互作用所引起的。阴影部分是超声波的局部区域。在图 2-6（d）中，马赫杆 M 和 M' 已经向柱的下游运动了一段路程。马赫杆 M'' 将 M 和 M' 的自由空气部分与终止在圆柱表面的绕流部分马赫杆 P_D 和 P'_D 相连。

由上述分析可以看出，爆炸冲击波与结构的作用是一个比较复杂的过程。

2.3　爆炸冲击荷载作用的衡量

2.3.1　爆炸冲击荷载的计算方法

尽管对于爆炸效应的研究可追溯到 19 世纪 70 年代，但对于结构的爆炸效应研究发展是从 20 世纪 50～60 年代开始的。美国军方公开出版了相关的规范，如 TM5-856、TM5-1300，提供了爆炸荷载图表和计算公式。相关文献中也提供了很多常用的经验公式和计算方法[11-21]。归纳起来爆炸荷载的计算方法主要有以下几种：经验方法、半经验方法和数值方法三类。经验方法适合爆炸位置强度不好确定时的近和中远距离的爆炸，其精度在发生近距离爆炸或者结构表面爆炸时很低；半经验方法适合于复杂结构内部爆炸，精度大体上优于经验方法；数值方法适合高度复杂集合形式，需要合理准确的材料状态方程和网格尺寸划分，精度高于前两种方法。

1. 经验方法

经验方法是基于相关的试验数据，原则性地确定结构上的爆炸荷载。经验方法考虑了基本参数和影响因素，优点在于快速简便地确定爆炸荷载，缺点是由于受相关试验数据的限制，缺乏更灵活的适用性，多数仅适用于在开阔地形上的平面为矩形的结构，预测的精确度也随着爆炸在近距离发生而降低。经验方法主要是使用相关的技术设计手册和研究报告的计算公式和图表，或基于这些公式图表的计算软件。经验方法也适用于设计环境复杂或爆炸发生的位置和强度不好确定的情况。

2. 半经验方法

半经验方法基于物理现象的简化模型，以简化方式建立爆炸重要过程的模型，需依据大量的试验数据和案例研究，预测精确度通常优于经验方法。适合于更复杂的几何形式（如内部爆炸），可使用 BLASTXW（多层建筑）或 SPIDS（隧道和管道内）程序。

3. 数值方法

数值方法依据爆炸问题的基本原理包括质量、动量和能量守恒，采用本构模型或计算流体动力学（Computational Fluid Dynamics，CFD）模型来反映材料性能。适合于高度复杂几何形式（如地下环境或在内部布局复杂的建筑）。数值方法基于有限体积、有限差分和有限元的显式积分算法，运用 SHAMRC、AutoDYN 和 Air3D 程序，空气被认为是理想气体，炸药的引爆和膨胀采用适合爆炸材料的状态方程。

2.3.2 影响结构动态响应的主要因素

影响爆炸下结构的动态响应和损伤效应的最基本因素是结构的强度，它主要体现在框架的恢复力或延性、支座约束的冗余度、梁柱节点的强度的类型和数量等多个方面。如果结构表现出关于强度的各向异性时，结构关于爆炸中心的朝向也是一个重要影响因素。同时，结构构件的惯性也是另一主要影响动态响应的因素。通常质量大的结构会比质量小的结构有更好的动态响应。

第三个重要影响因素是延性，延性主要是指材料或结构构件所具备的吸收塑性应变能的能力。延性越大的柔性结构构件（如空间结构或钢结构）能吸收大量的爆炸能量；相反，轻质量、小跨度的刚性结构构件（如砖墙、薄板及玻璃）不能吸收多少能量，很容易在爆炸荷载的作用下发生毁灭性的破坏。

结构的自振周期也影响构件在爆炸荷载作用下的动态响应。通常单个构件（如柱、梁）的响应时间接近于爆炸荷载持时；而高耸的建筑结构的自振频率较低，有相对于荷载持时较长的响应时间。

结构的动态响应还受到材料性能和材料的使用方式共同影响。例如，虽然混凝土属于脆性材料，但由于钢筋具有良好的塑性，当钢筋和混凝土合理地组合成钢筋混凝土时，钢筋混凝土结构有很好的延性，能吸收爆炸能量。未加钢筋的砌体墙由于延性很差，节点连接处强度很低，动态响应情况也很差，容易发生脆性的剪切破坏。

参考文献

[1] ARMY TM5-1300, Structures to Resist the Effects of Accidental Explosions [S]. Washington, D. C.: U. S. Department of the Army, Navy and the Air Force, 1990.

[2] Esparza E. D., Baker W. E. Measurement of blast waves from bursting pressurized frangible spheres [R]. NASA CR-2843, Southwest Research Institute, San Antonio, Texas, 1977.

[3] Brode H. L. Numerical solution of spherical blast waves [J]. Journal of Applied Physics, American Institute of Physics, New York, 1955, 26 (6): 766-775.

[4] 蔡绍怀. 我国钢管高强混凝土结构技术的最新进展 [J]. 建筑科学，2002，8：1-7.

[5] Mills C. A. The design of concrete structure to resist explosions and weapon effects [C]. Proceedings of 1st International conference on concrete for hazard protections, Edinburgh, UK, 1987: 61-73.

[6] 张守中. 爆炸基本原理 [M]. 北京：国防工业出版社，1988.

[7] 周听清. 爆炸动力学及其应用 [M]. 安徽：中国科学技术出版社，2001.

[8] Henry J. The dynamics of explosion and its use [M]. Amsterdam: Elsevier, 1979.

[9] Wu Chengqing, Hao Hong. Modeling of simultaneous ground shock and air blast pressure on nearly structures from surface explosions [J]. International Journal of Impact Engineering, Elsevier, 2005, (31): 699-717.

[10] 李翼祺，马素贞. 爆炸力学 [M]. 北京：科学出版社，1992.

[11] TM5-856, Design of Structures to Resist the Effects of Atomic Weapons [S]. U. S. Department

of Defense, Washington, DC, 1965.

[12] Newmark, Nathan M. An engineering approach to blast resistant design [J]. ASCE Transactions, 1956, 121: 45-64.

[13] John M. Biggs. Introduction to Structural Dynamics [M]. Mcgraw-Hill Book Company, 1964.

[14] Manual No. 42, Design of Structures to Resist Nuclear Weapons Effects [S]. Reston, VA: American Society of Civil Engineers, 1985.

[15] ConWep: Conventional weapons effects program [Z]. DW Hyde, ERDC Vicksburg MS, 1991.

[16] Smith PD, Hetherington JG. Blast and ballistic loading of structures [M]. Butterworth-Heinemann, Oxford, 1994.

[17] Mays G. C., Smith P. D. Blast effects on buildings [M]. Thomas Telford, London, 1995.

[18] PSADS: Protective structures automated design system v1.0 [Z]. US Army Corps of Engineers, 1998.

[19] C. N. Kingery, G. Bulmash. Airblast parameters from TNT spherical air blast and hemispherical surface burst [R]. Report ARBL-TR-02555, U. S. Army BRL, Aberdeen Proving Ground, MD, 1984.

[20] Randers Pehrson G, Bannister K A. Airblast loading model for DYNA2D and DYNA3D [R]. Army Research Laboratory, Rept. ARL-TR-1310, 1997.

[21] W. E. Baker, P. A. Cox, P. S. Westine, etc. Explosion Hazards and Evaluation [M]. Amsterdam: Elsevier, 1983.

第 3 章　钢管混凝土墩柱的爆炸试验

3.1　钢管混凝土结构特征及发展概况

3.1.1　钢管混凝土的产生和发展

钢管混凝土是在劲性钢筋混凝土及螺旋配筋混凝土的基础上演变和发展起来的。钢管混凝土是指在钢管中填充混凝土后所形成的组合构件，其应用最早可以追溯到 1879 年在 Severn 铁路桥中所使用的钢管混凝土桥墩[1-3]。钢管混凝土构件在受压后产生横向变形，混凝土的泊松比大于钢材的泊松比，横向变形较大，所以钢管会对核心混凝土产生约束作用，使其处于三向应力状态，不仅提高了混凝土的抗压强度，且改善了其脆性破坏的缺点；同时，核心混凝土的存在对钢管提供了支撑作用，可增强钢管壁的几何稳定性，进而能避免或延缓钢管发生局部屈曲，使其材料性能得以充分发挥。通过钢管和混凝土两种材料之间的相互作用，弥补了各自缺点的同时充分发挥了各自的优点[4]。

20 世纪 50～60 年代，苏联专家对钢管混凝土结构进行了大量的研究，得到了一些有价值的结论，并在一些土建工程中进行了应用。英国、德国和法国等西欧国家的研究人员，也对钢管混凝土结构进行了大量的研究，方向主要集中在方钢管混凝土、矩形钢管混凝土和圆钢管混凝土结构，核心混凝土为素混凝土或配置了钢筋或型钢的混凝土[5-7]。1923 年日本关西大地震的调查报告显示，钢管混凝土结构在该次地震中的破坏并不明显，延性得到了充分的发挥，其抗震性能相比于其他结构形式有明显的优势，因而钢管混凝土结构在实践中得到了大量应用。加之钢管混凝土具备在较小截面下很好的抗压、抗扭和抗剪性能，因此在高层建筑结构中的应用更为广泛。近 10 余年来，在美国、日本、澳大利亚等国，钢管混凝土结构得到了较为广泛的应用，建成的钢管混凝土高层建筑已经超过 40 幢。

钢管混凝土结构技术自 20 世纪 50 年代末引入我国，在我国开发利用已经有 60 多年的历史。1959 年，原中国科学院土木建筑研究所最先开展了钢管混凝土基本性能的研究；之后，建材工业部建筑材料科学研究院、北京地下铁道工程局、哈尔滨建筑大学、冶金建筑科学研究院、电力部电力研究所和中国建筑科学研究院等单位，相继对钢管混凝土的基本性能、设计方法、节点构造和施工技术等方面，进行了比较系统的研究。20 世纪 60 年代中期，钢管混凝土结构开始用于单层工业厂房柱和地铁工程中；进入 20 世纪 70 年代，钢管混凝土结构技术又在冶金、造船、电力等行业的单层厂房和重型构架中得到成功的应用；20 世纪 80 年代中期开始，钢管混凝土结构开始在高层建筑中得到逐步应用。在钢管混凝土理论方面也形成了两大理论体系，即哈尔滨工业大学钟善桐教授的钢管混凝土统一理论和中国建筑科学研究院蔡绍怀教授的钢管混凝土套箍理论[1,3]。钢管混凝土统一理论将钢管混凝土视为统一体，认为它是钢材和混凝土组合而成的一种组合材料，它的工作性能，随着材料的物理参数、统一体的几何参数和截面形式，以及应力状态的改变而改变，这种变化是连续的、相关的，计算是统一的，该理论可用于计算各种截面形式的钢管混凝土。钢管混凝土套箍理论则认为，钢管混凝土是由两种不同材料形成的一种组合结构，是套箍混凝土的一种特殊形式，其关键在于钢管对核心混凝土的套箍约束作用。由于方钢管对核心混凝土的约束作用不如圆钢管，因此方钢管混凝土不属于套箍混凝土，套箍理论对其不适用，该理论只用来计算圆钢管混凝土结构。目前，我国有关钢管混凝土结构的设计规程，已经先后由国家建材总局、中国工程建设标准化协会、国家经济贸易委员会和解放军总后勤部颁布发行，分别是《钢管混凝土结构技术规程》CECS 28：2012、《矩形钢管混凝土结构技术规程》CECS 159：2004、《钢－混凝土组合结构设计规程》DL/T 5085—1999、《战时军港抢修早强型组合结构技术规程》GJB 4142—2000。

3.1.2　复式钢管混凝土结构

复式钢管混凝土是将两层或者多层钢管同心放置，并在钢管中填充混凝土而形成的一种新的结构形式。根据最内层钢管中是否填充混凝土可以分为实复式和空心复式两种基本形式。复式钢管混凝土柱由于内钢管的存在，和普通钢管混凝土柱相比，其承载力更高、塑性和耐火性能更好。德国 Wupertal 市府大厦中使用内圆外圆的复式钢管混凝土柱，解决了能传递 8000kN 的荷载、直径不超过 600mm 且具有防火能力的重载柱问题[1-3,8]。此外，复式空心钢管混凝土柱因其特殊的截面形式，还具有抗弯刚度大、自重轻、抗震性能好的特点。复式空心钢管混凝土因其诸多优点，已被广泛用做工程结构中的重要受力构件。尤其是当构件的长细比或荷载偏心距较大时，如钢管混凝土被用作跨越深谷的铁路桥或公路桥的高桥墩时，其承载力将由其抗弯刚度控制，而实心截面靠近形心部位的材料并不能提供很大的抗弯刚度，却增加了结构自重和造价，同时还给结构基础造成很大的负担，因而组合柱通常被设计成空心结构。该结构仍基本具备普通实心钢管混凝土承载力高、塑性和韧性好及施工方便等一系列的优点，而且具有抗弯刚度大的特点[9,10]。本书即对适用于桥梁墩柱的普通实心混凝土墩柱及内外两层圆钢管嵌套的复式空心钢管混凝土墩柱展开研究。

3.2　钢管混凝土墩柱的爆炸试验

本章以实际工程中采用的钢管混凝土柱构件为背景，设计完成了两根 1∶2 的钢管混凝土柱试件及其反力约束装置，分别进行了普通实心钢管混凝土墩柱以及复式空心钢管混凝土墩柱的爆炸试验。

3.2.1　试验目的

1）研究爆炸冲击荷载作用下钢管混凝土墩柱的动态响应，评价钢管混凝土墩柱的抗爆性能；

2）通过测定不同 TNT 药量时钢管迎爆面和背爆面的冲击波超压值、加速度变化曲线以及压力时程曲线，为准确预测结构上的爆炸冲击荷载以及爆炸冲击波的传播规律提供试验依据；

3）测定钢管混凝土墩柱在爆炸冲击荷载作用下的位移以及柱中挠度，研究钢管混凝土墩柱在爆炸冲击荷载作用下的动力响应特征和破坏机理；

4）研究比较普通实心钢管混凝土墩柱与复式空心钢管混凝土墩柱的动力响应差异，考察构造形式变化对钢管混凝土墩柱在爆炸冲击荷载作用下性能的影响。

3.2.2 试验手段与实现方式

钢管混凝土墩柱爆炸试验共计两发，两发试验均在中国兵器工业集团试验测试研究院开展。其中，第一发针对普通实心钢管混凝土墩柱；第二发针对复式空心钢管混凝土墩柱。炸药均为普通 TNT。两发试验时的折合距离分别为 $1.1\mathrm{m/kg^{1/3}}$ 和 $0.14\mathrm{m/kg^{1/3}}$。试验的基本思路是利用反力架首先对柱的上下端做固端约束，然后在柱迎爆面和背爆面分别布设沿柱高上、中、下三点的超压传感器及加速度传感器。将相应当量的 TNT 炸药布置于与迎爆面柱中等高的炸药支架上，按照折合距离的数值调整好炸药爆心与柱的实际距离后引爆炸药，使爆炸冲击荷载作用于柱上，测定钢管混凝土墩柱的动态响应。

3.3 爆炸试验的准备与设计

3.3.1 构件的设计

本次钢管混凝土墩柱爆炸试验共设计试件两个，其中一个为普通实心钢管混凝土墩柱构件，另一个为复式空心钢管混凝土墩柱构件。按照缩放比例要求及《无缝钢管尺寸、外形、重量及允许偏差》GB/T 17395—2008 中钢管规格的要求，两个构件的钢管均采用国标外径为 273mm、壁厚为 7mm 的无缝钢管，复式空心钢管混凝土墩柱芯钢管选择为外径 50mm、壁厚为 3mm 的普通直缝焊管。内填混凝土选择 C40 细石混凝土。钢管混凝土墩柱顶通过钢制卡环与反力架完成连接。柱脚参照《钢管混凝土结构技术规程》CECS 28：2012以及《多、高层民用建筑钢结构节点构造详图》01（04）SG519 中端承式柱脚的构造进行设计，肋板与外钢管采用焊接连接，焊脚尺寸不小于 10mm。两发试验柱脚底板分别通过 10.9 级的高强度螺栓与反力架或钢筋混凝土靶板完成固结。具体试件参数见表 3-1。

试件设计参数表 **表 3-1**

试件类型	高度(mm)	钢管外径(mm)	钢管壁厚(mm)	芯钢管外径(mm)
普通钢管混凝土墩柱 SC-1	1800	273	7	—
复式空心钢管混凝土墩柱 HC-1	1800	273	7	50
试件类型	芯钢管壁厚(mm)	柱脚底板(mm)	柱脚肋板(mm)	混凝土强度等级
普通钢管混凝土墩柱 SC-1	—	600×600×30	150×300×30	C40
复式空心钢管混凝土墩柱 HC-1	4	600×600×30	150×300×30	C40

钢管混凝土柱试件构造示意图如图 3-1 所示。现场制作加工情况如图 3-2 所示。

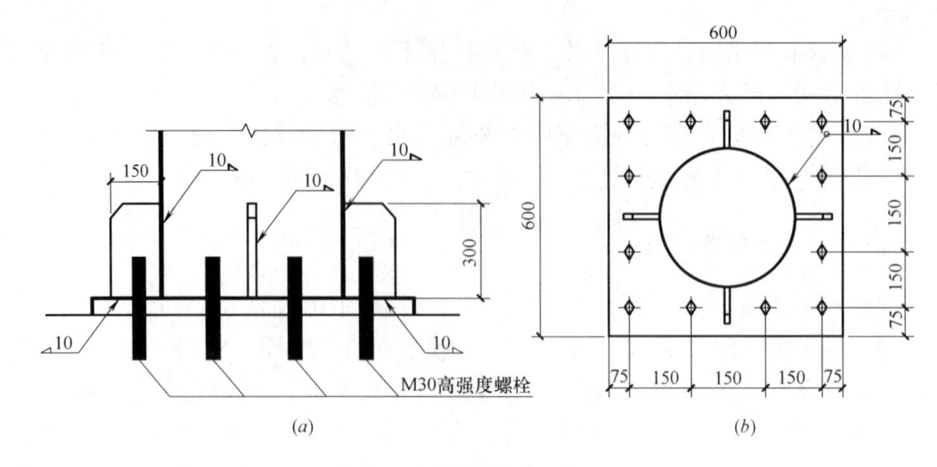

图 3-1 试件构造示意图

(*a*) 柱脚构造；(*b*) 柱底板构造

图 3-2 试件制作示意图

3.3.2 反力支承体系的设计

爆炸存在高速、瞬时、高压的特征，为了实现柱端部能够在冲击波作用下的固端约束，首要条件是柱后反力架应该具备足够的刚度和强度。设计完成的爆炸试验包括两发，其中第一发针对普通实心钢管混凝土柱，TNT 药量为 3kg，折合距离为 1.1m/kg$^{1/3}$，预估其产生的爆炸冲击荷载压强峰值不超过 10MPa，反力架选用的是试验场现有的固定靶板支架，反力架后端选择钢筋混凝土压重实现固定；第二发对象为复式空心钢管混凝土柱，TNT 药量为 50kg，折合距离为 0.14m/kg$^{1/3}$，预估产生的爆心荷载压强峰值超过 200MPa，因此选择 C60 的钢筋混凝土靶板埋设于试验地面，反力架与钢筋混凝土靶板间采用埋设的 M20 高强度膨胀螺栓予以连接。

爆炸冲击波作用在柱子表面存在反射和绕射的现象，相互作用比较复杂。因此在对反力架进行设计时，首先按照 TM5-1300 中折合距离为 0.14m/kg$^{1/3}$时半球波的超压计算公式计算出爆炸试验时所产生的瞬时超压极值，再将爆炸冲击波所产生的压强等效为均布荷载作用于柱迎爆面的投影面上，将柱视为两端固结的超静定结构进行计算。按照这种简化方法进行计算反力架所受到的荷载应大于实际爆炸时所产生的效应，计算结果是偏于安全的，这样可以使反力架具有更多的安全储备。

设计的第二发试验用反力架构造示意图如图 3-3 所示。

两发试验的反力约束设置如图 3-4 和图 3-5 所示。

3.3.3 构件材性试验

构件材性试验主要针对外钢管、芯钢管、钢板（柱脚底板和肋板）和混凝土进行。

钢材材性试验所用材料均从同一根外钢管和芯钢管上切取，为 Q235 钢材。钢板为 Q345B 钢材。试验按照《钢及钢产品　力学性能试验取样位置及试样制备》GB/T 2975—2018 切取试样和确定试样数量，并依据《金属材料　拉伸试验　第 1 部分：室温试验方法》GB/T 228.1—2010 进行拉伸试验。试验在屏幕显示液压万能试验机（CSS—44300）上进行，屈服强度、极限强度均通过 M200C 数据采集器采集数据，从计算机上直接读取。

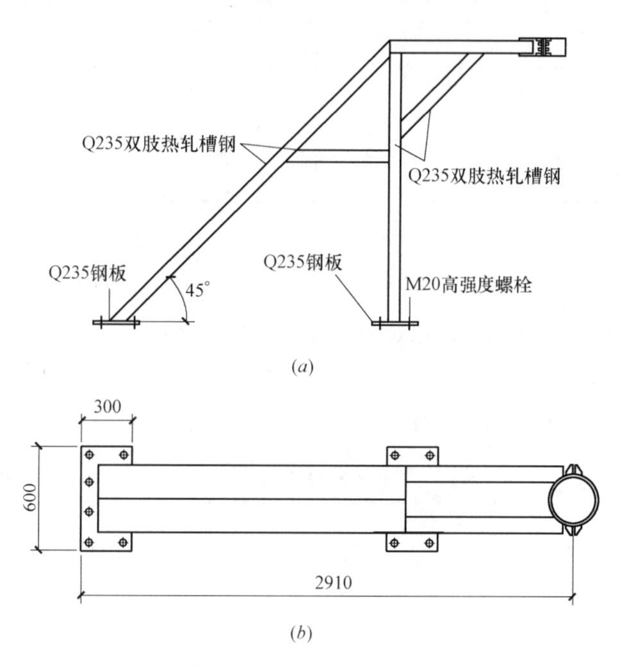

图 3-3　反力架构造示意图

（a）侧视图；（b）俯视图

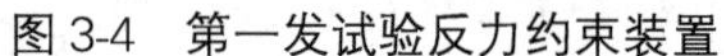

图 3-4　第一发试验反力约束装置

图 3-5　第二发试验反力约束装置

钢材材性试验所得数据汇总于表 3-2 中。

混凝土材性试验按照《普通混凝土力学性能试验方法标准》GB/T 50081—2002 在万能试验机上进行。混凝土立方体抗压强度所采用的立方体试块尺寸为 150mm×150mm×150mm，其设计配合比为——水泥：粉煤灰：中砂：卵石：碎石：水＝360：90：700：

547∶548∶163。

钢材材性试验数据汇总表（MPa） 表3-2

钢材类型		钢材强度实测值						平均值	弹性模量
外钢管	屈服强度	285	300	295	305	290	280	292.5	208
	极限强度	420	415	410	435	420	420	420	
芯钢管	屈服强度	320	250	385	375	245	220	299.1	193
	极限强度	330	350	385	530	335	305	372.5	
钢板	屈服强度	420	425	360	400	340	335	380	220
	极限强度	555	550	490	540	480	475	515	

所采用的石子最大粒径为25mm，试块经人工插捣成型，和节点试件在相同的条件下进行养护。试件共三组，每组4个试件。三组试件的养护周期均为28d。

混凝土立方体抗压强度标准值根据式（3.1）进行计算[11]。

$$f_{cu,k}=\mu_{f_{cu}}-1.645\sigma \tag{3.1}$$

式中 $\mu_{f_{cu}}$——立方体抗压强度平均值，σ为混凝土强度标准差，按照表3-3取值[12]。

混凝土强度标准差 **σ** 值（MPa） 表3-3

混凝土强度等级	低于C20	C20～C35	高于C35
σ	4.0	5.0	6.0

混凝土弹性模量按照式（3.2）计算[13]：

$$E_c=\frac{10^5}{2.2+\frac{34.7}{f_{cu,k}}} \tag{3.2}$$

混凝土轴心抗压强度标准值按式（3.3）计算[13]：

$$f_{ck}=0.88\alpha_{c1}\alpha_{c2}f_{cu,k} \tag{3.3}$$

式中 α_{c1}——棱柱体强度与立方体强度之比，对混凝土强度等级为C50及以下取0.76，对C80取0.82，在此中间按线性规律变化取值；

α_{c2}——高强度混凝土的脆性折减系数，对C40取1.00，对C80取0.87，在此中间按线性规律变化取值。

混凝土轴心抗拉强度标准值按照式（3.4）计算：

$$f_{tk}=0.88\times0.395f_{cu,k}^{0.55}(1-1.645\delta)^{0.45}\times\alpha_{c2} \tag{3.4}$$

式中 δ——变异系数，按照表3-4取值。

变异系数 **δ** 表3-4

$f_{cu,k}$	C15	C20	C25	C30	C35	C40	C45	C50	C55	C60～C80
δ	0.21	0.18	0.16	0.14	0.13	0.12	0.12	0.11	0.11	0.10

根据试验和间接计算得到的混凝土材料力学性能如表3-5所示。

混凝土材料力学性能试验结果　　表 3-5

组别	数目	立方体强度实测值(MPa)				$\mu_{f_{cu}}$(MPa)	$f_{cu,k}$(MPa)	f_{ck}(MPa)	f_{tk}(MPa)	E_c (GPa)
1	4	42.2	56.3	48.5	55	50.5	40.63	27.17	2.42	32.74
2	4	47.6	43.8	51.3	40.5	45.8	35.93	24.03	2.26	31.59
3	4	54.8	55.0	58.6	52.4	55.2	45.33	30.32	2.57	33.72

3.4　钢管混凝土墩柱爆炸试验

3.4.1　第一发试验装置及仪器布置

1. 超压传感器

采用超压传感器进行爆炸冲击波压强的测试。共布置超压传感器测点 7 个。测点包括柱迎爆面柱顶、柱中和柱底，背爆面柱顶、柱中和柱底以及远端等爆心距一个测点。爆心与迎爆面柱中测点保持等高，爆心距为 1.6m，TNT 炸药量为 3kg，折合距离为 1.1m/kg$^{1/3}$。同时，为了考察柱对爆炸冲击波传播的影响，在迎爆面柱中测点与爆心连线延长线距离为 1.6m 处布置有与柱中测点等高的超压传感器。超压传感器所收集数据通过数据线传入数据采集仪进行数据分析。数据线采用防火布覆盖，以避免爆炸时火焰造成的损伤。柱迎爆面和背爆面测点的超压传感器通过预先焊接在柱上的固定装置装配于柱上。远端与柱中测点等高的超压传感器利用靶杆予以固定。超压传感器布置示意图如图 3-6～图 3-8 所示。

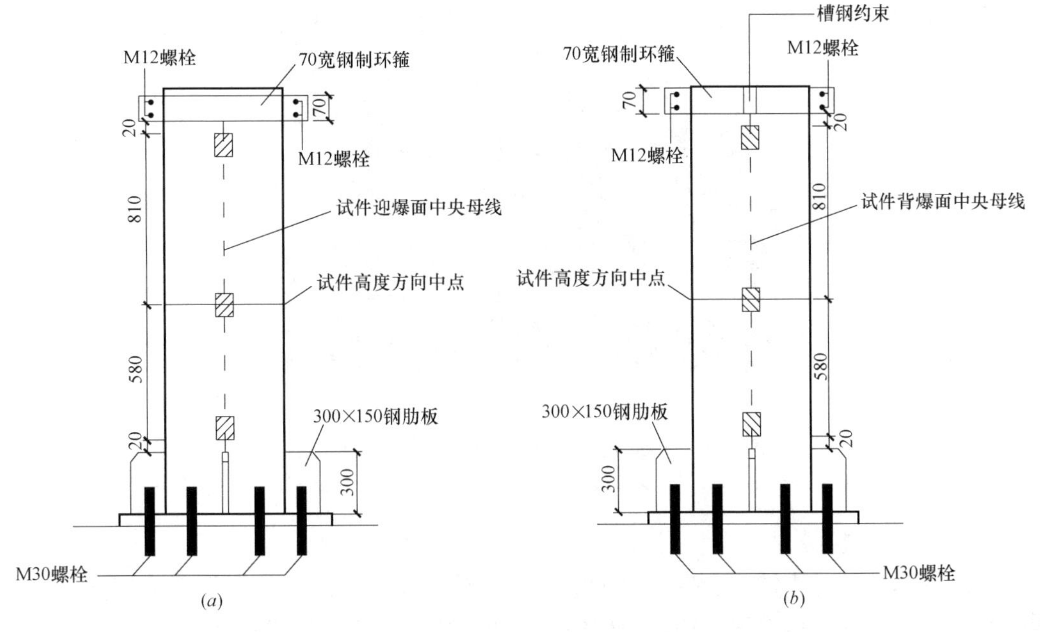

图 3-6　柱上超压传感器布置示意图（第一发试验）

(*a*) 柱迎爆面；(*b*) 柱背爆面

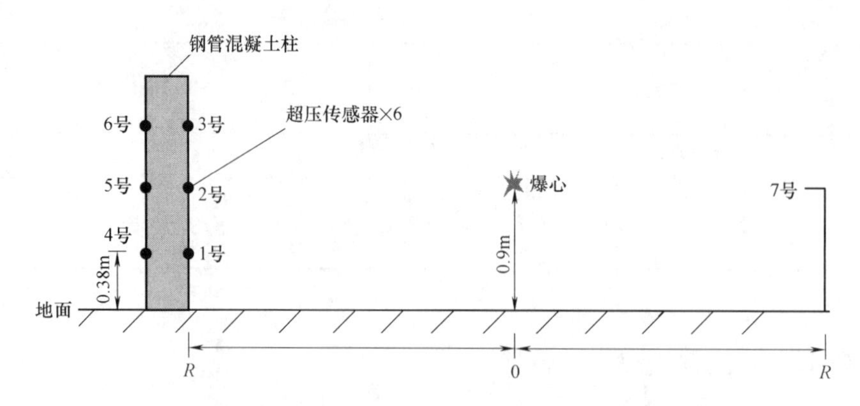

图 3-7　超压传感器与爆心位置布置示意图（第一发试验）

(*a*)　　(*b*)

(*c*)

图 3-8　超压传感器现场布置图（第一发试验）

(*a*) 超压传感器现场布置（整体）；(*b*) 超压传感器现场布置（柱上）；(*c*) 超压传感器现场布置（柱顶局部）

2. 加速度传感器

为了测量爆炸冲击波所引发的钢管混凝土墩柱的振动情况。选择量程范围分别为 5g 和 50g 传感器各一个，布置于迎爆面柱中的位置。固定加速度传感器前，首先对柱表面进行打磨处理。加速度传感器布置情况见图 3-9。

3. 高速摄像机的布置

在距离爆心超过安全距离的位置架设高速摄像机，以观测从爆炸开始到爆炸冲击波作用结束过程中钢管混凝土墩柱的直观动态响应情况。为了避免爆炸时可能产生的破片对摄像机的损伤，将高速摄像机置于钢板围成的掩体中，通过钢板上开设的防弹玻璃孔进行拍摄。高速摄像机的布置见图 3-10。

图 3-9 加速度传感器现场布置图（第一发试验）

3.4.2 第一发试验数据采集及分析

1. 压力

第一发试验采集到的普通实心钢管混凝土墩柱迎爆面与背爆面柱底、柱中和柱顶各六个测点以及远端等爆心距一个测点的压力时程曲线，如图 3-11～图 3-13 所示。

(*a*)

(*b*)

图 3-10 高速摄像机现场布置图（第一发试验）

(*a*) 高速摄像机及掩体布置（整体）；(*b*) 高速摄像机及掩体布置（局部）

由图 3-11～图 3-13 中不同测点的压力时程曲线可以看出，不同测点的正压区开始时间和压力峰值均存在一定差异。七个测点压力峰值曲线共同的一点是，测点的压力由一个普通大气压上升到峰值的时间均非常短，该上升段的压力时程曲线呈现为斜率较大的直线，而在每个测点到达峰值后曲线均呈现急速下降的趋势，该下降段的压力时程曲线同样呈现为斜率较大的直线。用专业软件整理图中数据，可以得到压力数据采集汇总表 3-6。

由表 3-6 可以看出，冲击波到达柱迎爆面和背爆面两个柱中测点的时间要稍早于其他测点，而且冲击波到达迎爆面柱顶与柱底测点的时间几乎是一致的，背爆面柱顶和柱底两个测点的冲击波到达时间几乎也是相等的，这就说明地面爆炸产生的冲击波为半球波。冲击波峰值方面，迎爆面柱中峰值略大于远端等爆心距的测点，说明柱表面存在对冲击波的反射现象，柱构件对于冲击波传播的阻滞作用会使该处的压力有所增加。由于冲击波传播

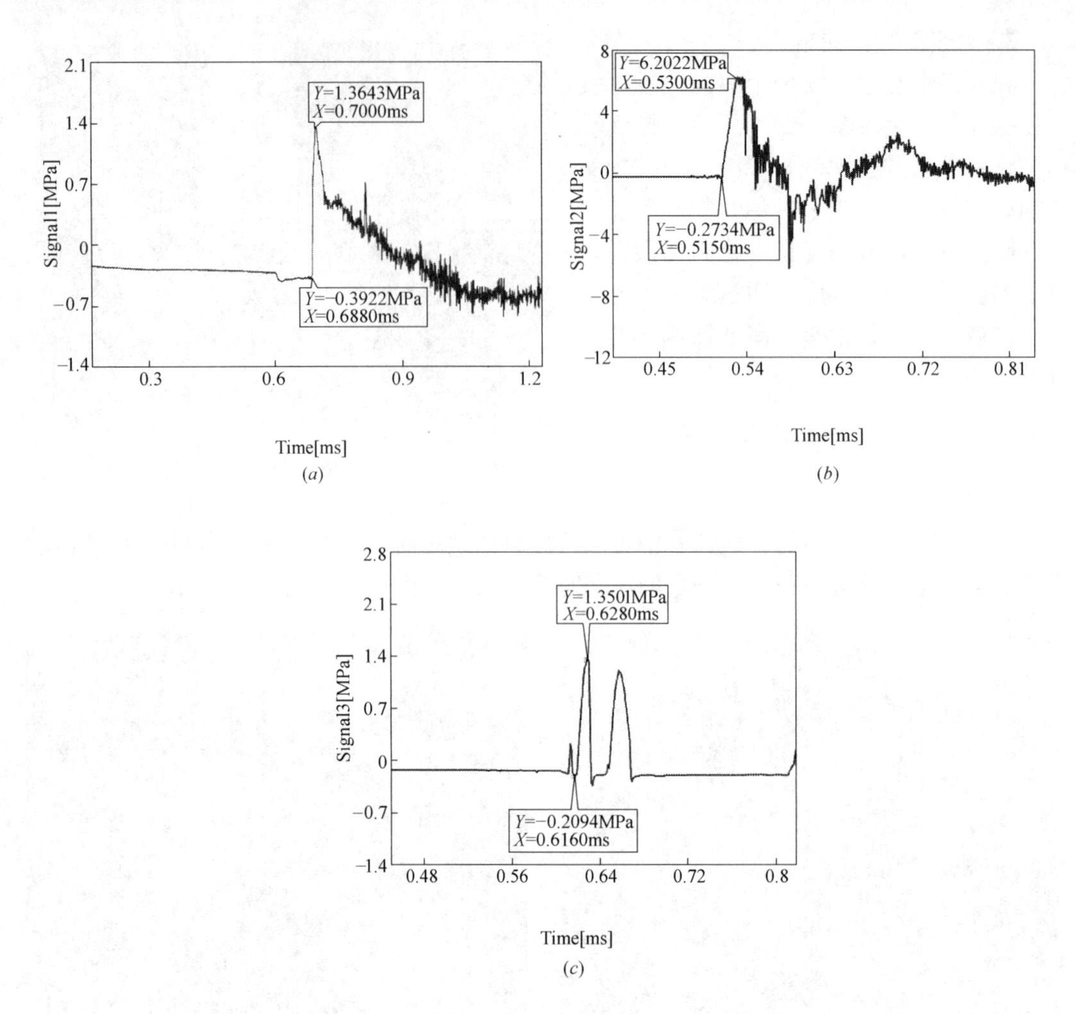

图 3-11　迎爆面压力时程曲线（第一发试验）

(*a*) 迎爆面柱底；(*b*) 迎爆面柱中；(*c*) 迎爆面柱顶

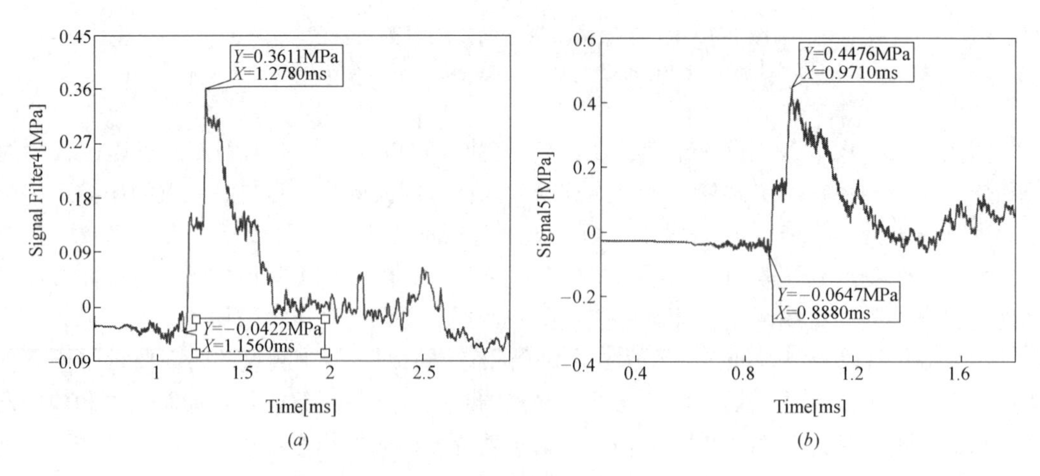

图 3-12　背爆面压力时程曲线（第一发试验）（一）

(*a*) 背爆面柱底；(*b*) 背爆面柱中

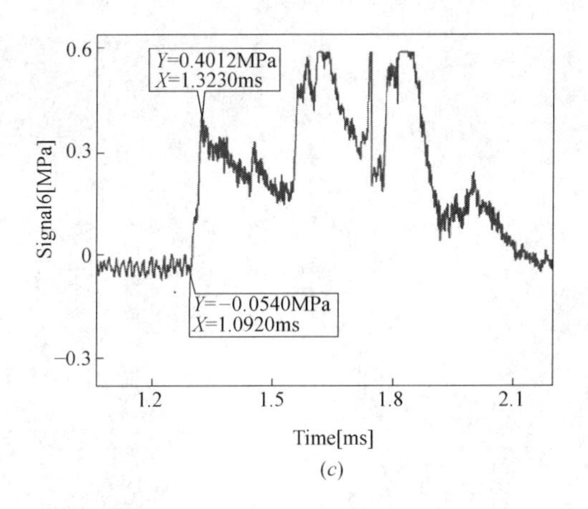

(c)

图 3-12 背爆面压力时程曲线（第一发试验）（二）

(c) 背爆面柱顶

的高速性，所有测点的正压上升时间均比较接近，然而由于冲击波到圆柱表面存在绕射现象，因此正压持续时间上，柱背爆面的三个测点均大于柱迎爆面相应的三个测点。正压冲量与冲击波峰值均是衡量冲击波对目标损伤程度的重要指标，通过对柱迎爆面与背爆面各三个测点的正压冲量的比较分析可以发现，虽然有些测点的正压冲量值较小，但是该测点的峰值却相对较大，如迎爆面柱中测点。相反的是，有些测点的正压冲量值较大，但是该测点的峰值却相对较小，如背爆面柱顶测点。这表明要考察冲击波对构件的损伤程度，应综合考量峰值压力与正压冲量两者的作用效应。

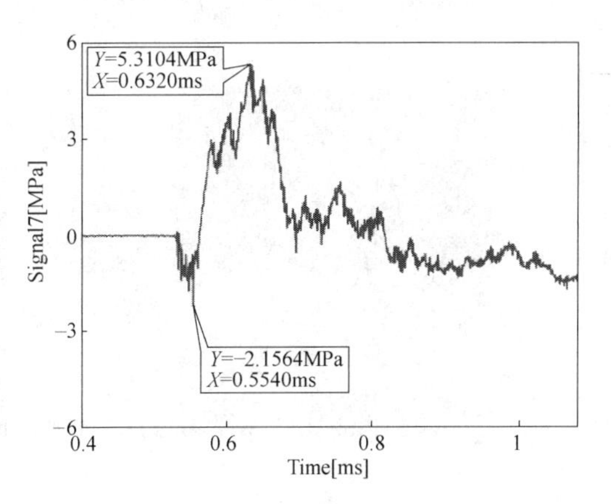

图 3-13 远端等爆距测点压力时程曲线（第一发试验）

第一发试验压力数据采集汇总表 **表 3-6**

项目 测点	冲击波到达时间 (ms)	冲击波峰值 (MPa)	正压上升时间 (ms)	正压下降时间 (ms)	正压持续时间 (ms)	正压冲量 (MPa·ms)
迎爆面柱底	0.689	1.364	0.011	0.282	0.293	0.163
迎爆面柱中	0.515	6.202	0.015	0.049	0.064	0.171
迎爆面柱顶	0.616	1.350	0.012	0.004	0.016	0.013
背爆面柱底	1.169	0.361	0.105	1.351	1.456	0.13
背爆面柱中	0.894	0.448	0.077	1.372	1.449	0.18
背爆面柱顶	1.296	0.401	0.027	1.019	1.046	0.2886
远端等爆心距	0.554	5.310	0.078	—	—	—

2. 柱宏观变形

第一发爆炸试验后普通实心钢管混凝土墩柱表观照片，如图 3-14 所示。

(*a*)　(*b*)　(*c*)　(*d*)

图 3-14　爆炸试验后柱表观情况示意图

(*a*) 柱迎爆面正视图；(*b*) 迎爆面柱中测点；(*c*) 迎爆面柱底测点；(*d*) 迎爆面柱顶测点

图 3-15　柱迎爆面中线竖向转角测量示意图

通过对试验后柱表观情况的分析可以发现，在爆心距为 1.6m，TNT 炸药量为 3kg，折合距离为 1.1m/kg$^{1/3}$ 的条件下，普通实心钢管混凝土柱并没有明显的破坏现象，柱顶与柱底的约束条件良好，柱底节点焊缝没有开裂或撕脱现象，由于炸药爆轰时火球区较大，因此柱表面有灼烧痕迹。通过手持便携式角度测量仪对柱迎爆面中线竖向转角进行量测发现，柱迎爆面中线与地面夹角为 89.5°，表明柱没有发生明显的塑性变形。测量示意图如图 3-15 所示。因此，综合考量第一发试验所测得的各项数据可以说明，在第一发试验条件的爆炸冲击荷载作用下，柱产生的变形属于弹性变形，没有塑性变形产生，柱仍有着良好的承载能力。

3.4.3 第二发试验装置及仪器布置

第二发对象为复式空心钢管混凝土墩柱，TNT 药量为 50kg，爆心距为 0.5m，爆心保持与柱迎爆面柱中等高，折合距离为 0.14m/kg$^{1/3}$。由于预估产生的爆心荷载压强峰值超过 200MPa，因此从试验测试仪器的安全及数据采集的准确性方面考虑，第二发试验没有在柱上布设任何量测设备，仅在距离爆心水平距离为 8m 和 9m 的位置上通过靶杆安置与柱顶、柱中及柱底三个位置等高的超压传感器共 6 个，以量测爆炸冲击波的衰减情况；在超过安全距离的位置架设高速摄像机进行全程摄录，第二发试验主要考察在爆炸冲击荷载作用下复式空心钢管混凝土墩柱的动态响应及损伤情况。

第二发试验超压传感器布置示意图如图 3-16～图 3-18 所示。

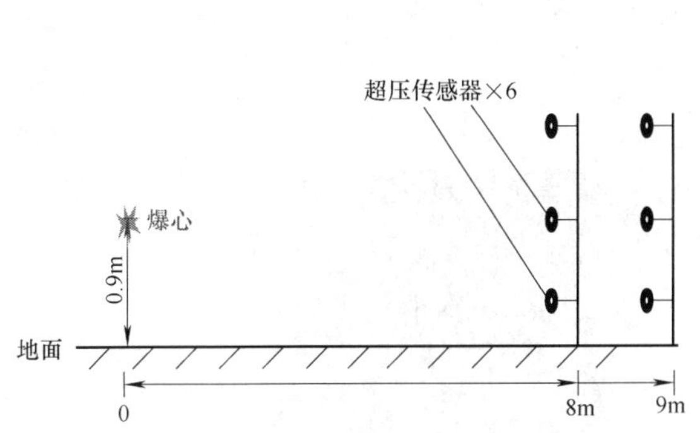

图 3-16 超压传感器与爆心位置布置示意图（第二发试验）

图 3-17 超压传感器现场整体布置图（第二发试验）

复式空心钢管混凝土墩柱截面构造如图 3-19 所示。第二发试验现场布置示意图如图 3-20 所示。

图 3-18 超压传感器局部布置图（第二发试验）

图 3-19 复式空心钢管混凝土柱截面示意图

3.4.4 第二发试验数据采集及分析

由于第二发试验的折合距离为 0.14m/kg$^{1/3}$，因此柱迎爆面发生的变形较大，无法直接用吊锤量测柱中的挠度变形，故采取将柱水平放置于试验场地地面进行变形的量测。

(a)

(b)

图 3-20　复式空心钢管混凝土墩柱试验现场布置图

(a) 柱试件及反力架示意图；(b) 柱试件就位示意图

1. 柱宏观变形

柱宏观变形示意图如图 3-21 所示。

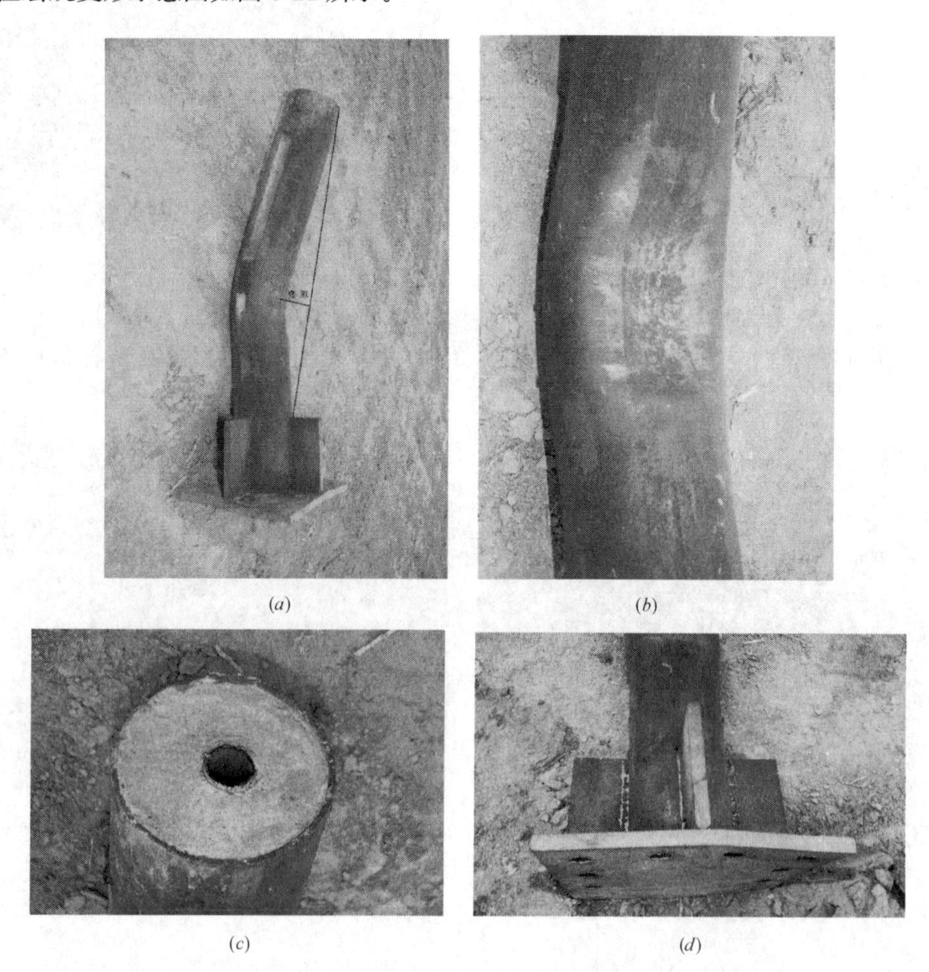
(a)　(b)　(c)　(d)

图 3-21　复式空心钢管混凝土柱宏观变形示意图

(a) 柱整体变形；(b) 柱中凹陷；(c) 柱顶截面；(d) 柱底板变形

由图 3-21（a）可以看出，在折合距离为 $0.14\text{m/kg}^{1/3}$ 的爆炸冲击荷载作用下，复式空心钢管混凝土墩柱迎爆面柱中发生了明显的塑性弯曲变形，而图 3-21（c）中的柱顶截面和图 3-21（d）中的柱脚几乎没有发生破坏。图 3-21（d）中，除柱脚底板右下角有轻微翘曲变形外，柱脚节点没有发生破坏，焊缝没有发生开裂和撕脱的现象。分析柱底板发生轻微翘曲的原因是，右下角与地面固结的螺栓较其余螺栓连接紧密，螺栓提供的约束较好，导致柱向后移动趋势受阻，因而发生底板翘曲现象。图 3-21（c）中，柱顶核心区混凝土没有开裂和破碎情况，芯钢管、混凝土和外钢管接合良好。图 3-21（b）中所显示的柱中凹陷局部照片可以清楚看出虽然柱中发生了很大的凹陷，但是由于柱中混凝土以及芯钢管使得柱整体刚度有所提升，因此外钢管表面并没有发生开裂等强度破坏现象。

需要引起重视的是，柱迎爆面柱底肋板上缘柱表面有一条细微未贯通裂缝存在，如图 3-22 所示。分析出现此条细微裂缝的原因是由于柱中发生弯曲凹陷，而柱底节点因为有肋板的设计而强度高于构件，柱底迎爆面受到爆炸冲击波的剪切及拉伸作用所致。因此，要使复式空心混凝土柱的抗爆性能得到提升，柱端部节点强度如何与构件整体强度协调显得尤为重要。

2. 柱中弯曲挠度测量

为了获得柱中弯曲挠度数值，沿迎爆面柱中线柱顶和柱底肋板处拉水平吊锤，测得柱中弯曲挠度值为 195mm，如图 3-23 所示。通过挠度的数值可以判定，柱中内部的混凝土已经被压碎。

图 3-22　柱脚肋板处柱表面裂缝示意图

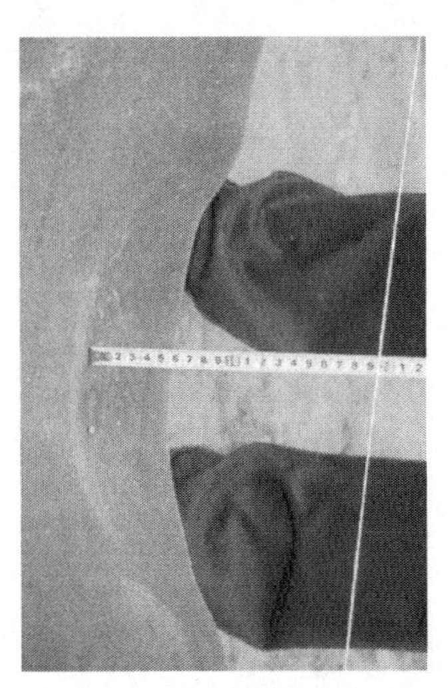

图 3-23　迎爆面柱中挠度测量示意图

参考文献

[1]　蔡绍怀. 现代钢管混凝土结构 [M]. 北京：人民交通出版社，2003.
[2]　韩林海. 钢管混凝土结构-理论与实践（第二版）[M]. 北京：科学出版社，2007.
[3]　钟善桐. 钢管混凝土结构在我国的应用和发展 [J]. 建筑技术，2001，32 (2)：80-82.
[4]　蔡绍怀. 我国钢管高强混凝土结构技术的最新进展 [J]. 建筑科学，2002，8：1-7.
[5]　Shams M，Saadeghvaziri M A. State of the art of concrete-filled steel tubular columns. ACI Struc-

tural Journal，1997，94 (5)：558-571.
[6] Gourley B C，Tort C，Haijar J F，et al. A synopsis of studies of the monotonic and cyclic behaviour of concrete-filled steel tube beam-columns. Report No. ST1-01-4 (Version 3.0)，Department of Civil Engineering，University of Minnesota，2001.
[7] Shanmugam N E，Lakshmi B. State of the art report on steel-concrete composite columns. Journal of Constructional Steel Research，2001，57 (10)：1041-1080.
[8] 钟善桐. 钢管混凝土结构 (第三版)[M]. 北京：清华大学出版社，2003.
[9] 王志浩，成戎. 复合方钢管混凝土短柱的轴压承载力 [J]. 清华大学学报 (自然科学版)，2005，45 (12)：1596-1599.
[10] 黄宏，陶忠，韩林海. 圆中空夹层钢管混凝土柱轴压工作机理研究 [J]. 工业建筑，2006，36 (11)：11-14.
[11] 东南大学，同济大学，天津大学合编. 混凝土结构设计原理 [M]. 北京：中国建筑工业出版社，2008.
[12] 《混凝土结构工程施工质量验收规范》GB 50204—2015. 北京：中国建筑工业出版社，2015.
[13] 《混凝土结构设计规范》GB 50010—2010. 北京：中国建筑工业出版社，2011.

第4章　爆炸荷载下复式空心钢管混凝土墩柱动态响应数值模拟

本章以普通实心钢管混凝土墩柱的抗爆性能试验所得参数为依据。采用显式动力学程序 ANSYS/LS-DYNA 对普通实心钢管混凝土墩柱在爆炸冲击荷载作用下的动力响应及破坏形态进行数值分析。同时，对同等试验条件下复式空心钢管混凝土墩柱进行有限元建模，对比研究两种不同截面形式的钢管混凝土墩柱的动态性能，从而为钢管混凝土墩柱的抗爆设计确定合理的参数提供理论依据。

4.1　有限元模型的建立

4.1.1　ANSYS/LS-DYNA 有限元程序

ANSYS/LS-DYNA 是功能齐全的材料非线性、几何非线性（大位移、大应变和大转动）和接触非线性程序，它以显式求解为主，兼有隐式求解功能；以 Lagrange 算法为主，兼有 Euler 和 ALE 算法；以非线性动力分析为主，兼有静力分析功能；以结构分析为主，兼有流-固耦合分析和热分析功能。其具有分析功能强大、单元类型众多、材料模型丰富、接触分析功能齐全、荷载及初始条件和约束功能全面、应用领域广泛等特点[1]。

LS-DYNA 有着丰富的材料单元库，不仅提供了二维、三维实体单元，梁单元，薄、厚壳单元和弹簧、阻尼器单元，SPH 单元，还提供了一些其他特殊用途的单元，而且各种单元类型又有多种算法可供选择。所有单元均为采用了线性位移差值函数的低阶单元，并引入了沙漏黏性阻尼，以克服零能模式；并且，默认算法为缩减积分算法，计算速度快，可用于模拟各种实体结构、杆结构以及板壳结构等[1,2]，具有对任意大位移、大转动以及大应变问题的分析能力。

在 LS-DYNA 中，三维单元有三种基本算法：拉格朗日（Lagrange）算法、欧拉（Euler）算法和任意拉格朗日-欧拉算法（ALE）算法，其可由关键字 * SECTION _ SOLID 中的 ELFORM 控制[3,4]。本章数值模拟采用 ALE 算法。ALE 算法主要用于解决流体动力学问题，适合于处理整个物体有空间的大位移，并且本身有大变形的问题，可解决一些只用纯拉格朗日和纯欧拉算法所解决不了的问题。在 ALE 算法中，空间网格可以在空间中任意运动，其余与欧拉算法的描述一样，并且有物质的输送在两层网格中发生。ALE 算法是 Lagrange 算法和 Euler 算法的有机结合，充分发挥了两者的优点。在结构边界运动的处理上，它延续了 Lagrange 算法的特点，可以有效地跟踪物质结构边界的运动；而在内部网格的划分上，它汲取了 Euler 算法的优点，使内部网格单元可以独立于物质实体而存在，并且网格可以在求解过程中通过定义参数来适当地调整位置，保证了网格在求解过程中不出现严重畸变。

ALE算法的计算精度不如纯Lagrange算法，但它处理大变形能力比纯Lagrange算法强；另一方面，尽管ALE算法处理大变形能力不如纯Euler算法，但它在计算精度和物质界面的处理上有所提高，计算量相对较小。因此，ALE算法已成为流体力学数值计算和分析的一种十分有效的方法。

4.1.2 单元类型的确定

本章所涉及的数值模拟对象包括钢管混凝土墩柱、空气及炸药，均采用SOLID164单元模拟。SOLID164单元支持大部分的LS-DYNA材料算法，该单元必须由8个节点来定义，退化单元可以通过相同的节点重复出现多次的形式来定义。

4.1.3 材料本构模型

当爆炸冲击荷载作用于结构构件时，构件材料的应变率高达100～1000s^{-1}，材料的特征参数和应力应变曲线与静载作用下有明显的不同，必须考虑应变率效应对材料性能的影响。而结构在爆炸冲击荷载下的响应依赖于材料的动态本构关系和失效准则，因此研究材料的动态力学性能和本构关系是进行结构爆炸分析的基础。

1. 混凝土的动态本构模型

目前，较多应用于爆炸冲击问题的混凝土材料模型主要有以下几个：H-J-C模型[5]，RHT模型[6]，Malvar模型[7,8]。本章选用ANSYS/LS-DYNA材料库中的111号*MAT_JOHNSON_HOLMGUIST_CONCRETE材料模型[9-11]（简称H-J-C模型）来模拟混凝土材料在高应变率下的动力特性。H-J-C模型是一种专门针对混凝土材料受冲击荷载作用而开发的动态材料模型，其综合考虑了应变率效应以及损伤对材料本构关系的影响，可以很好地描述高应变率下混凝土的响应问题，并且形式简单、概念清楚，非常适合Lagrange和Euler网格下的计算模拟。

H-J-C模型主要由屈服面以及状态方程组成，其等效屈服强度是应变率、损伤和压力的函数，而损伤积累则是等效塑性应变、塑性体积应变及压力的函数，压力则是体积应变的函数。

H-J-C模型中归一化等效屈服强度为：

$$\sigma^* = \sigma / f'_c \tag{4.1}$$

式中 σ——真实等效强度；

f'_c——准静态单轴抗压强度。

等效屈服强度和损伤度的表达式为：

$$\sigma^* = [A(1-D) + BP^{*N}](1 + C\ln\dot{\varepsilon}^*) \tag{4.2}$$

$$D = \sum \frac{\Delta\varepsilon_P + \Delta\mu_P}{D_1(P^* + T^*)^{D_2}} \tag{4.3}$$

式中 A——归一化黏性强度；

B——归一化压力硬化系数；

C——应变率影响系数；

D——损伤度，D_1和D_2是损伤参数；

$^*N$——压力硬化系数；$P^* = P/f'_c$，为无量纲压力；P为单元内的静水压力；

$\dot{\varepsilon}^* = \dot{\varepsilon}/\dot{\varepsilon}_0$为无量纲应变率；$\dot{\varepsilon}$为应变率；$\dot{\varepsilon}_0 = 1.0/s$，为参考应变率；

$T^*=T/f'_c$，为无量纲最大静水压力；

$\Delta\varepsilon_P$和$\Delta\mu_P$——分别为一个积分步长内单元的等效塑性应变和塑性体积应变。

H-J-C 模型采用状态方程来描述混凝土材料的压力与体积之间的关系。混凝土材料的应变可分为畸变响应和体积响应两部分，其中畸变响应可以用等效塑性应变来描述，而体积响应则用状态方程来描述。H-J-C 模型采用不同方式的多项式状态方程来分别描述混凝土压缩阶段在弹性区、破碎区和压实区的压力和体积的关系。

在弹性区（$0<\mu\leqslant\mu_{crush}$）：

$$P=K\mu \tag{4.4}$$

式中 P——单元的静水压力；

K——混凝土单元的弹性模量；

μ——单元的体积应变。

在压碎区（$\mu_{crush}<\mu\leqslant\mu_{lock}$）：

$$P=P_{crush}+K_{lock}(\mu-\mu_{crush}) \tag{4.5}$$

式中 P_{crush}——对应于μ_{crush}的单元内静水压力；

$K_{lock}=(P_{lock}-P_{crush})/(\mu_{lock}-\mu_{crush})$；

μ_{crush}——压溃点体积应变；

P_{lock}——对应于μ_{lock}的单元内静水压力，其中μ_{lock}为压实点的体积应变。

在压实区（$\mu\geqslant\mu_{lock}$）：

$$P=K_1\bar{\mu}+K_2\bar{\mu}^2+K_3\bar{\mu}^3 \tag{4.6}$$

式中 $\bar{\mu}=(\mu-\mu_{lock})/(1+\mu_{lock})$；

K_1、K_2、K_3——混凝土的材料参数。

在混凝土拉伸阶段：

当$0<-P\leqslant T$，$0<\varepsilon\leqslant\varepsilon_0$时，

$$P=K\mu \tag{4.7}$$

当$\varepsilon>\varepsilon_0$时，

$$P=0 \tag{4.8}$$

依据混凝土材料性能试验及文献［12］中对 H-J-C 模型参数取值的阐述，本章中 H-J-C 模型 Card1～ Card3 的各参数确定如表 4-1～表 4-3 所示。单位制取为 mm-ms-MPa。

H-J-C 模型材料参数表（Card1） **表 4-1**

变量	MID	RO	G	A	B	C	N	FC
取值	1	2.4E-3	14860	0.79	1.60	0.007	0.61	45

H-J-C 模型材料参数表（Card2） **表 4-2**

变量	T	EPS0	EFMIN	SFMAX	PC	UC	PL	UL
取值	4	0.001	0.01	7	15	0.001	800	0.1

H-J-C 模型材料参数表（Card3） **表 4-3**

变量	D1	D2	K1	K2	K3	FS
取值	0.04	1.0	85000	−171000	208000	0.0

2. 钢材的动态本构模型

本章选用 ANSYS/LS-DYNA 材料库中的 3 号 * MAT _ PLASTIC _ KINEMATIC 材料模型来模拟钢管在高应变率下的动力特性[13]。该模型与材料的应变率有关，非常适合模拟各向同性和动力塑性硬化材料，分为失效的各向同性、随动硬化、各向同性和随动硬化的混合模型三类，对于梁、壳和实体单元都适用。通过硬化参数 β（$\beta=0$ 仅随动硬化，$\beta=1$ 仅各向同性硬化）来调整各向同性硬化和随动硬化的贡献。

该模型可以用 Cowper-Symonds 模型来考虑应变速率与材料拉、压屈服强度之间的关系，模型考虑应变率的屈服条件为：

$$\sigma_y=[1+(\dot{\varepsilon}/C)^{1/p}](\sigma_0+\beta E_p\varepsilon_p^{eff}) \tag{4.9}$$

式中　$\dot{\varepsilon}$——应变率；

σ_0——初始屈服应力；

P、C——Cowper-Symonds 应变率参数；

$E_p=E_{tam}E/(E-E_{tam})$，为塑性硬化模量；

ε_p^{eff}——有效塑性应变。式中，等号右边前半部分表示应变率对屈服应力的影响，后半部分表示塑性模型的选取。

依据钢材的材料性能试验及文献［2］、［12］中对 * MAT _ PLASTIC _ KINEMATIC 模型参数取值的阐述，本章 * MAT _ PLASTIC _ KINEMATIC 模型 Card1、Card2 各参数确定如表 4-4 和表 4-5 所示。单位制取为 mm-ms-MPa。

*** MAT _ PLASTIC _ KINEMATIC 模型材料参数表（Card1）　　表 4-4**

变量	MID	RO	E	PR	SIGY	ETAN	BETA
取值	2	7.83E-3	2.1E5	0.3	292.5	2.1E3	0.0

*** MAT _ PLASTIC _ KINEMATIC 模型材料参数表（Card2）　　表 4-5**

变量	SRC	SRP	FS	VP
取值	40	5	0.2	0.0

3. 炸药的材料模型

采用 LS-DYNA 提供的 * MAT _ HIGH _ EXPLOSIVE _ BURN 高能炸药燃烧模型来模拟 TNT 炸药的爆轰。定义 * MAT _ HIGH _ EXPLOSIVE _ BURN 材料模型需要给出炸药材料的密度、爆速、爆压等参数。

依据第 3 章爆炸试验中的 TNT 炸药相关参数及文献［2］、［12］、［14］中对 * MAT _ HIGH _ EXPLOSIVE _ BURN 模型参数取值的阐述，炸药模型 Card1 的各参数确定如表 4-6 所示。单位制取为 mm-ms-MPa。

*** MAT _ HIGH _ EXPLOSIVE _ BURN 模型材料参数表（Card1）　　表 4-6**

变量	MID	RO	D	PCJ	BETA	K	G	SIGY
取值	4	1.64E-3	6.93E3	2.1E4	0.0	0.0	0.0	0.0

4. 空气的材料模型

选择 LS-DYNA 提供的 * MAT _ NULL 材料模型对空气进行模拟。该材料模型中仅需要定义空气材料的密度，其他参数使用默认值。

依据文献［12］、［14］、［15］中对*MAT_NULL 模型参数取值的阐述，空气材料模型 Card1 的各参数确定如表 4-7 所示。单位制取为 mm-ms-MPa。

***MAT_NULL 模型材料参数表（Card1）** **表 4-7**

变量	MID	RO	PC	MU	TEROD	CEROD	YM	PR
取值	3	1.29E-6	0.0	0.0	0.0	0.0	0.0	0.0

4.1.4 材料状态方程

在 LS-DYNA 中，对流体材料的处理，需要同时使用材料的本构模型和状态方程两种方式来描述材料的特性：采用本构模型来描述 $\Delta\sigma_{ij}$ 和 $\Delta\varepsilon_{ij}$ 的关系，采用状态方程来描述体积变形率与压力的关系，即 $\Delta V/V$ 和 ΔP 的关系。因此，对于炸药和空气，还需要分别定义相应的材料状态方程。

1. 炸药的状态方程

*EOS_JWL 状态方程是在圆筒试验确定的爆轰产物等熵线和爆速随炸药初始密度变化的试验数据的基础上，通过热力学计算得到其相应的方程参数。采用此状态方程可以对爆炸过程中产生的压力做出与试验结果非常相近的预测。*EOS_JWL 状态方程的表达式如下：

$$P=A\left(1-\frac{w}{R_1V}\right)e^{-R_1V}+B\left(1-\frac{w}{R_2V}\right)e^{-R_2V}+\frac{wE}{V} \tag{4.10}$$

式中 P——爆轰压力；

V——相对体积；

E——单位体积内能；

w、A、B、R_1、R_2——材料常数。

依据文献［16］、［17］中对 TNT 炸药参数的描述，结合文献［2］中对*EOS_JWL 状态方程参数取值的要求，本章炸药*EOS_JWL 状态方程中的各参数确定如表 4-8 所示。单位制取为 mm-ms-MPa。

***EOS_JWL 状态方程卡片参数** **表 4-8**

变量	EOSID	A	B	R1	R2	OMEG	E0	V0
取值	4	3.74E5	3.23E3	4.15	0.95	0.3	7000	1.0

2. 空气的状态方程

采用线性多项式*EOS_LINEAR_ POLYNOMIAL 状态方程来模拟空气［2，18］。线性多项式*EOS_LINEAR_POLYNOMIAL 状态方程为：

$$P=C_0+C_1\mu+C_2\mu^2+C_3\mu^3+(C_4+C_5\mu+C_6\mu^2)E \tag{4.11}$$

式中 $\mu=\frac{1}{V}-1$；

P——爆轰压力；

E——单位体积内能；

V——相对体积；

$C_0 \sim C_6$——状态方程参数，当线性多项式状态方程用于空气模型时：$C_0=C_1=C_2=C_3=C_6=0$，$C_4=C_5=0.4$。

依据文献［18］中对空气参数的描述，结合文献［2］中对*EOS_LINEAR_POLYNOMIAL状态方程参数取值的要求，本章空气*EOS_LINEAR_POLYNOMIAL状态方程中的各参数确定如表4-9所示。单位制取为mm-ms-MPa。

空气状态方程卡片参数 **表4-9**

变量	EOSID	C0	C1	C2	C3	C4	C5	C6
取值	3	0.0	0.0	0.0	0.0	0.4	0.4	0.0
变量	E0	V0	—	—	—	—	—	—
取值	0.25	1.0	—	—	—	—	—	—

4.1.5 几何模型及边界条件的确定

本章的数值模拟依据第3章普通实心钢管混凝土墩柱爆炸试验。其中，钢管的外直径为273mm，壁厚为7mm。混凝土的强度等级为C40，TNT炸药量为3kg，爆心高度为0.9m，爆心距为1.6m。钢管及混凝土的材料参数以第3章中材性试验所得数据为准，炸药及空气的材料参数按照试验测试数据为准。为了真实模拟柱受爆炸冲击荷载后的动力响应，边界条件确定如下：钢管混凝土墩柱上下端为固端约束。空气区域按照文献［12］的建议及试验的具体要求确定如下：沿爆炸冲击波方向的空气边界按照柱后300mm予以确定，两侧边界各按照柱侧300mm予以确定，上部边界按照柱顶预留200mm予以确定，下部边界按照与地面相接处予以确定。同时，模型在底部加设刚性反射面，以模拟真实试验时冲击波在地面的反射。其余空气边界设定为透射边界[2]。建立的整体模型几何关系示意图如图4-1所示。

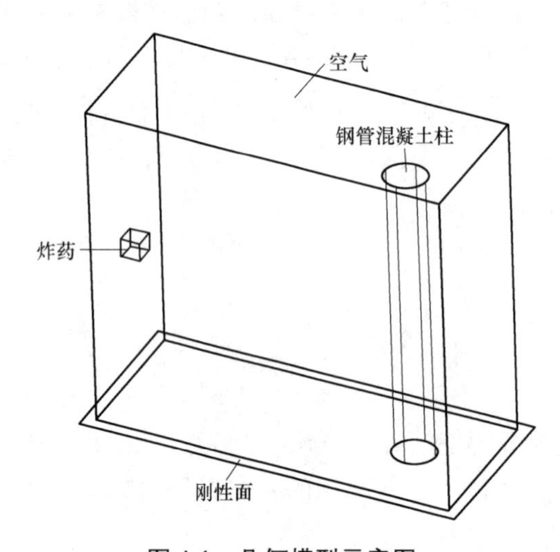

图4-1 几何模型示意图

4.2 爆炸荷载的加载方式

在应用LS-DYNA进行数值模拟时，爆炸冲击荷载实现主要有四种方法[19-21]：Lagrange方法、多物质流固耦合方法、定义压力时程曲线方法、经验爆炸模型方法。本章综合考虑了各种方法的优缺点以及试验时的爆心距、炸药当量等综合因素，采用多物质流固耦合的ALE算法，对炸药、空气和钢管混凝土构件等分开建模。

多物质流固耦合方法中，将炸药和流体材料（如空气、水、土壤、岩石等）采用Euler或ALE算法，被爆炸结构采用Lagrange算法，通过定义添加关键字*ALE和*CONSTRAINED_LAGRANGE_IN_SOLID，来实现爆炸过程的模拟。

此方法的优点是炸药和空气等流体材料可以在Euler单元中流动，从而避免了因网格畸变造成的结果不可信、计算发散等缺陷，并且通过流固耦合方式来处理其相互之间的作用，方便了有限元模型的建立，不仅流体和固体可以分开建立，而且在有限元模型中ALE与Lagrange网格之间可以随意交叉。该方法的缺点是需要同时定义最少三种网格：炸药（ALE）、被爆炸物（Lagrange）以及炸药在其中流动的ALE网格，计算速度慢，且在后处理过程中要得到清晰的物质界面需要做特殊的处理。同时，需要建立大而复杂的模型，良好、合适的网格划分，定义从爆炸点到结构全部的模型。

进行流固耦合分析的方法一般有三种途径：一种是共用结点的方法，被爆炸物单元（Lagrange单元）与炸药和流体材料单元（ALE单元）在边界上采用共同的节点；第二种是采用接触算法，即结构和流体在界面处有各自的边界面，并可以划分为不同密度的有限元网格。流体与结构的接触算法需要在结构与流体间定义滑移接触面，同时为了保证流体网格在变形过程中不致出现畸变情况，还需要在LS-DYNA中定义* ALE_SMOOTHING关键字来实现；另一种方法是欧拉—拉格朗日耦合算法，该方法的主要特点是在建立几何模型和进行有限元网格划分时，结构与流体的网格可以重叠在一起，使用关键字* CONSTRAINED_LAGRANGE_IN_SOLID将流体（炸药、空气）和固体（被爆炸结构）单元耦合在一起，从而实现力学参量的传递。本章采用第三种方法实现流固耦合分析。

4.3 模型的网格尺寸效应

4.3.1 网格划分的尺寸效应

对爆炸冲击波的传播过程及其与结构的相互作用进行数值模拟时，模拟结果的准确度在很大程度上取决于有限元模拟时采用的网格尺寸。不同尺寸的网格会导致计算结果的巨大差异。例如，当网格尺寸不能被炸药体边长整除时，会带来一定的划分误差。从查阅的国内外文献来看，空气和炸药的有限元网格尺寸的大小对空气中爆炸冲击波峰值有较大影响[22-27]。因此，大多数情况下在数值模拟前，都需要对网格尺寸进行收敛性分析，从而找到可以接受的网格尺寸。文献［28］研究结果表明有限元模型的网格尺寸对于爆炸冲击荷载作用下钢筋混凝土结构的变形和应力结果有较大影响；文献［29］讨论了利用流体力学软件模拟预测爆炸冲击荷载时的网格尺寸效应，认为10cm的网格尺寸就可以较为精确地模拟爆炸冲击荷载的传播，而较粗的网格尺寸则仅仅可以用来定性的模拟爆炸荷载在城市复杂环境中传播的基本规律；文献［30］研究了在AUTODYN 2D中模拟爆炸冲击波传播时的网格尺寸效应，提出了一个网格尺寸修正系数用来修正在数值模拟中由于网格尺寸过大引起的误差；文献［31］针对AUTODYN中网格效应进行了数值模拟分析，研究发现在二维数值模拟时，网格尺寸取10mm；三维数值模拟时，网格尺寸取为50mm，便可以满足爆炸冲击波与结构柱相互作用数值模拟中对最小网格尺寸的要求。

数值模拟中，只有利用这一网格尺寸或使用更小的网格尺寸模拟，方能得到准确的结果。一方面，在实际的数值模拟中，通过网格尺寸收敛性分析得到的合理的网格尺寸往往仅仅适用于某些情况。比如说，相同的网格尺寸，用于模拟较大折合距离的爆炸冲击波传播时可以得到较为准确的结果，但用于小折合距离的爆炸冲击波传播的模拟时却可能因为网格尺寸过于粗糙而得到错误的结果[32]。这主要是因为折合距离越大，网格尺寸敏感性相应越低[33]。因此，在数值模拟中，对不同的算例均需要做相应的网格尺寸收敛性分析，十分烦琐；另一方面，对于同一问题，减小网格尺寸的同时也会增加单元的个数，计算的最小步长也随之减小，故减小网格尺寸必然会降低计算的效率并增加对计算机硬件水平的要求。因此，在某些情况下，受计算机硬件、软件以及计算时间的限制，在爆炸冲击波的传播及其与结构的相互作用的模拟中，不得不采用较大的网格尺寸，这无疑会给模拟结果带来一定的误差。

结合第3章中普通钢管混凝土墩柱爆炸试验的实际情况，最终数值模拟时的构件尺寸及分析区域边界尺寸确定如下：爆心高度为900mm，柱迎爆面距爆心的水平距离为1600mm。钢管混凝土柱高为1800mm，钢管为外径273mm，壁厚7mm的Q235无缝钢管，内填混凝土的强度等级为C40。柱背爆面距离后端空气边界为300mm，柱两侧边缘距离两端空气边界各300mm，柱上表面距离上端空气边界为200mm。为了模拟真实试验时空气以及地面的边界条件，在LS-DYNA中打开剪切波和膨胀波开关，底部加设刚性平面以模拟地面对爆炸冲击波的反射。

钢管、混凝土、空气及炸药的材料本构模型及相应的状态方程按照4.1节所述选取。钢管混凝土墩柱上下端施加全约束，建立的钢管混凝土柱有限元模型如图4-2所示，共有4个PART分别对应钢管、混凝土、炸药及空气。

模型的网格尺寸效应主要是对爆炸冲击波的传播有较大影响，因此在对柱进行有限元划分时，将混凝土与钢管单元大小确定为20mm×20mm×20mm，并将两者的几何模型进行粘贴，保证两者的结点共用；空气和炸药考虑结点共用同时考察网格划分的尺寸效应，单元大小确定分别为10mm、20mm、30mm、40mm和60mm。共划分相应的SOLID164单元数为1192844，534050，165600，76450和34230。计算时间设定为20ms。

为了考察单元网格尺寸对爆炸时各个参数的影响程度，结合试验时测点位置的布置情况，共选择有限元模型中柱迎爆面和背爆面各上、中、下三个位置的单元进行比对。有限元模型测点选择示意图如图4-3所示。

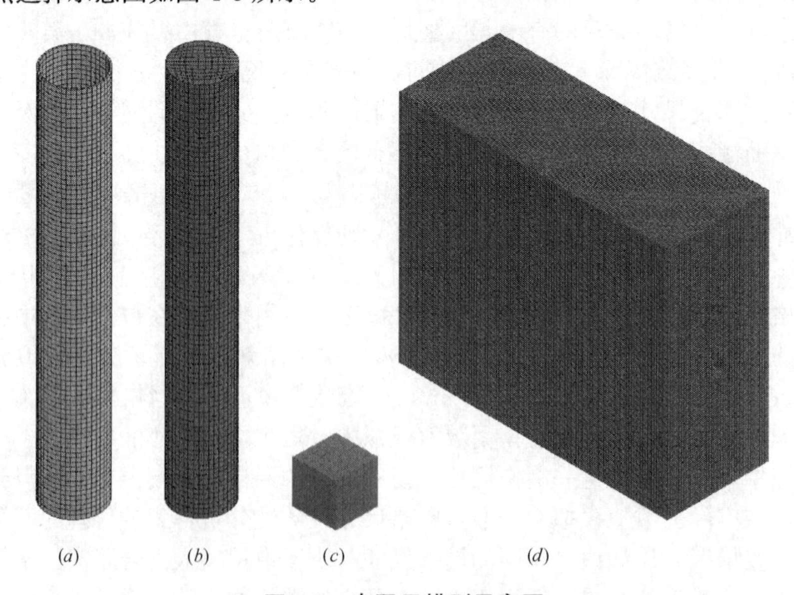

图4-2　有限元模型示意图

(a) 钢管；(b) 混凝土；(c) 炸药；(d) 空气

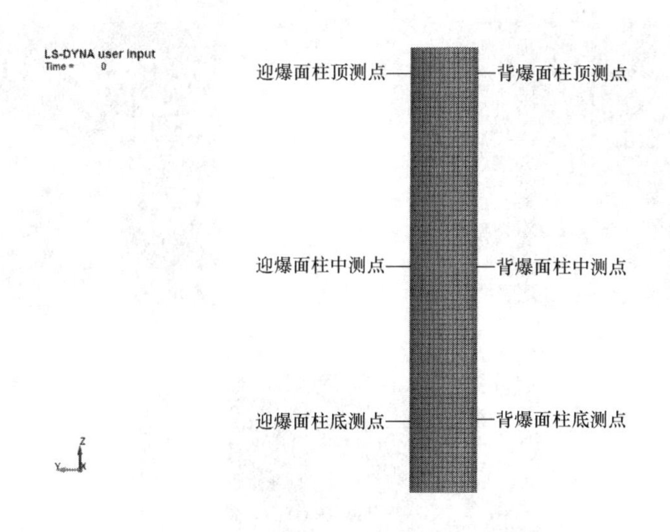

图 4-3 有限元模型测点选择示意图

由前述章节的分析可以得出，爆炸造成构件破坏的主要原因是冲击波阵面压力的大小。为了全面考察模型网格尺寸效应并结合试验采集的数据情况，本节针对不同单元尺寸划分时所得到柱迎爆面及背爆面的压力时程曲线进行分析。

不同时刻下 10～60mm 单元网格尺寸的冲击波压力云图如图 4-4～图 4-8 所示。为了分析不同网格尺寸对冲击波传播的影响，每种单元尺寸均按照起爆后 0.5ms、冲击波到达柱表面以及冲击波发生绕射这三个时刻的冲击波压力云图进行比较。从上述时刻不同单元网格尺寸的云图中可以看出网格尺寸大小对冲击波传播的波形和传播时间均有较大影响。

在爆炸发生后的 0.5ms，随着网格尺寸由 10mm 增加到 60mm，冲击波压力峰值由 4.511MPa 减小到 1.113MPa，呈下降趋势。网格尺寸与冲击波阵面压力峰值关系曲线如图 4-9 所示。同时，网格尺寸对冲击波阵面压力云图的分布形状也有很大影响。以冲击波阵面上与爆心高度平行处区域以及空气上、下边界区域三个位置压力增加的情况进行比对。随着网格尺寸由 10mm 增加到 60mm，冲击波阵面压力分布云图由最初的与爆心高度平行处区域压力增加早于空气上下边界区域压力增加的半球形，改变为爆心高度平行处区域压力与空气上下边界区域压力增加速度近似相等的椭球形。

同时，不同的单元网格尺寸划分对于冲击波传播至柱表面的时间也有一定的影响。从起爆后的 0.5ms 时刻开始，当网格划分为 10mm 时，冲击波到达柱迎爆面的柱中位置单元的时间为 0.8ms；当网格划分为 20mm 和 30mm 时，冲击波到达柱迎爆面的柱中位置单元的时间为 1.0ms，而当网格尺寸增大到 40mm 和 60mm 时，冲击波到达柱迎爆面的柱中位置单元的时间增大到 1.5ms。不同单元网格尺寸时冲击波到达柱迎爆面后发生绕射的时间也略有差异，当网格划分为 10mm 时，发生绕射的时间为 1.2ms；而 20～60mm 网格尺寸条件下，均为 2.0ms 发生绕射。数值分析结果说明，空气单元网格尺寸划分对于冲击波在空气中的传播速度有一定影响。随着单元划分尺寸的不断增大，冲击波在空气中传播的速度有所降低，到达柱迎爆面的时间相应增加；而当冲击波阵面到达柱迎爆面后到整个

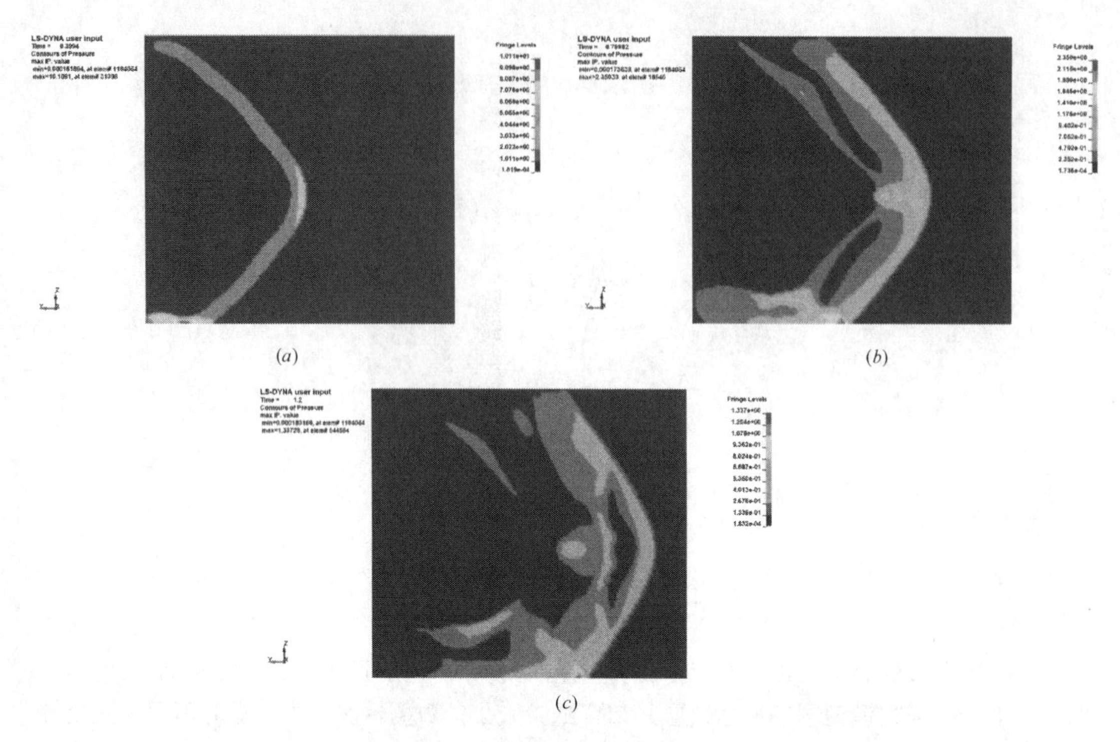

图 4-4　不同时刻冲击波压力沿数值模型对称面的分布图（10mm 网格尺寸）

（*a*）起爆后 0.5ms；（*b*）冲击波到达柱表面；（*c*）冲击波发生绕射

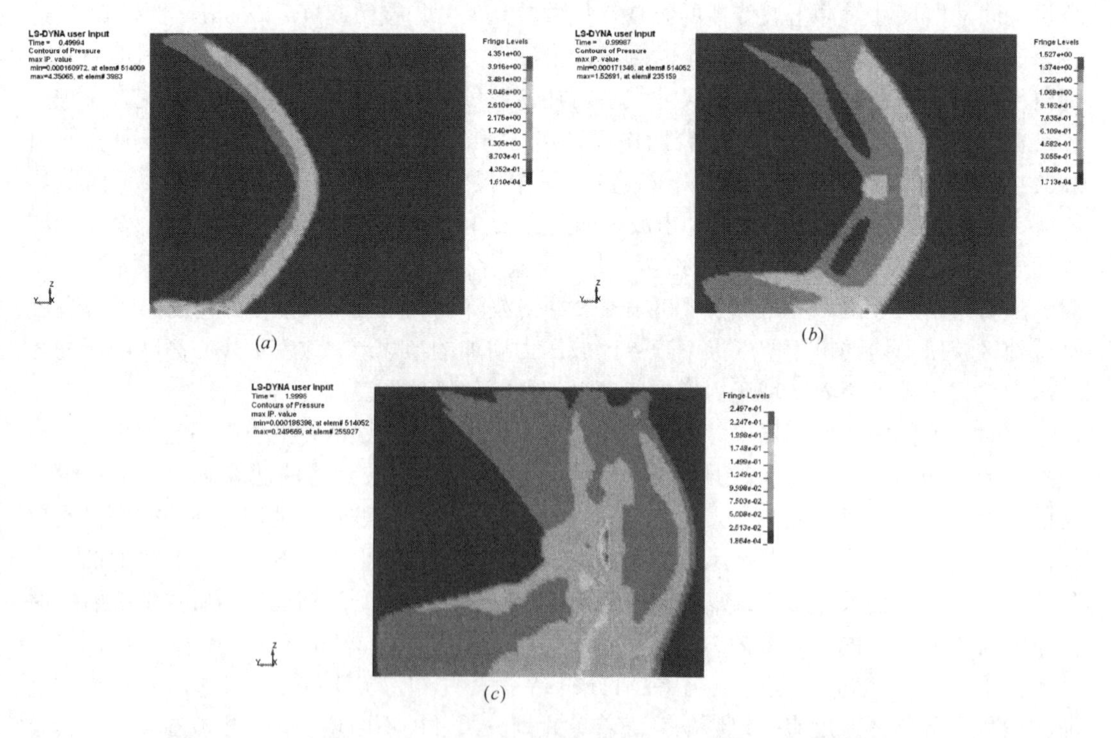

图 4-5　不同时刻冲击波压力沿数值模型对称面的分布图（20mm 网格尺寸）

（*a*）起爆后 0.5ms；（*b*）冲击波到达柱表面；（*c*）冲击波发生绕射

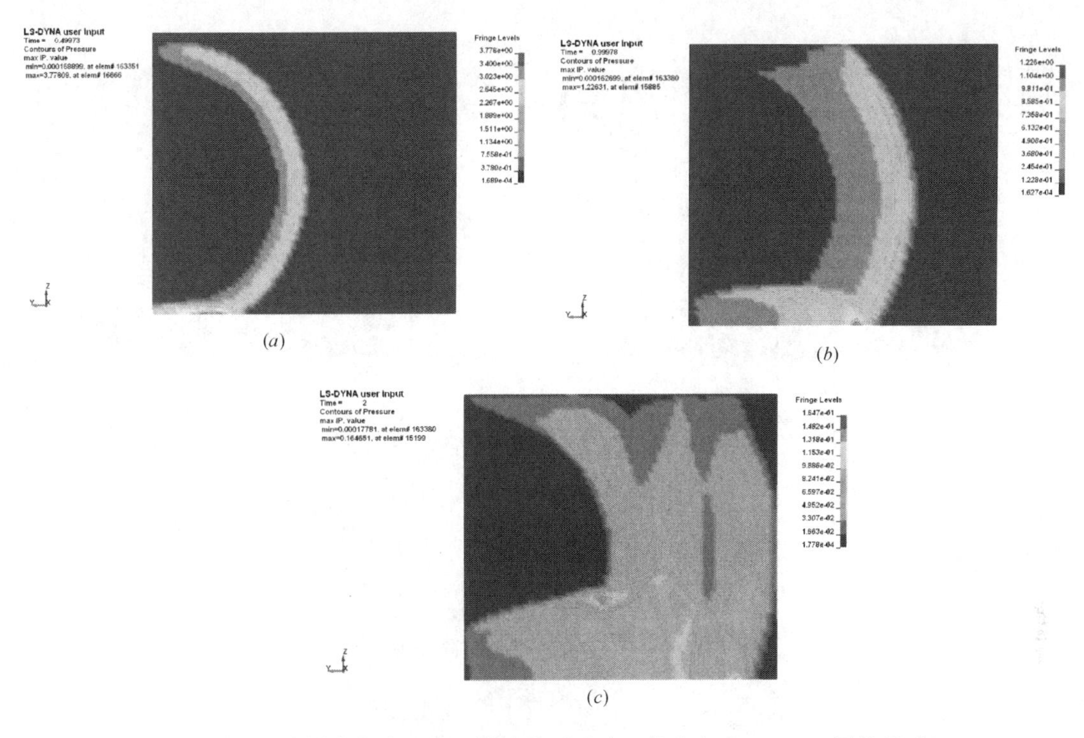

图 4-6 不同时刻冲击波压力沿数值模型对称面的分布图（30mm 网格尺寸）

（*a*）起爆后 0.5ms；（*b*）冲击波到达柱表面；（*c*）冲击波发生绕射

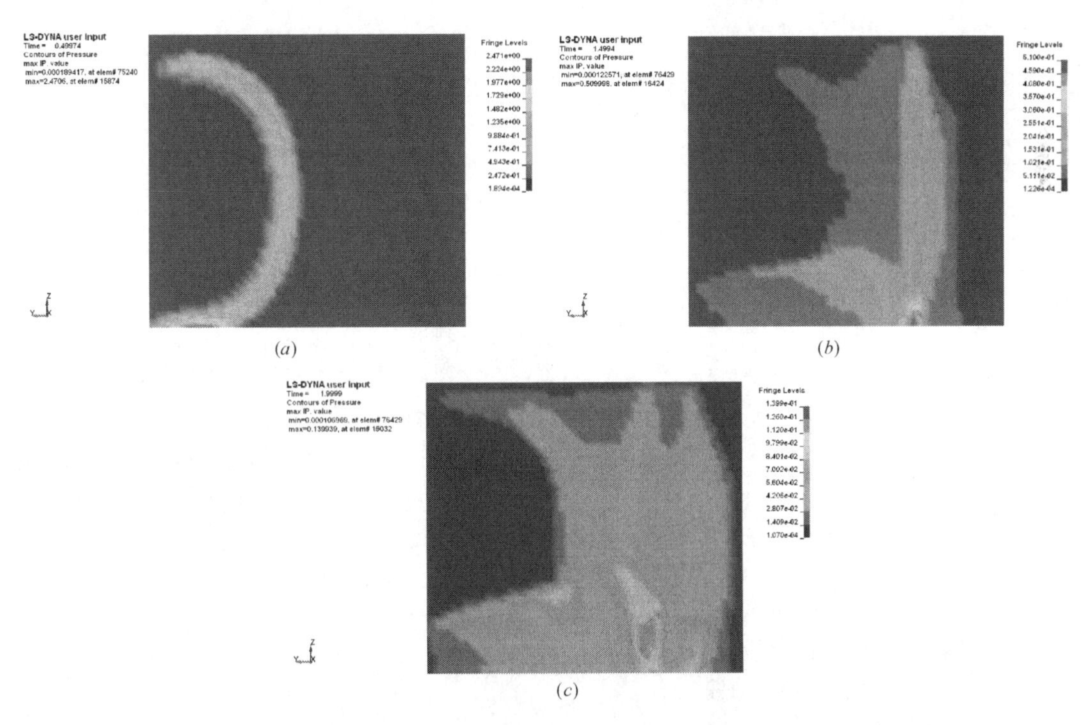

图 4-7 不同时刻冲击波压力沿数值模型对称面的分布图（40mm 网格尺寸）

（*a*）起爆后 0.5ms；（*b*）冲击波到达柱表面；（*c*）冲击波发生绕射

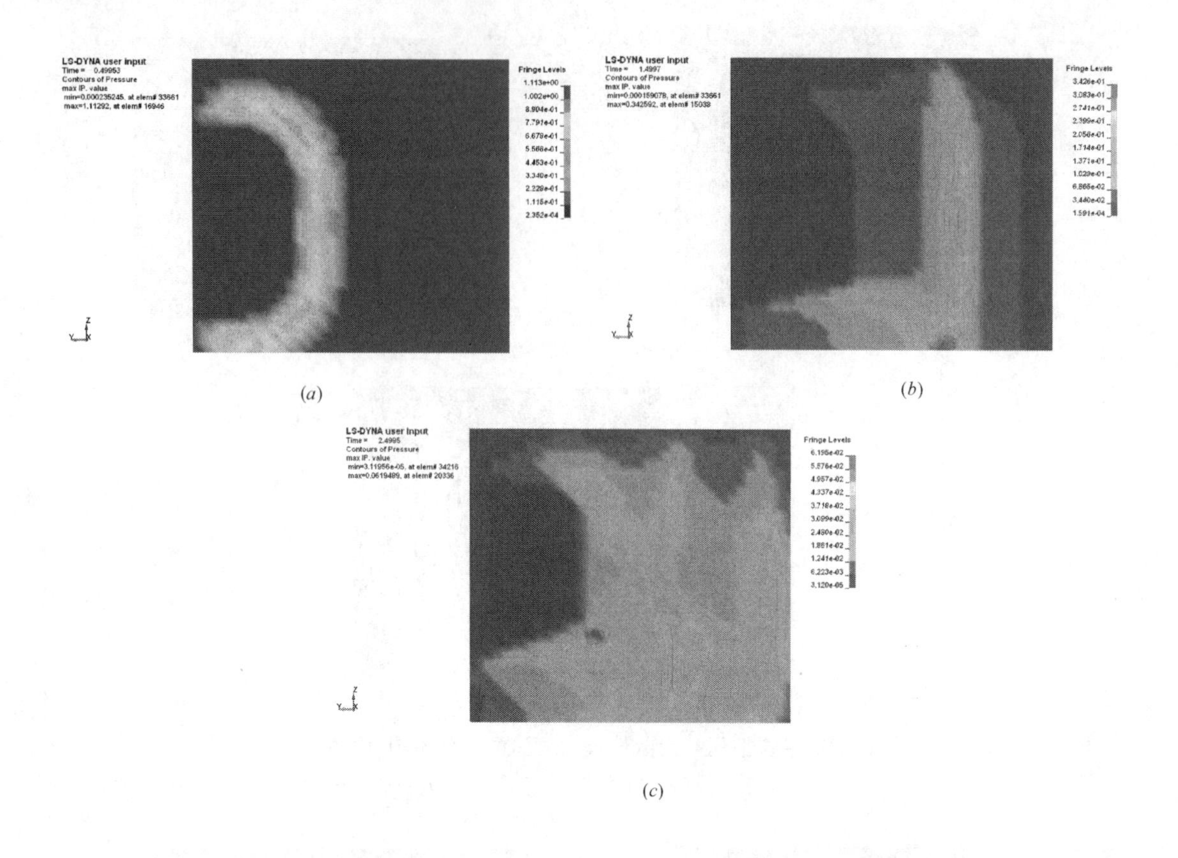

图 4-8　不同时刻冲击波压力沿数值模型对称面的分布图（60mm 网格尺寸）

（*a*）起爆后 0.5ms；（*b*）冲击波到达柱表面；（*c*）冲击波发生绕射

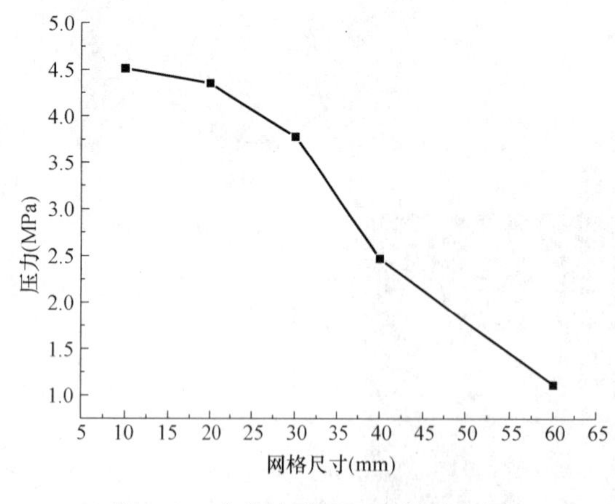

图 4-9　冲击波阵面压力峰值与网格尺寸关系曲线

柱被冲击波包裹并发生绕射的时间，受网格尺寸影响较小，说明网格尺寸对于冲击波阵面到达柱迎爆面前的传播有较大影响。

为了考察不同单元网格尺寸对柱迎爆面及背爆面压力的影响，选择数值模型上与第 3 章具体试验相对应的，柱迎爆面的柱底、柱中、柱顶以及柱背爆面柱底、柱中、柱顶共六个测点进行比较分析。为保证与试验测点尽可能地一致，在数值模型上均选择紧贴柱迎爆面与背爆面相对应试验测点位置的空气单元进行分析。空气、地面及钢管混凝土墩柱几何关系如图 4-10 所示；截取的迎爆面空气与钢管混凝土墩柱几何关系如图 4-11所示；截取的背爆面空气与钢管混凝土墩柱几何关系如图 4-12 所示。

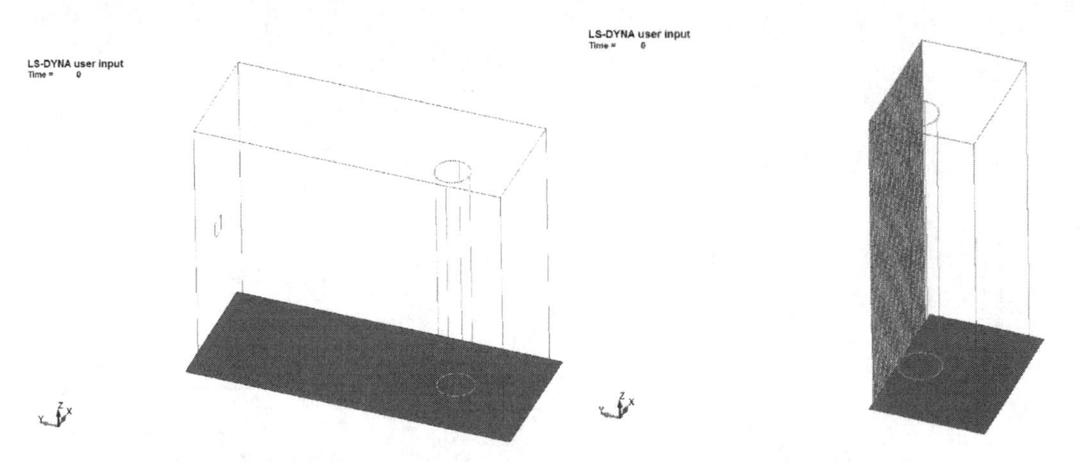

图 4-10 空气、地面及柱几何关系示意图　　图 4-11 迎爆面空气、地面及柱几何关系示意图

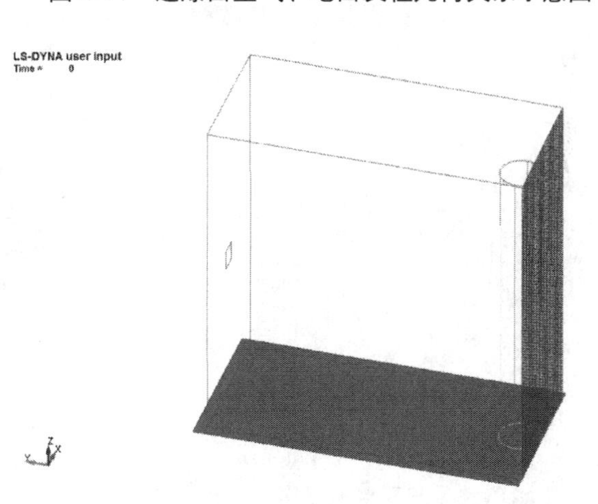

图 4-12 背爆面空气、地面及柱几何关系示意图

不同单元网格尺寸迎爆面柱底、柱中、柱顶三个位置对应单元的压力时程曲线，如图 4-13～图 4-15 所示。

由图中可以看出，冲击波阵面传播的时间方面，除 60mm 网格尺寸划分时柱顶压力时程曲线以外，不同网格尺寸划分时迎爆面柱底、柱中及柱顶单元的正压持续时间比较一致，为 2ms 左右。当时间超过 2ms 时，压力逐渐小于一个正常大气压 0.1MPa，即进入负压阶段。负压阶段持续时间为柱底 13ms 左右，柱中 11ms 左右，柱顶 17ms 左右。随着网格尺寸由 10mm 增大到 60mm，柱迎爆面柱顶、柱中及柱底的压力时程曲线峰值及形状均发生了相应变化。柱底单元的冲击波压力峰值由单元尺寸为 10mm 时的 1.3MPa 逐步降低为 60mm 时的 0.1MPa；柱中单元的冲击波压力峰值由单元尺寸为 10mm 时的 1.5MPa 逐步降低为 60mm 时的 0.1MPa；柱顶单元的冲击波压力峰值由单元尺寸为 10mm 时的 0.3MPa 逐步降低为 60mm 时的 0.05MPa。而且，压力时程曲线形状也由单元尺寸为 10mm 时的压力上升段与下降段明显的近似三角形折线，逐渐变化为 60mm 时的平缓曲线。特别需要说明的是，60mm 网格尺寸时迎爆面的柱顶单元压力时程曲线从起爆零时刻的正常大气压 0.1MPa 开始没有任何上升的趋势。也就是说，当单元的尺寸取得过大时，爆炸冲击波压力值不会超过正常的大气压值。这一点当然是与实际爆炸冲击波造成的空气压力变化相悖的。因此，确定合理的空气单元网格尺寸，对正确模拟爆炸冲击波的传播及其效应有着非常重要的意义。

不同单元网格尺寸背爆面柱顶、柱中、柱底三个位置对应单元的压力时程曲线，如图 4-16～图 4-18 所示。

由图中可以看出，由于冲击波受到柱迎爆面阻挡，背爆面柱底、柱中和柱顶三个位置的压力峰值均小于迎爆面，说明钢管混凝土墩柱有着良好的抗爆防护性能。网格尺寸大小

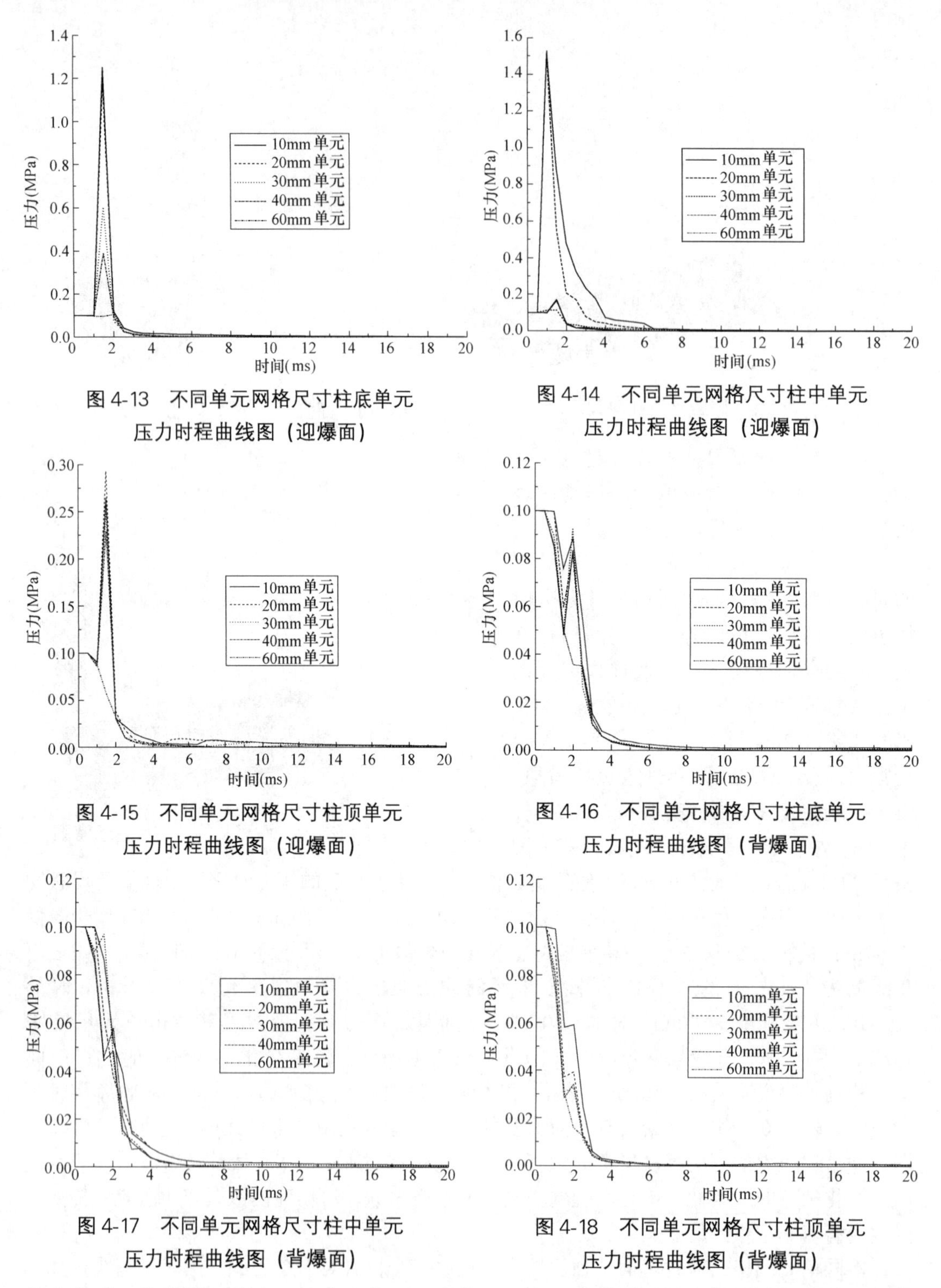

图 4-13　不同单元网格尺寸柱底单元压力时程曲线图（迎爆面）

图 4-14　不同单元网格尺寸柱中单元压力时程曲线图（迎爆面）

图 4-15　不同单元网格尺寸柱顶单元压力时程曲线图（迎爆面）

图 4-16　不同单元网格尺寸柱底单元压力时程曲线图（背爆面）

图 4-17　不同单元网格尺寸柱中单元压力时程曲线图（背爆面）

图 4-18　不同单元网格尺寸柱顶单元压力时程曲线图（背爆面）

的变化对于柱背爆面柱底、柱中和柱顶三个位置压力时程曲线峰值及形状影响均较迎爆面小。背爆面除柱顶由单元尺寸为 10mm 时的 0.1MPa 逐步降低为 60mm 时的 0.07MPa 以外，其余两个位置的冲击波压力峰值均由单元尺寸为 10mm 时的 0.1MPa 逐步降低为

60mm 时的 0.08MPa。背爆面柱底、柱中和柱顶三个位置的峰值均为 0.1MPa，没有超过大气压值。这一计算结果也表明，爆炸冲击波在背爆面柱底、柱中和柱顶三个位置的压力值分布以负压为主。

4.3.2 模型单元网格尺寸的确定

将试验中所采集的柱迎爆面柱底、柱中、柱顶与背爆面柱底、柱中、柱顶的六个压力峰值，与数值模拟时不同单元网格尺寸下相应六个位置处的压力峰值进行比较。结果如表4-10和表4-11所示。

实测压力值与数值模拟压力峰值比较（柱迎爆面）　　表 4-10

实测值(MPa)	数值模拟值(MPa)				
	10mm 单元	20mm 单元	30mm 单元	40mm 单元	60mm 单元
1.364(柱底)	1.3	1.2	0.6	0.4	0.1
6.202(柱中)	1.5	1.5	0.11	0.17	0.16
1.350(柱顶)	0.3	0.29	0.25	0.23	0.08

实测压力值与数值模拟压力峰值比较（柱背爆面）　　表 4-11

实测值(MPa)	数值模拟值(MPa)				
	10mm 单元	20mm 单元	30mm 单元	40mm 单元	60mm 单元
0.361(柱底)	0.1	0.1	0.09	0.08	0.08
0.448(柱中)	0.1	0.1	0.09	0.09	0.08
0.401(柱顶)	0.1	0.1	0.08	0.07	0.07

通过表中的不同网格尺寸下数值模拟结果对比可以看出，除迎爆面柱中 40mm 网格划分时压力值发生一个小幅上升以外，随着网格尺寸的不断增加，迎爆面与背爆面上、中、下三个位置的数值模拟的压力峰值均呈下降趋势。而且，模拟值与实测值的误差也随着网格尺寸的不断增加而变得越来越大，但不同单元尺寸数值模拟的结果与实测值的分布趋势是一致的。即空气网格尺寸划分得越细，数值模拟结果与试验实测的结果拟合程度越高。但是，对网格尺寸的不断细化也就意味着单元数量的上升，以及对计算机硬件和计算时间提出更高的要求。从计算的结果来看，10mm 单元尺寸与 20mm 单元尺寸计算结果均与实测值在同一数量级内且数值模拟数据相近，而 10mm 单元网格尺寸计算时间为 52 个小时，20mm 单元网格尺寸计算时间为 22 个小时。因为数值模拟中所选择的材料本构模型与柱试样实际情况存在差异，且数值模拟无法考虑真实试验时柱试样的绝热变形过程，因此造成了 10mm 与 20mm 时数值模拟结果均与实测值有一定误差。在综合考虑与实测值的吻合程度及计算效率，可以认为当单元尺寸为 20mm 时数值分析结果与实测值基本吻合，故本章将对爆炸冲击荷载作用下复式空心钢管混凝土墩柱数值模拟时的空气单元网格尺寸确定为 20mm。

4.4 数值模拟结果及分析

按照 4.2 节与 4.3 节确定的相关参数以及分析的结果，建立爆炸冲击荷载作用下复式空心钢管混凝土墩柱、空气及炸药的有限元模型，进行有限元数值分析。本节依据论文依托的科研项目中实施的普通实心钢管混凝土墩柱静爆试验 3kg 的 TNT 药量来考察复式空心钢管混凝土墩柱动态响应，爆心高度为 0.9m，爆心距为 1.6m。

复式空心钢管混凝土墩柱外钢管的外径为 273mm，壁厚为 7mm。芯钢管的外径为 50mm，壁厚为 4mm。混凝土的强度等级为 C40，钢管及混凝土的材料参数以第 3 章中的材性试验所得数据为准。

数值模拟时的构件尺寸及分析区域边界尺寸等按照 4.3 节相关参数予以确定。为了模拟真实试验时空气以及地面的边界条件，在 LS-DYNA 中打开剪切波和膨胀波开关，底部加设刚性平面，以模拟地面对爆炸冲击波的反射。由于建立的几何模型中空气包裹柱而无法明确显示各个组成部分的几何关系，因此将建立好的整体几何模型沿着冲击波传播方向进行局部剖切后的几何模型如图 4-19 所示。

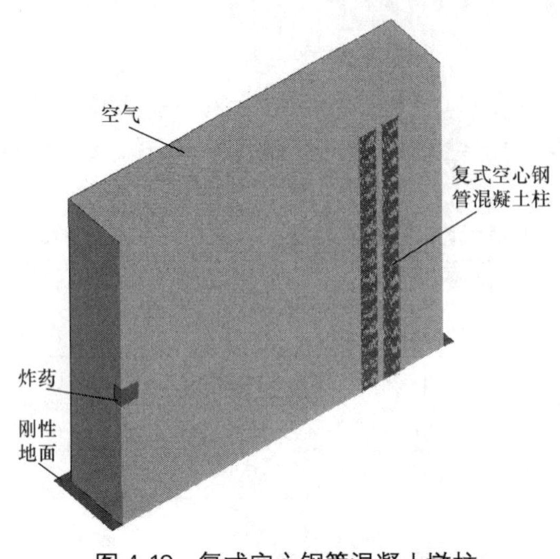

图 4-19　复式空心钢管混凝土墩柱几何模型图（局部剖切后）

对模型进行有限元单元尺寸划分时，按照单元网格尺寸为 20mm 进行划分。复式空心钢管混凝土墩柱上下端施加全约束，划分后的有限元模型如图 4-20 所示。共生成混凝土、外钢管、芯钢管、空气和炸药 5 个 PART。

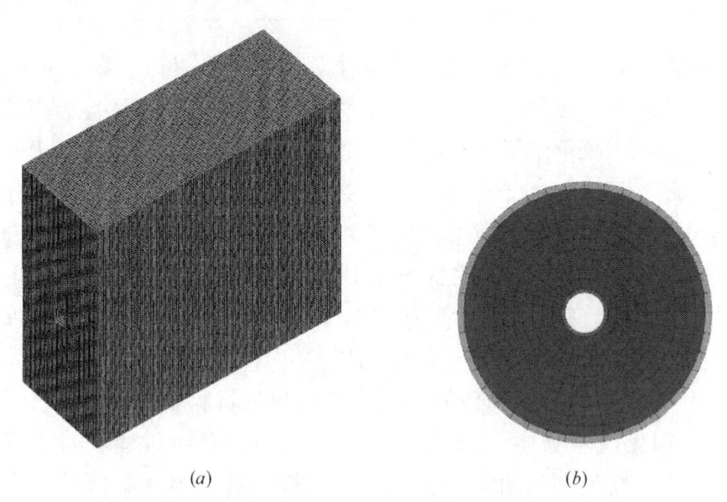

(*a*)　　(*b*)

图 4-20　复式空心钢管混凝土墩柱有限元模型图

(*a*) 空气有限元划分示意图；(*b*) 柱横截面有限元划分示意图

4.4.1　压力

结合试验时测点位置的布置情况，共选择有限元模型中柱迎爆面和背爆面各上、中、下三个位置的单元进行分析。绘制出迎爆面与背爆面各测点位置处单元的压力时程曲线，

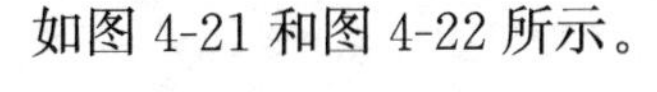
如图 4-21 和图 4-22 所示。

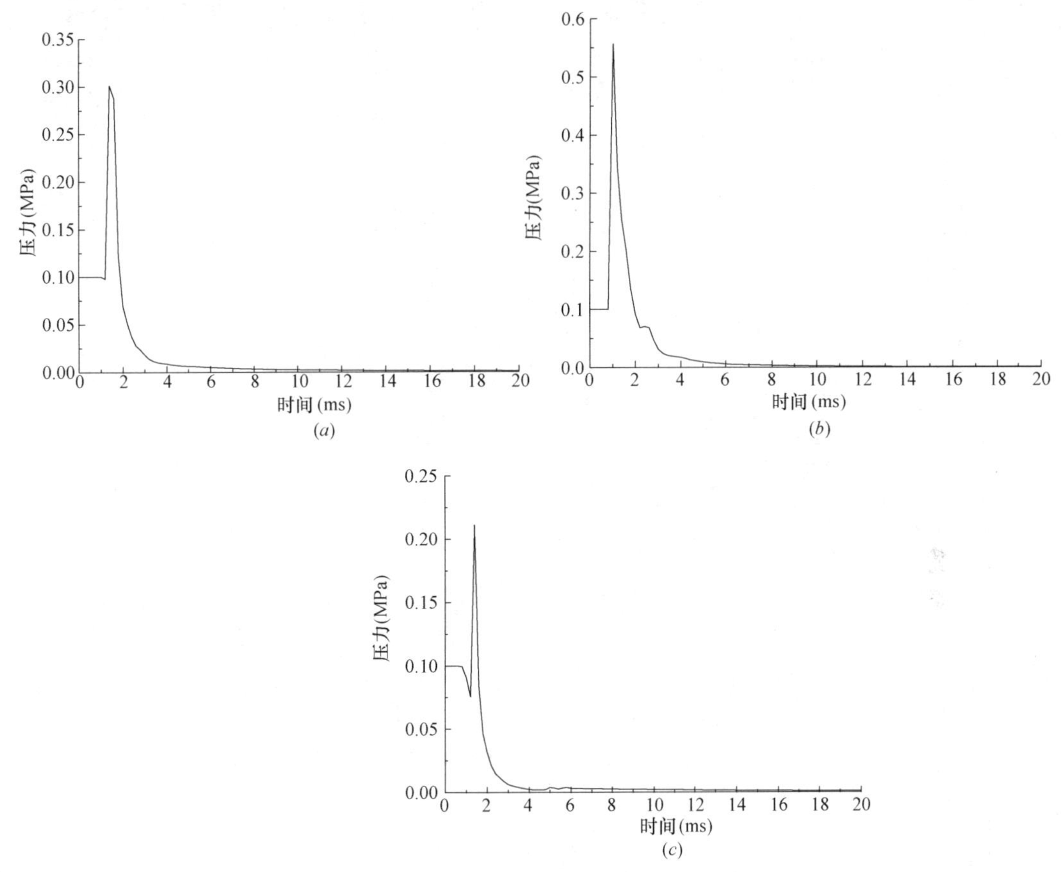

图 4-21 柱迎爆面不同位置单元压力时程曲线

(a) 柱底单元；(b) 柱中单元；(c) 柱顶单元

从柱迎爆面上、中、下三个位置的压力时程曲线图 4-21 可以看出，复式空心钢管混凝土墩柱柱底、柱中与柱顶三个位置的压力峰值分别为 0.30MPa、0.56MPa 和 0.21MPa。相比较 20mm 单元尺寸条件下的普通实心钢管混凝土墩柱迎爆面相应三个位置的压力峰值 1.2MPa、1.5MPa 和 0.29MPa，分别下降 75%、63%和 28%，特别是柱底和柱中两个位置的压力均降低了一个数量级。说明在同等折合距离条件下，复式空心钢管混凝土墩柱截面峰值压强较普通实心钢管混凝土墩柱截面要低。

通过比对时间数据可以发现，迎爆面上、中、下三个位置压力峰值产生的时间分别为 1.5ms、1.0ms 和 1.5ms，这说明爆炸冲击波首先到达迎爆面柱中，而后到达柱顶和柱底。这也是符合实际爆点高度与柱中等高这一特征的，因此柱中的压力峰值要较柱顶和柱底的压力峰值要大。而柱底的压力峰值大于柱顶的原因是因为在模型中添加了刚性面以模拟地面反射，入射的爆炸冲击波和地面反射的爆炸冲击波发生叠加使得冲击波强度有所增大。

在迎爆面正压持时方面，柱顶、柱中和柱底三个位置的正压持时分别为 1.8ms、2.0ms 及 1.4ms。因此，综合考虑上述三个位置的压力峰值可以得出结论：爆炸冲击波对迎爆面柱中造成的破坏最为强烈，柱底次之，柱顶最小。

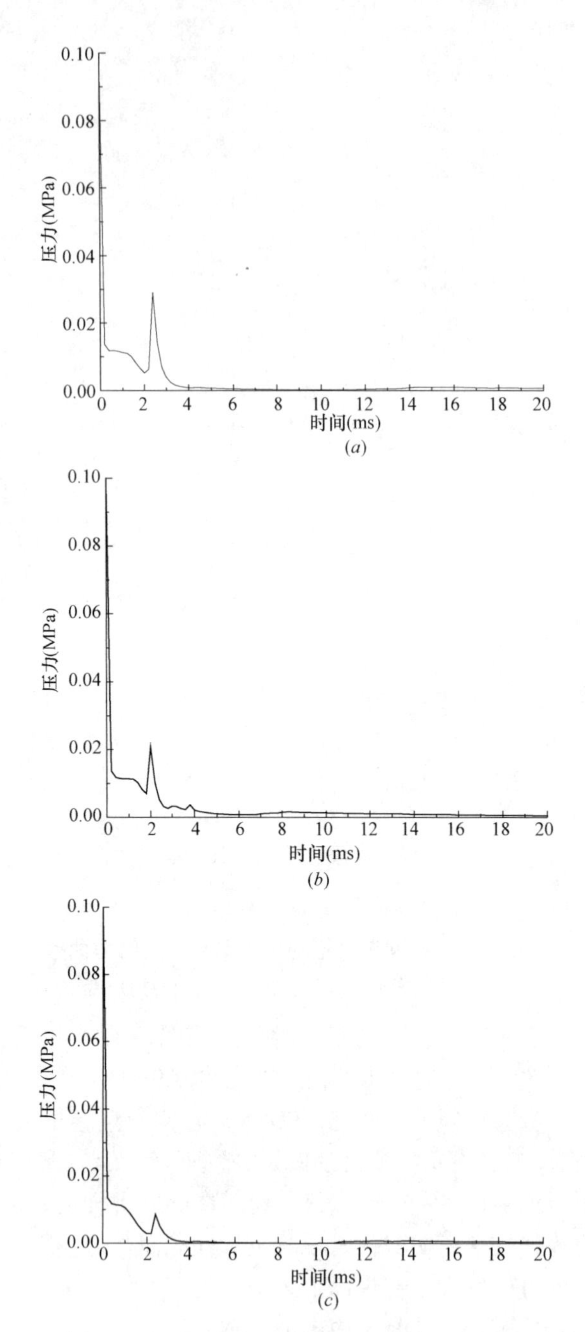

图4-22　柱背爆面不同位置单元压力时程曲线
（a）柱底单元；（b）柱中单元；（c）柱顶单元

从柱背爆面上、中、下三个位置的压力时程曲线图4-22可以看出，由于冲击波受到柱迎爆面阻挡，背爆面柱底、柱中和柱顶三个位置的压力峰值均小于迎爆面。背爆面柱底、柱中和柱顶三个位置的峰值均为0.1MPa，没有超过大气压值。背爆面柱底、柱中和柱顶三个位置的正压持时均没有超过0.2ms。这一计算结果也表明，爆炸冲击波在背爆面柱底、柱中和柱顶三个位置的压力值分布以负压为主。从背爆面三个位置压力时程曲线同时还可以看出，三支曲线的压力值从零时刻起的 0.1MPa 随时间增加迅速下降，与时间轴形成小于大气压强的负压区，但是在三支曲线的中部均有一个小的压力上升凸起。这表明，爆炸冲击波在柱的两个侧面发生绕流到达背爆面后因为柱背爆面的阻挡，压力有一个瞬间上升的趋势。从时间轴可以读出背爆面柱底、柱中和柱顶三个位置发生压力上升的时刻分别为 2.4ms、2.0ms 和 2.4ms，对应的压力值分别为 0.03MPa、0.02MPa 和 0.01MPa。即背爆面柱中发生压力上升的时间早于柱顶和柱底，同时柱底的压力瞬间上升的峰值最大，柱中次之，柱顶最小。

4.4.2 位移

由于本章模拟采用的是小药量，柱发生的位移量很小，因此将不同时刻复式空心钢管混凝土墩柱沿爆炸冲击波传播方向的位移，即所建立坐标系的 Y 向位移扩大 1000 倍后的位移云图如图 4-23 所示。

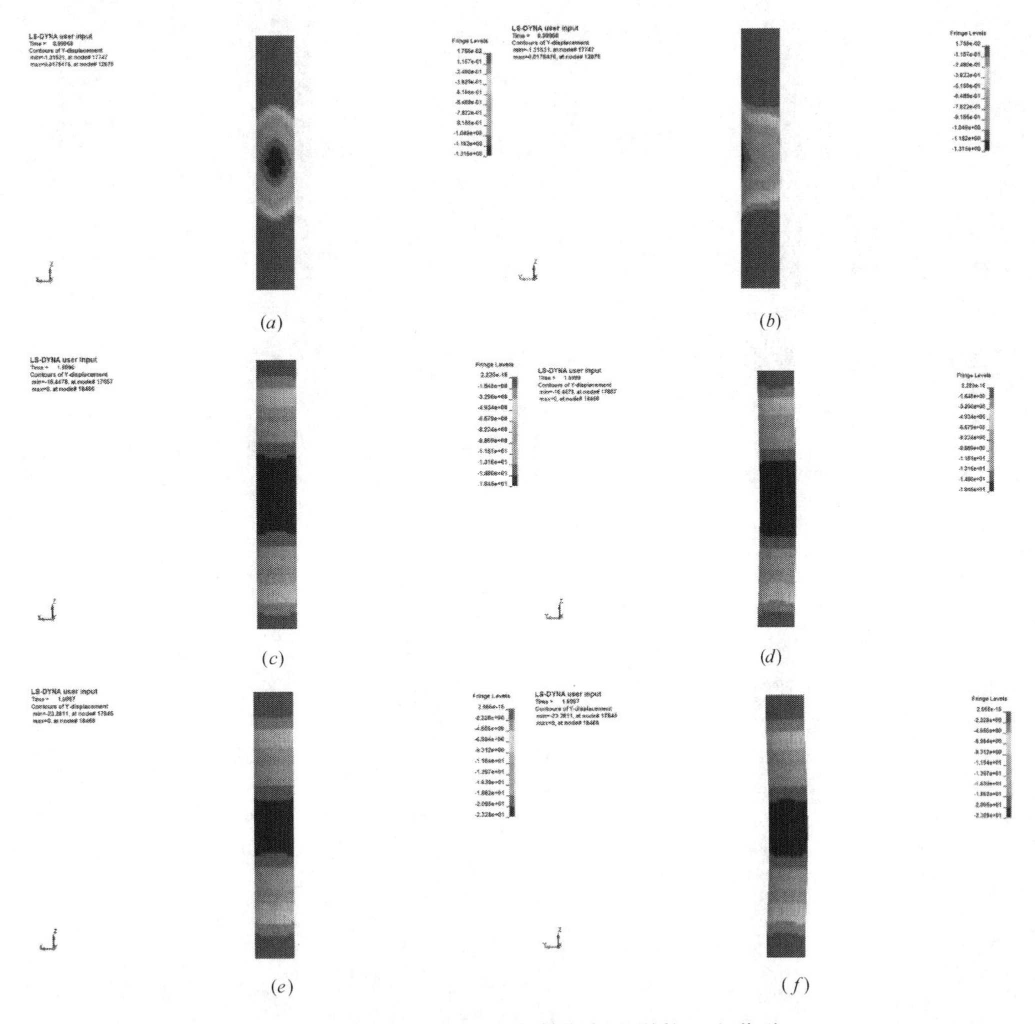

图 4-23 不同时刻复式空心钢管混凝土墩柱 Y 向位移云图

(*a*) Y 向位移云图正视图 (1.0ms)；(*b*) Y 向位移云图侧视图 (1.0ms)；(*c*) Y 向位移云图正视图 (1.6ms)；(*d*) Y 向位移云图侧视图 (1.6ms)；(*e*) Y 向位移云图正视图 (2.0ms)；(*f*) Y 向位移云图侧视图 (2.0ms)

从图 4-23 可以看出，不同时刻柱在爆炸冲击波作用下的 Y 向位移呈现中部大、两端小的对称分布形式。而且，随着时间的不断增加，迎爆面柱中的位移也相应不断加大。当时间到达 2.0ms 时，柱中位移达到最大值 0.233mm。结合上节所分析的迎爆面柱中压力峰值产生的时间 1.0ms 可以得出，柱中位移最大值产生的时间略滞后于压力峰值产生的时间。

4.4.3　等效应力

爆炸冲击荷载下钢管混凝土墩柱的应力状态是非常复杂的，通常采用 Von Mises Stress 来表征其应力特征是一个重要手段。Von Mises Stress 是一种等效应力，利用等效应力做简单判断时，等效应力数值大，表明该处的应力状态不够理想，往往是材料容易破坏的地方，也是材料变形较大的地方。图 4-24 给出柱迎爆面和侧面不同时刻的 Mises 等效应力云图变化过程。

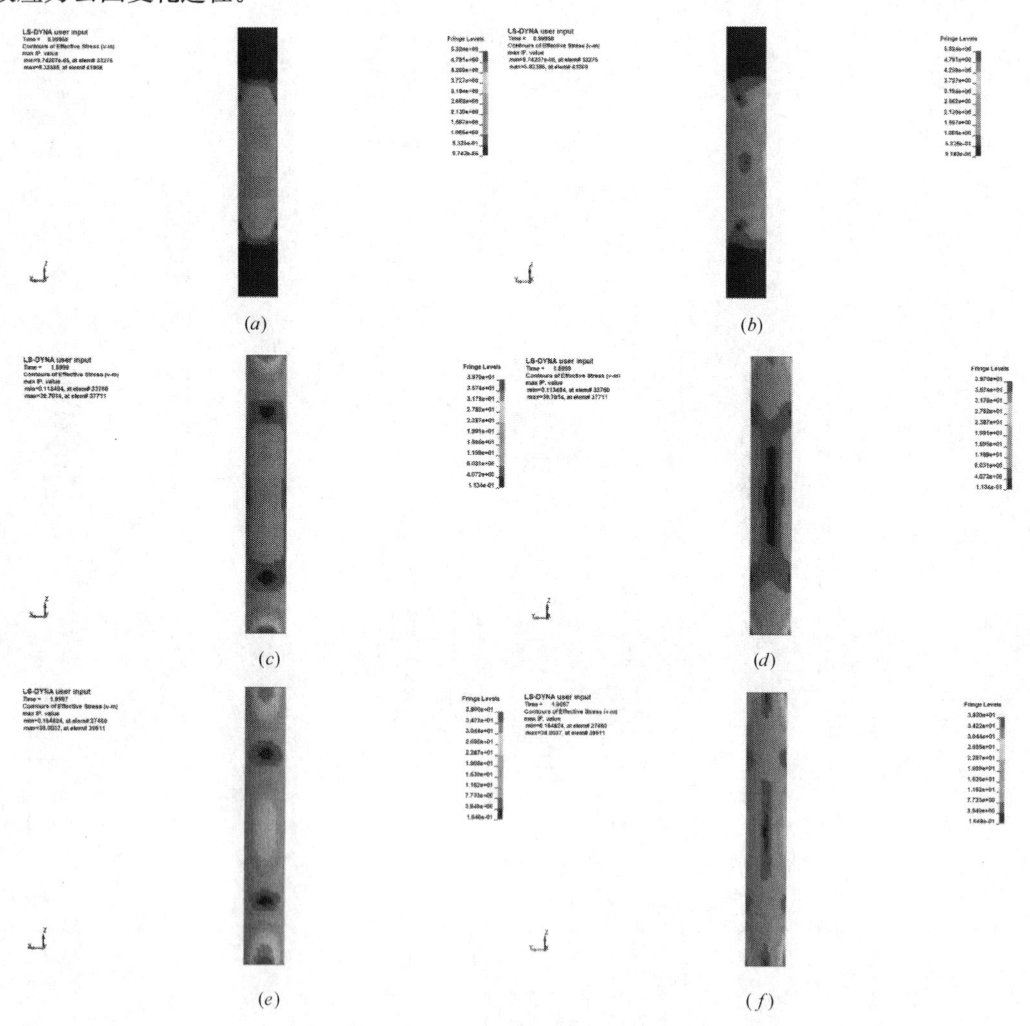

图 4-24　不同时刻复式空心钢管混凝土墩柱等效应力云图（一）

(*a*) 等效应力云图正视图（1.0ms）；(*b*) 等效应力云图侧视图（1.0ms）；(*c*) 等效应力云图正视图（1.6ms）；(*d*) 等效应力云图侧视图（1.6ms）；(*e*) 等效应力云图正视图（2.0ms）；(*f*) 等效应力云图侧视图（2.0ms）

(g)　　　　(h)

图 4-24 不同时刻复式空心钢管混凝土墩柱等效应力云图（二）

（g）等效应力云图正视图（2.2ms）；（h）等效应力云图侧视图（2.2ms）

由图 4-24 中 1.0ms 到 2.2ms 不同时刻的等效应力云图的正视图和侧视图可以看出，整个过程等效应力云图的分布关于柱中横截面呈上下对称。爆炸开始时，应力较大区域集中在柱中；随着时间的推移，应力较大的区域逐渐向柱两端延伸，并最终形成柱中部与两端应力较大而柱顶、柱中与柱底之间过渡区域较小的分布趋势。在 2.2ms 时刻，在柱顶和柱底取得峰值等效应力为 48.23MPa。同时，从等效应力云图的侧视图也可以看出，柱侧面的有效应力较迎爆面和背爆面要小。因此，复式空心钢管混凝土墩柱在爆炸冲击荷载作用下易受到损伤的部位为迎爆面柱中及柱端。

4.4.4 最大剪应力

通过上述针对爆炸冲击荷载下复式空心钢管混凝土墩柱等效应力云图分析发现，柱顶和柱底易受到损伤，而柱顶和柱底的固端约束条件在爆炸冲击荷载的作用下会存在柱端发生剪切破坏的风险，所以应分析复式空心钢管混凝土墩柱的最大剪应力分布情况。图4-25 给出复式空心钢管混凝土墩柱最大剪应力云图变化过程。

由图 4-25 中 1.0ms 到 2.2ms 不同时刻的最大剪应力云图的正视图和侧视图可以看出，整个过程的最大剪应力云图的分布与等效应力云图较为相似。最大剪应力云图同样关于柱中横截面呈上下对称分布。爆炸开始时，剪应力较大区域集中在柱中；随着时间的推移，剪应力较大的区域逐渐向柱两端延伸，并最终集中在柱中部与两端区域。同时，2.2ms 时刻在柱顶和柱底取得最大剪应力为 26.79MPa。因此，柱端容易发生混凝土单元因剪应力过大，超过抗剪强度（通常认为混凝土的抗剪强度稍大于其抗拉强度），发生剪切破坏。

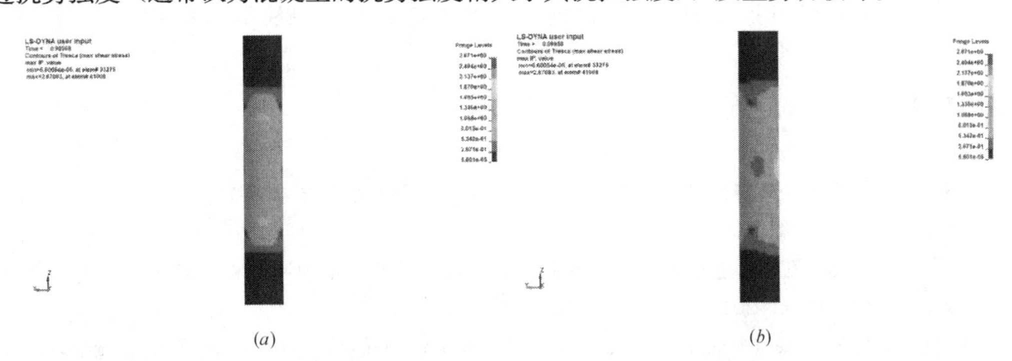

(a)　　　　(b)

图 4-25 不同时刻复式空心钢管混凝土墩柱最大剪应力云图（一）

（a）最大剪应力云图正视图（1.0ms）；（b）最大剪应力云图侧视图（1.0ms）

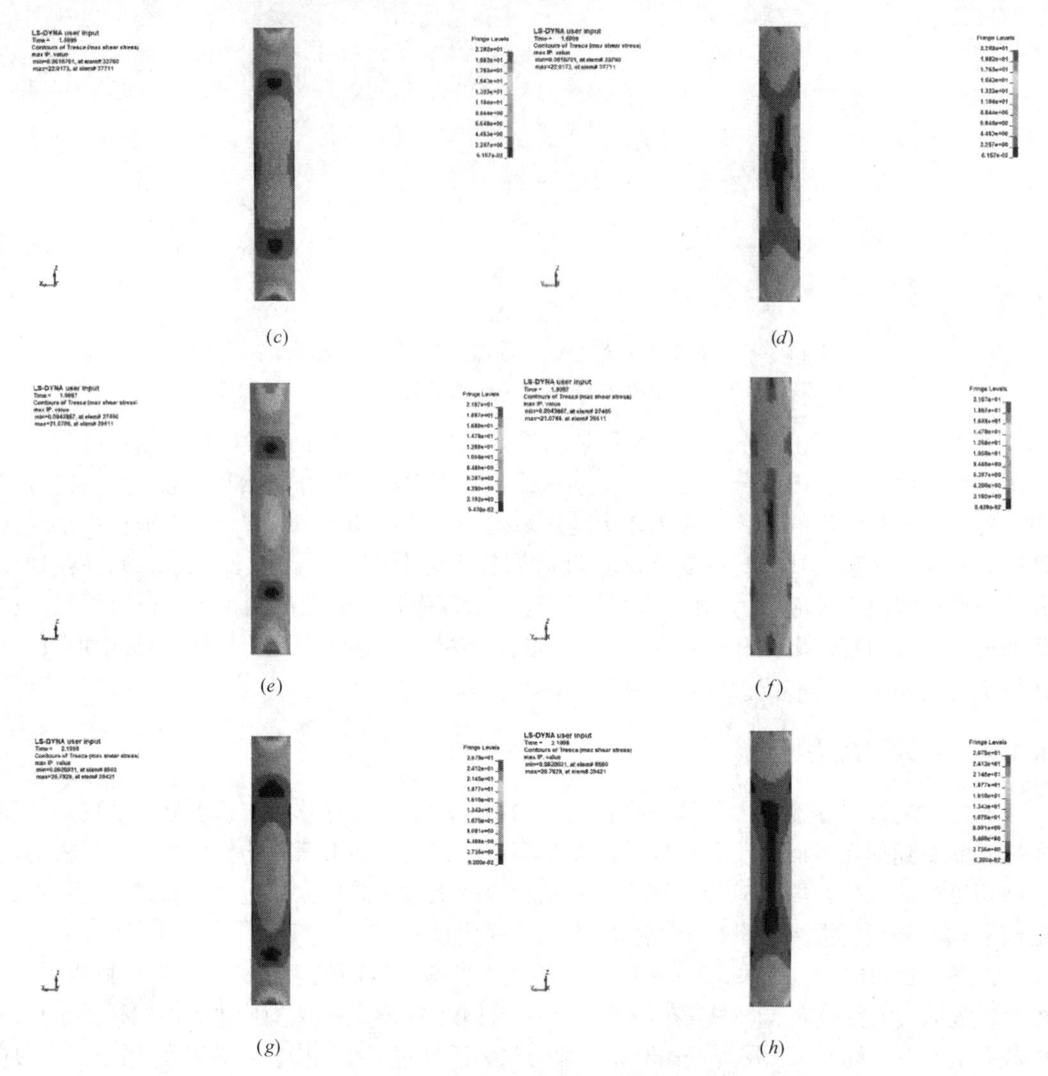

图4-25　不同时刻复式空心钢管混凝土墩柱最大剪应力云图（二）

(*c*) 最大剪应力云图正视图（1.6ms）；(*d*) 最大剪应力云图侧视图（1.6ms）；
(*e*) 最大剪应力云图正视图（2.0ms）；(*f*) 最大剪应力云图侧视图（2.0ms）；
(*g*) 最大剪应力云图正视图（2.2ms）；(*h*) 最大剪应力云图侧视图（2.2ms）

参考文献

[1] 尚晓江，苏建宇，王化锋，等. ANSYS/LS-DYNA动力分析方法与工程实例［M］. 北京：中国水利水电出版社，2008.

[2] 石少卿，康建功，汪敏，等. ANSYS/LS-DYNA在爆炸冲与冲击领域内的工程应用［M］. 北京：中国建筑工业出版社，2011.

[3] LS-DYNA Theoretical Manual［S］. California：Livermore Software Technology Corporation，2006.

[4] 赵海鸥. LS-DYNA动力分析指南［M］. 北京：兵器工业出版社，2003.

[5] Joseph Charles Gannon. Design of Bridges for Security Agianst Terrorist Attacks［D］. The thesis of

applying for Master Degree in The University of Texas at Austin，2004.
[6] Riedel W. Thoma K，Hiermaier，etc. Penetration of reinforced concrete by BETA-B-500 numerical analysis using a new macroscopic concrete model for hydrocodes [C]. Proceedings of 9th International Symposium on Interaction of the Effects of Munitions with Structures，Berlin，1999：315-322.
[7] MALVAR L. J.，CRAWFORD J. E.，WESEVICH J. W.，etc. A plasticity concrete material model for DYNA3D [J]. International Journal of Impact Engineering，1997，19 (9/10)：847-873.
[8] Malvar L. J.，Simons D. Concrete Materials Modeling in Explicit Computations [C]. Workshop on Recent Advances in Computational Structural Dynamics and High Performance Computing. USAE Waterways Experiment Station，Vicksburg，MS，1996：165-194.
[9] C. N. Kingery，G. Bulmash. Airblast parameters from TNT spherical air blast and hemispherical surface burst [R]. Report ARBL-TR-02555，U. S. Army BRL，Aberdeen Proving Ground，MD，1984.
[10] Randers Pehrson G，Bannister K A. Airblast loading model for DYNA2D and DYNA3D [R]. Army Research Laboratory，Rept. ARL-TR-1310，1997.
[11] User's guide on protection against terrorist vehicle bombs [S]. U. S. Naval facilities engineering service center，1998，5.
[12] 白金泽. LS-DYNA3D 理论基础与实例分析 [M]. 北京：科学出版社，2005.
[13] 王志浩，成戎. 复合方钢管混凝土短柱的轴压承载力 [J]. 清华大学学报（自然科学版），2005，45 (12)：1596-1599.
[14] 成凤生，宋浦，顾晓辉，等. TNT 装药爆炸波在刚性平面上方传播反射的数值研究 [J]. 爆破器材，2011，40 (4)：1-4.
[15] 孙建运. 爆炸冲击荷载作用下钢骨混凝土柱性能研究 [D]. 同济大学博士学位论文，2006.
[16] 李翼祺，马素贞. 爆炸力学 [M]. 北京：科学出版社，1992.
[17] 张守中. 爆炸基本原理 [M]. 北京：国防工业出版社，1988.
[18] 卢红琴，刘伟庆. 空中爆炸冲击波的数值模拟研究 [J]. 武汉理工大学学报，2009，31 (19)：105-108.
[19] 李天华. 爆炸荷载下钢筋混凝土板的动态响应及损伤评估 [D]. 长安大学博士学位论文，2012.
[20] Smith PD，Hetherington JG. Blast and ballistic loading of structures [M]. Butterworth-Heinemann，Oxford，1994.
[21] PSADS：Protective structures automated design system v1. 0 [Z]. US Army Corps of Engineers，1998.
[22] GANTES C J，PNEVMATIKOSN G. Elastic-plastic response spectra for exponential blast loading [J]. International Journal of Impact Engineering，2004，30：323-343.
[23] SHI Yan-chao，LI Zhong-xian，HAO Hong. Mesh size effect in numerical simulation of blast wave propagation and interaction with structures [J]. Transactions of Tianjin University，2008，14 (6)：396-402.
[24] GONG Shun-feng，LU Yong，JIN Wei-liang. Simulation of airblast load and its effect on RC Structures [J]. Transactions of Tianjin University，2006，12 (Suppl)：165-170.
[25] 廖维张. 常规武器爆炸作用下地下结构的动力响应及智能隔震研究 [D]. 北京工业大学硕士学位论文，2007.
[26] 杨鑫，石少卿，程鹏飞. 空气中 TNT 爆炸冲击波超压峰值的预测及数值模型 [J]. 爆破，2008，25 (1)：15-18.
[27] 李顺波，东兆星，齐燕军，等. 爆炸冲击波在不同介质中传播衰减规律及数值模拟 [J]. 振动与冲击，2009，28 (7)：115-117.

[28] Krauthammer T., Otani R. K. Mesh. Gravity and load effects on finite element simulations of blast loaded reinforced concrete structures [J]. Computers & Structures, 1997, 63 (6): 1113-1120.

[29] Luccioni B., Ambrosini D., Danesi R. Blast load assessment using hydrocodes [J]. Engineering Structures, 2006, 28 (12): 1736-1744.

[30] Chapman T. C., Rose T. A., Smith P. D. Blast wave simulation using AUTODYN2D: a parametric study [J]. International Journal of Impact Engineering, 1995, 16 (5-6): 777-787.

[31] 都浩. 城市环境中建筑爆炸荷载模拟及钢筋混凝土构件抗爆性能分析 [D]. 天津大学博士学位论文, 2008.

[32] Chapman T. C., Rose T. A., Smith P. D. Blast wave simulation using AUTODYN2D: a parametric study [J]. International Journal of Impact Engineering, 1995, 16 (5-6): 777-787.

[33] 石磊, 杜修力, 樊鑫. 爆炸冲击波数值计算网格划分方法研究 [J]. 北京工业大学学报, 2010, 36 (11): 8-11.

第 5 章　复式空心钢管混凝土墩柱的抗爆性能影响因素分析

本章采用 ANSYS/LS-DYNA 有限元分析程序，依据所开展的普通实心钢管混凝土墩柱的爆炸试验所得数据及第四章针对复式空心钢管混凝土墩柱数值模拟的结论，建立不同设计参数条件下复式空心钢管混凝土墩柱数值分析模型，分析各个设计参数变化对复式空心钢管混凝土墩柱动态响应及抗爆性能的影响。

5.1　空心率

在外钢管设计参数不变的条件下，仅调整芯钢管的外径，改变柱截面的空心率，考察空心部位大小对阻隔爆炸冲击波传播的程度。芯钢管的直径分别选择为 50mm、100mm 和 150mm。空心率分别为 3.4%、13.4%和 30.2%。有限元建模时各项参数选择按照 4.4 节所述予以确定，三种空心率截面有限元网格划分示意图如图 5-1 所示。

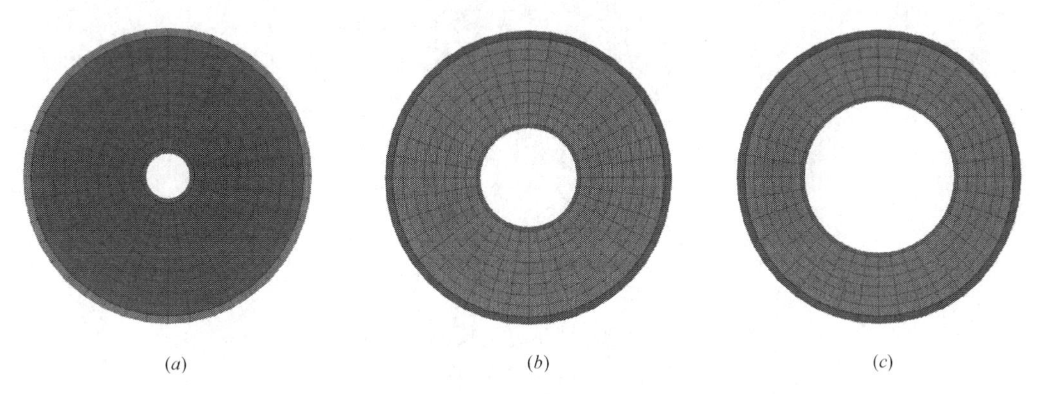

图 5-1　不同空心率钢管混凝土墩柱截面有限元网格划分示意图

(*a*) 芯钢管直径 50mm；(*b*) 芯钢管直径 100mm；(*c*) 芯钢管直径 150mm

5.1.1　墩柱迎爆面压力

根据第 4 章中对复式空心钢管混凝土墩柱的数值模拟可以发现，柱迎爆面受到爆炸冲击波作用后发生破坏的概率最大。因此，经过数值模拟后，得出三种空心率下迎爆面柱顶、柱中和柱底三个位置的压力时程曲线，如图 5-2 所示。

从图 5-2 中可以看出，三种空心率条件下迎爆面柱底、柱中和柱顶的压力时程曲线基本重合，说明空心率的改变对于柱迎爆面受到的冲击波压力的大小没有明显的影响。三种空心率条件下迎爆面柱底、柱中和柱顶的压力峰值分别为 0.30MPa、0.56MPa 和 0.21MPa。相应柱顶、柱中和柱底三个位置的正压持时分别为 1.8ms、

2.0ms及1.4ms。因此，爆炸冲击波对迎爆面柱中造成的破坏最为强烈，柱底次之，柱顶最小。

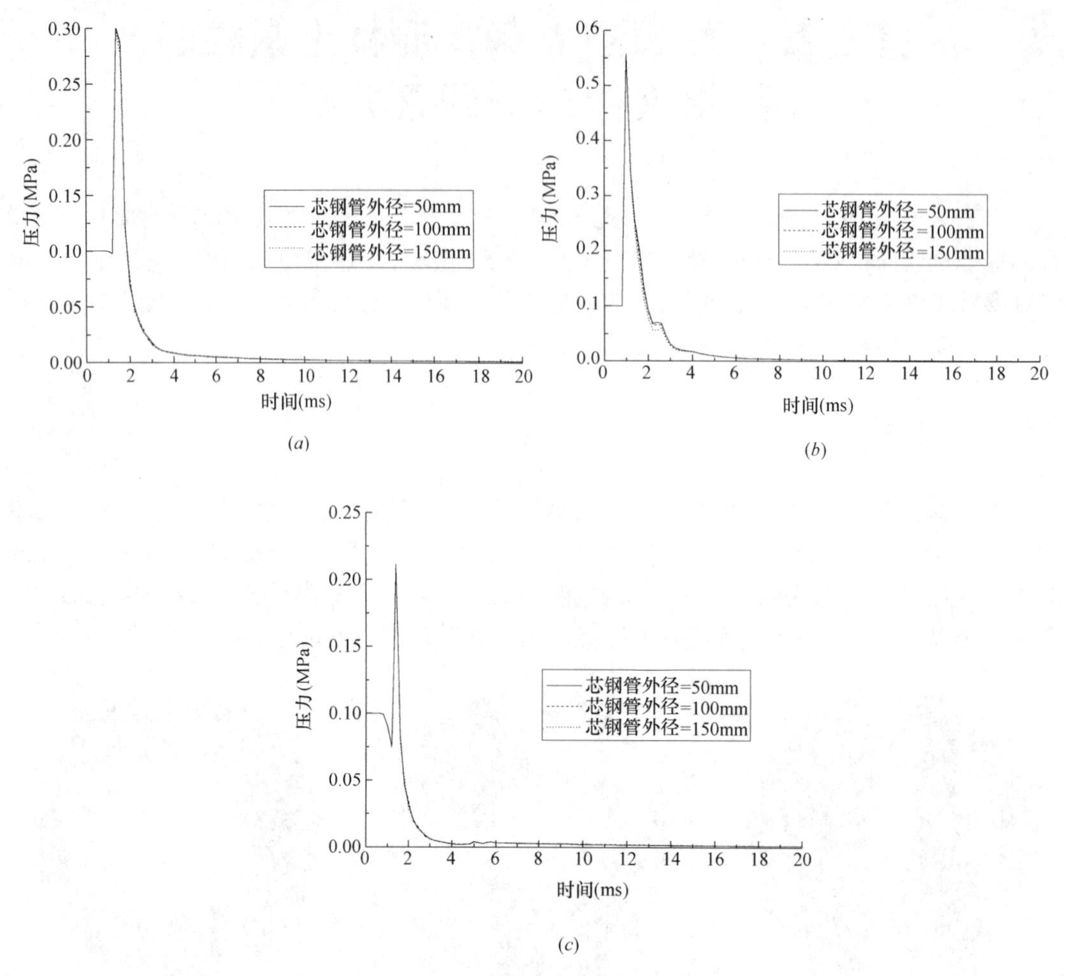

图5-2　不同空心率下柱迎爆面压力时程曲线

(a) 柱底单元；(b) 柱中单元；(c) 柱顶单元

5.1.2　核心区混凝土压力

本节考察不同空心率条件下复式空心钢管混凝土墩柱中混凝土的动态响应。混凝土属于脆性材料，爆炸冲击波引发的柱振动易造成混凝土开裂，而冲击波阵面压力的大小是直接影响混凝土是否破坏的要因。选择三种空心率条件下柱迎向冲击波方向紧贴芯钢管的柱中混凝土单元作为研究对象，得到不同空心率下压力时程曲线，如图5-3所示。

从图5-3中可以看出，随着芯钢管直径的不断增加，紧贴芯钢管的柱混凝土单元所受到的压力逐渐降低。说明增大空心率，可以使柱核心区混凝土承受的压力减小，从而在一定程度上改善复式空心钢管混凝土墩柱的抗爆性能。压力峰值方面，50mm芯钢管直径的压力峰值为0.47MPa，100mm芯钢管直径的压力峰值为0.13MPa，150mm芯钢管直径的压力峰值为0.12MPa。通过比较不同空心率混凝土单元的压力峰值可以得出，当芯钢管直径由 50mm 增加到 100mm 时，压力峰值下降 72.3%，当芯钢管直径由 100mm 增加到 150mm 时，压力峰值下降 7.7%。这样的结果也说明，随着空心率的不断增大，柱核心区混凝土承受压力降低的幅度越来越小。在一定范围内通过增大空心率来改善复式空心钢管混凝土墩柱的抗爆性能是可行的，但随着空心率的进一步增加，外钢管与芯钢管之间的核心混凝土区域相应减小而导致柱抗弯刚度降低，因此过大的空心率并不能改善柱的抗爆性能。

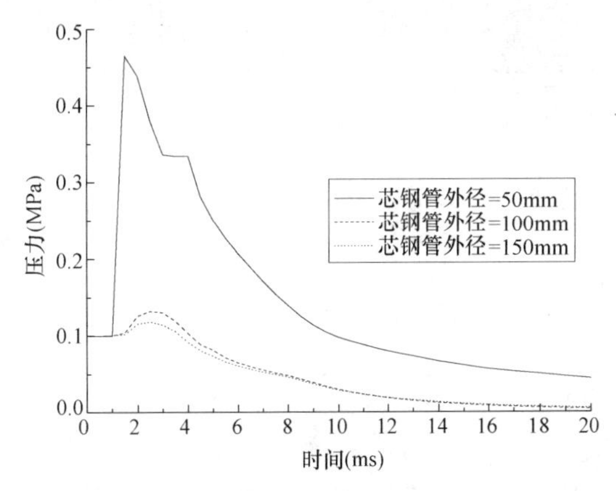

图 5-3　不同空心率下柱中混凝土单元压力时程曲线

5.2　截面形式

对爆炸冲击荷载下外圆内圆截面（以下简称圆形截面）与外方内圆截面（以下简称方形截面）复式空心钢管混凝土墩柱动力性能的差异进行分析。复式空心钢管混凝土墩柱截面形式示意图，如图 5-4 所示。

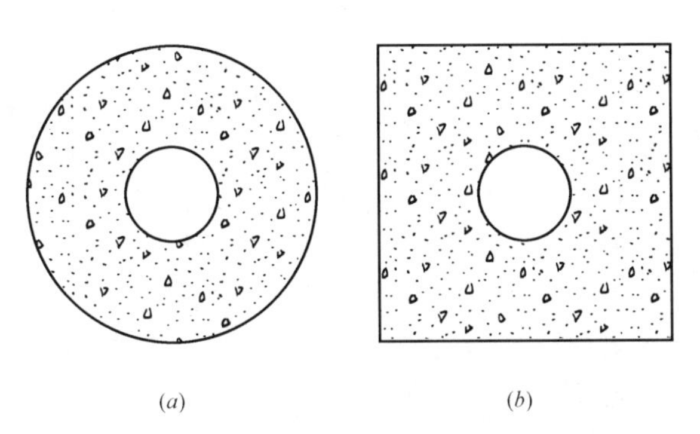

(*a*)　　(*b*)

图 5-4　常见的复式钢管混凝土墩柱截面形状

(*a*) 外圆内圆截面；(*b*) 外方内圆截面

芯钢管仍旧保持为外径为 50mm，壁厚为 4mm。外钢管按面积等代原则，同时参照《无缝钢管尺寸、外形、重量及允许偏差》GB/T 17395—2008 中的方钢管实际规格，选择 250mm×250mm×7mm 的方钢管与试验中的外径为 273mm、壁厚为 7mm 的圆钢管进行对比。其余建模参数均按照前期材性试验及数值模拟结果予以确定。两类截面的有限元网格划分示意图，如图 5-5 所示。

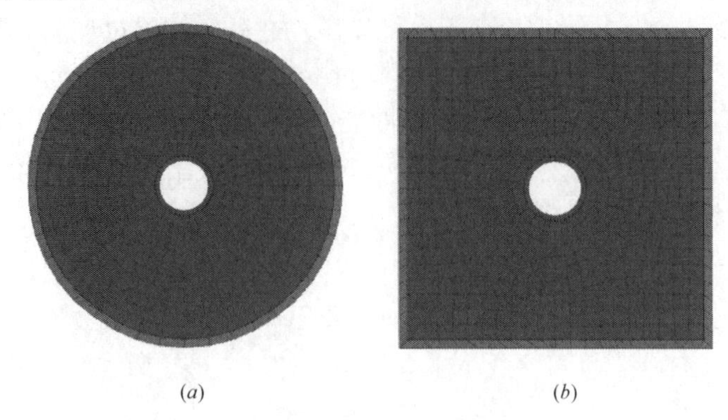

图 5-5 不同截面形式有限元网格划分示意图
(a) 外圆内圆截面；(b) 外方内圆截面

5.2.1 压力

有限元数值模拟后提取出两种不同截面下柱迎爆面柱底、柱中和柱顶单元的压力时程曲线如图 5-6 所示，柱背爆面柱底、柱中和柱顶单元的压力时程曲线如图 5-7 所示。

从柱迎爆面柱底、柱中和柱顶的压力时程曲线图 5-6 可以看出，两类截面下正压的作用时间基本相等，迎爆面柱顶、柱中和柱底三个位置的正压持时分别为 1.8ms、2.0ms 及 1.4ms。但是，方截面（外方内圆）的复式空心钢管混凝土墩柱迎爆面柱底、柱中和柱顶三个位置的峰值压力分别为 0.42MPa、0.77MPa 和 0.28MPa，均大于圆截面（外圆内圆）的复式空心钢管混凝土墩柱相应三个位置的峰值压力 0.30MPa、0.56MPa 和 0.21MPa。说明在折合距离、复式空心钢管混凝土墩柱截面面积、材料参数均相同的前提下，圆截面复式空心钢管混凝土墩柱的抗爆性能要优于方截面复式空心钢管混凝土墩柱，这主要是圆截面与冲击波阵面接触的面积较方截面要小，即使正压的作用时间一致，圆截面产生的压力值也要低于方截面。

同时，爆炸冲击波在到达柱迎爆面后在柱两侧发生绕射，然后到达柱背爆面。从柱背爆面柱底、柱中和柱顶的压力时程曲线图 5-7 可以看出，方截面（外方内圆）与圆截面（外圆内圆）复式空心钢管混凝土墩柱背爆面柱底、柱中和柱顶三个位置的峰值虽然均为 0.1MPa，未超过大气压值。但是，方截面三个位置的正压持时为 1.2ms，均大于圆截面的 0.2ms，因此方截面柱背爆面三个位置的压力时程曲线均高于圆截面时的压力时程曲线。这一计算结果也表明，爆炸冲击波在方截面复式空心钢管混凝土墩柱背爆面所引发的冲量要大于圆截面复式空心钢管混凝土墩柱。

5.2.2 等效应力

有限元数值模拟后提取出两种截面在不同时刻柱迎爆面和侧面的 Mises 等效应力云图变化过程，如图 5-8～图 5-10 所示。

由图 5-8～图 5-10 中 1.0ms 到 2.2ms 不同时刻的等效应力云图的正视图和侧视图可以看出，圆截面（外圆内方）与方截面（外方内圆）不同时刻等效应力云图的分布均关于柱中横截面呈上下对称。但是同一时刻方截面复式空心钢管混凝土墩柱的等效应力最大值

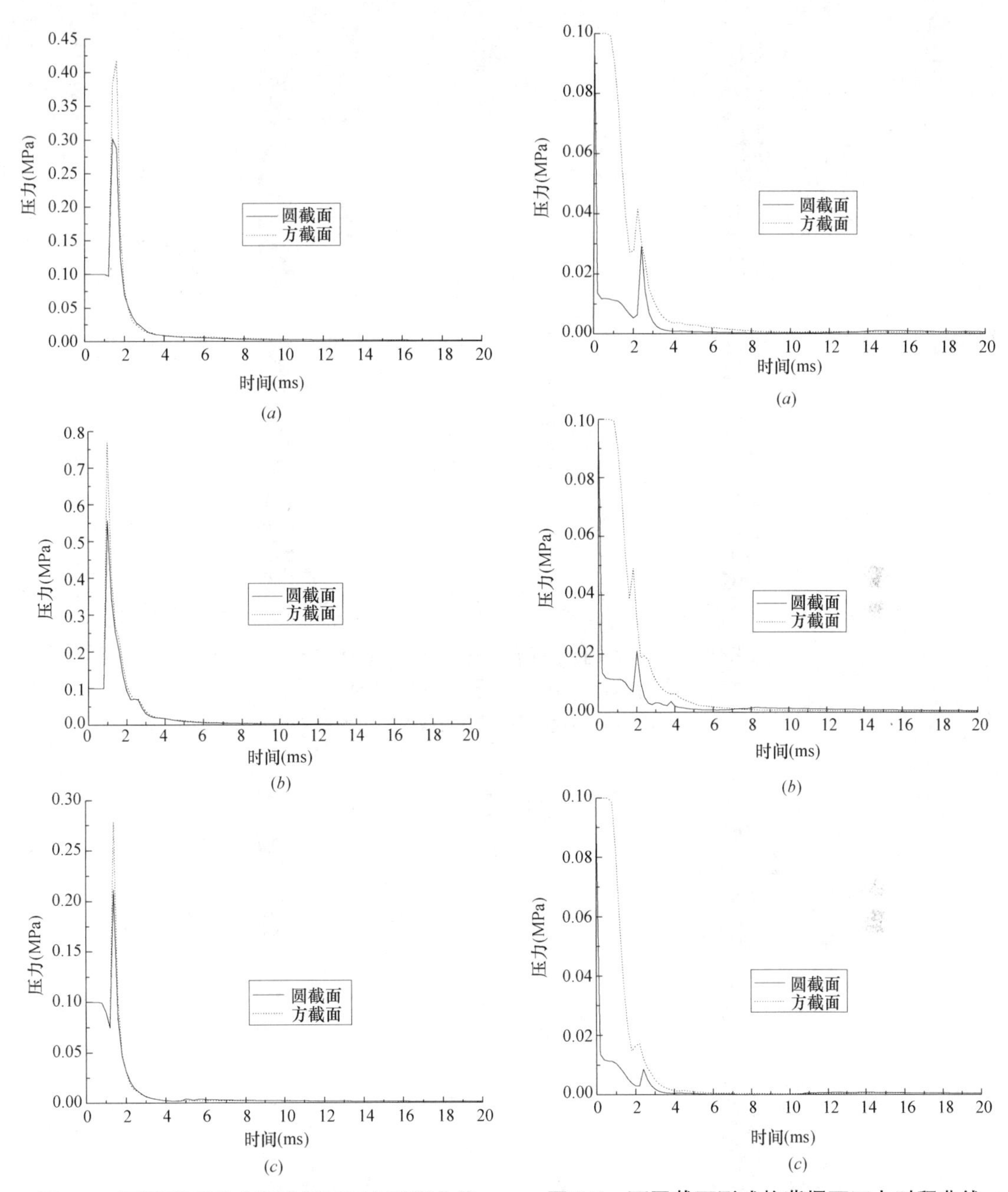

图 5-6 不同截面形式柱迎爆面压力时程曲线

(*a*) 柱底单元；(*b*) 柱中单元；(*c*) 柱顶单元

图 5-7 不同截面形式柱背爆面压力时程曲线

(*a*) 柱底单元；(*b*) 柱中单元；(*c*) 柱顶单元

均大于圆截面复式空心钢管混凝土墩柱。1.0ms 圆截面等效应力最大值为 5.32MPa，同时刻方截面有效应力最大值为 7.46MPa。1.6ms 圆截面等效应力最大值为 36.70MPa，同时刻方截面有效应力最大值为 62.24MPa。在 2.2ms 时刻圆截面在柱顶和柱底取得峰值等效应力为 48.23MPa，同时刻方截面在柱顶和柱底取得峰值等效应力为 71.54MPa。虽然峰值并没有超过外钢管的屈服极限，但是从同时刻两类截面等效应力最大值的比较来看，方截面复式空心钢管混凝土墩柱较圆截面钢管混凝土墩柱抗爆性能要弱，同等条件下

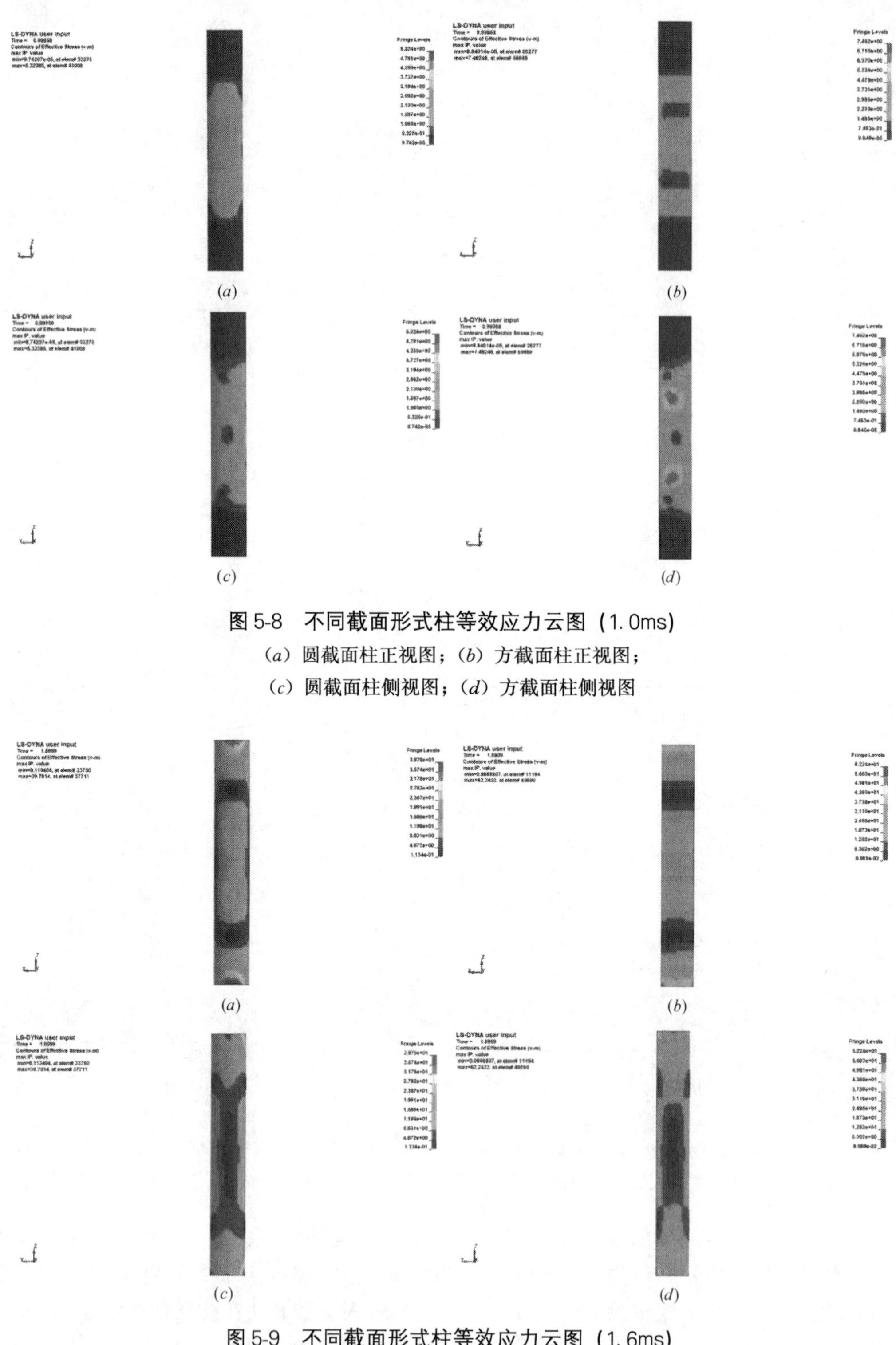

图 5-8　不同截面形式柱等效应力云图（1.0ms）

（*a*）圆截面柱正视图；（*b*）方截面柱正视图；

（*c*）圆截面柱侧视图；（*d*）方截面柱侧视图

图 5-9　不同截面形式柱等效应力云图（1.6ms）

（*a*）圆截面柱正视图；（*b*）方截面柱正视图；

（*c*）圆截面柱侧视图；（*d*）方截面柱侧视图

发生破坏的可能性要大。从应力分布的均匀性方面来看，不同时刻两类截面等效应力云图的正视图显示方截面较圆截面分布均匀，而侧视图显示两类截面等效应力分布呈现两端大、中部小的趋势。

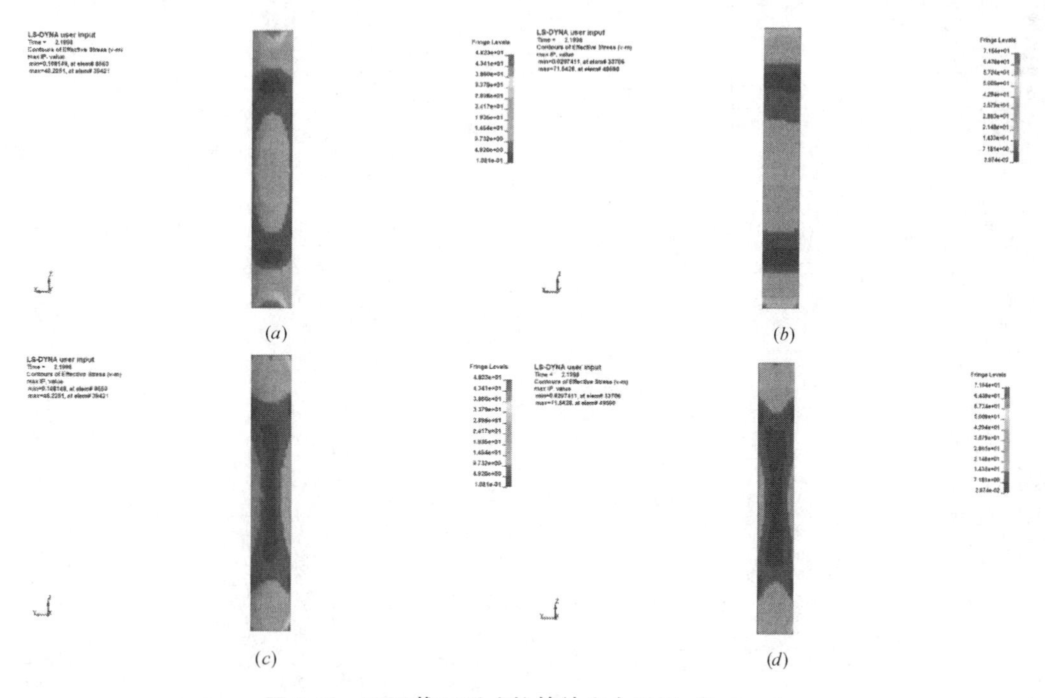

图 5-10　不同截面形式柱等效应力云图（2.2ms）

（*a*）圆截面柱正视图；（*b*）方截面柱正视图；

（*c*）圆截面柱侧视图；（*d*）方截面柱侧视图

5.3　混凝土强度等级

为研究混凝土强度等级改变对复式空心钢管混凝土墩柱在爆炸冲击荷载下动力性能的影响，选择C40、C60和C80，炸药量为3kg，折合距离为1.1m/kg$^{1/3}$进行分析。其他设计参数保持不变。

5.3.1　压力

通过有限元数值分析得到三种不同混凝土强度等级时柱迎爆面柱底、柱中和柱顶单元的压力时程曲线如图5-11所示，柱背爆面柱底、柱中和柱顶单元的压力时程曲线如图5-12所示。

由图5-11和图5-12中曲线可以看出，将混凝土强度等级由C40提升为C60和C80时，混凝土强度等级发生变化对于复式空心钢管混凝土墩柱的柱面压力没有明显影响。不同混凝土强度等级时柱迎爆面柱底、柱中和柱顶及背爆面柱底、柱中和柱顶的压力时程曲线几乎完全重合，说明提高混凝土强度等级对改善复式空心钢管混凝土墩柱的抗爆性能影响不大。

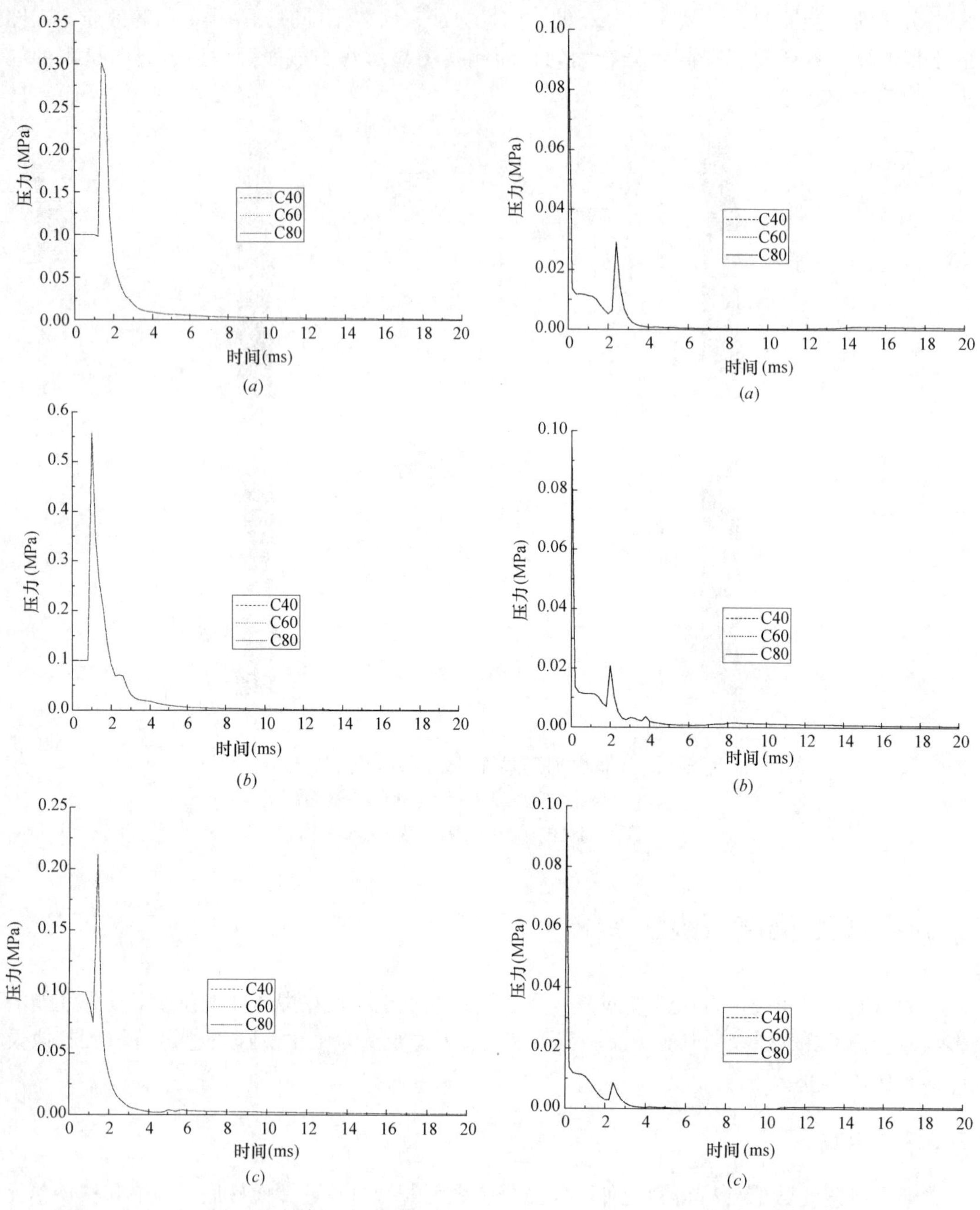

图5-11 不同混凝土强度等级柱迎爆面压力时程曲线
(*a*) 柱底单元；(*b*) 柱中单元；(*c*) 柱顶单元

图5-12 不同混凝土强度等级柱背爆面压力时程曲线
(*a*) 柱底单元；(*b*) 柱中单元；(*c*) 柱顶单元

5.3.2 等效应力

不同混凝土强度等级下复式空心钢管混凝土墩柱不同时刻的等效应力云图，如图5-13～图5-15所示。

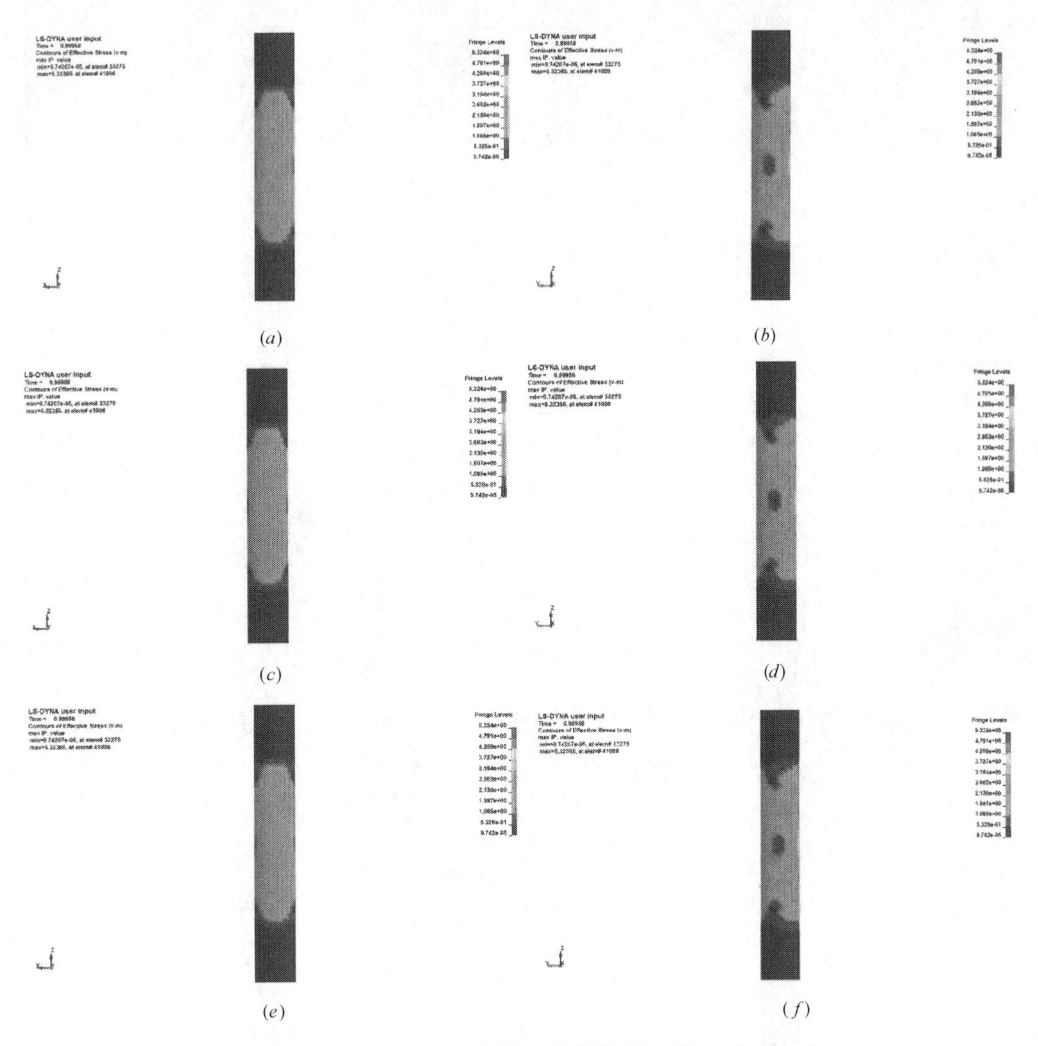

(*a*) (*b*) (*c*) (*d*) (*e*) (*f*)

图 5-13 不同混凝土强度等级柱等效应力云图（1.0ms）

（*a*）C40 混凝土柱正视图；（*b*）C40 混凝土柱侧视图；（*c*）C60 混凝土柱正视图；（*d*）C60 混凝土柱侧视图；（*e*）C80 混凝土柱正视图；（*f*）C80 混凝土柱侧视图

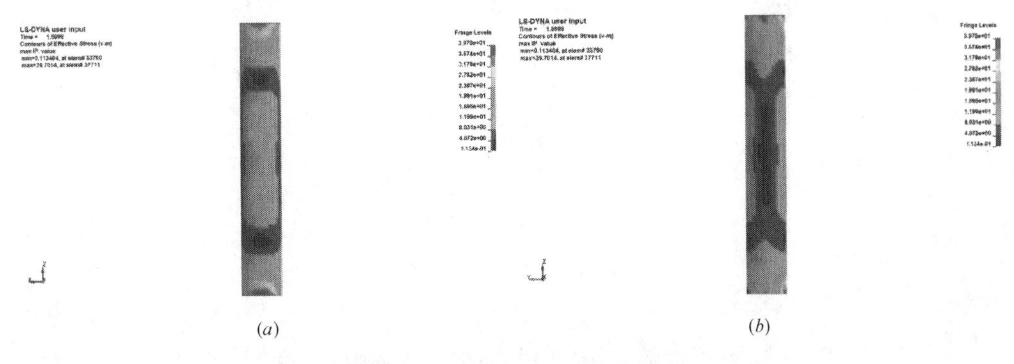

(*a*) (*b*)

图 5-14 不同混凝土强度等级柱等效应力云图（1.6ms）(一)

（*a*）C40 混凝土柱正视图；（*b*）C40 混凝土柱侧视图

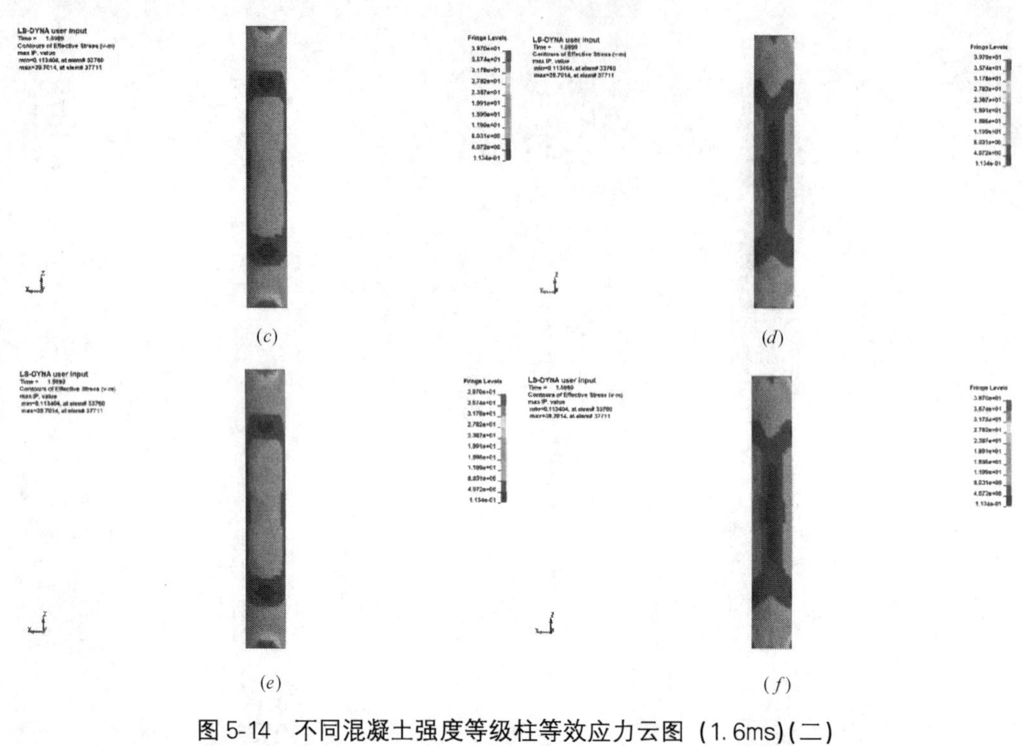

(c)　　(d)

(e)　　(f)

图 5-14　不同混凝土强度等级柱等效应力云图（1.6ms）(二)

(c) C60 混凝土柱正视图；(d) C60 混凝土柱侧视图；
(e) C80 混凝土柱正视图；(f) C80 混凝土柱侧视图

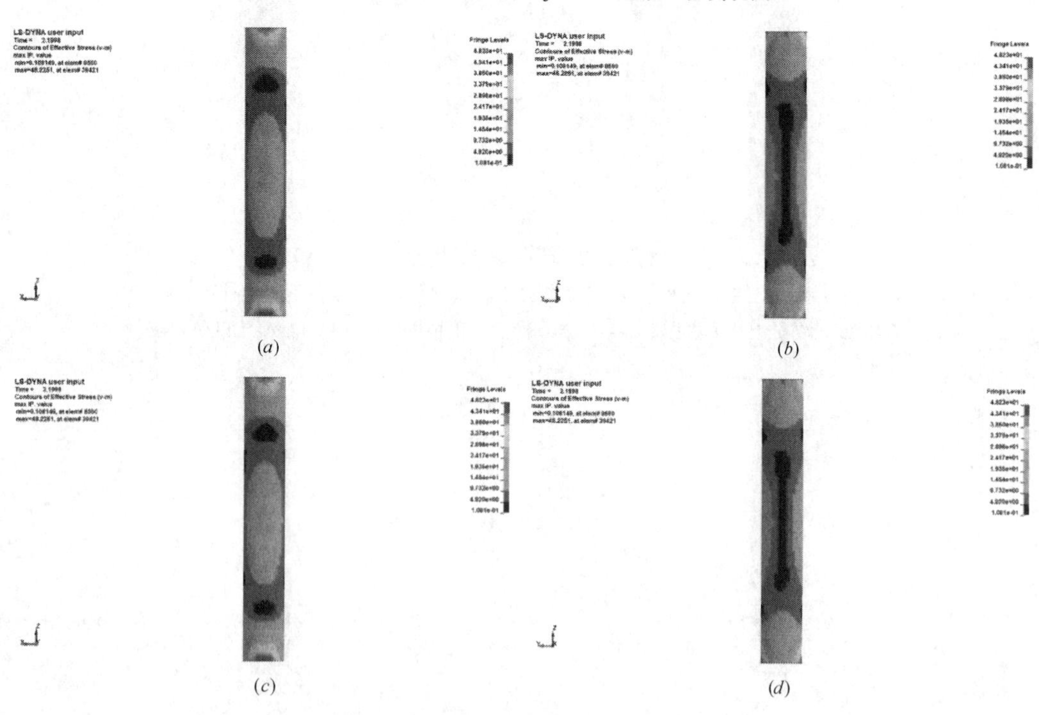

(a)　　(b)

(c)　　(d)

图 5-15　不同混凝土强度等级柱等效应力云图（2.2ms）(一)

(a) C40 混凝土柱正视图；(b) C40 混凝土柱侧视图；
(c) C60 混凝土柱正视图；(d) C60 混凝土柱侧视图

图 5-15 不同混凝土强度等级柱等效应力云图（2.2ms）(二)
(e) C80 混凝土柱正视图；(f) C80 混凝土柱侧视图

由不同时刻的 C40、C60 和 C80 的等效应力云图可以看出，虽然混凝土强度等级有所改变，但是不同时刻复式空心钢管混凝土墩柱有效应力云图的分布是一致的，三种混凝土强度等级的柱均在 2.2ms 时刻于柱顶和柱底取得峰值等效应力为 48.23MPa。

结合对柱迎爆面与背爆面各三个位置压力时程曲线的分析表明，增大混凝土的强度等级，对复式钢管混凝土墩柱抗爆性能的影响不是很大。其原因在于，随着混凝土强度的增大，混凝土的脆性增强，不能很好地发挥其强度性能。

5.4 折合距离

折合距离 Z 的概念是在 TM5-1300（UFC3-340-02）手册中提出的，用以衡量爆炸冲击波的破坏效应，其定义是综合考虑炸药重量及炸药结构间距离的影响，计算式为：

$$Z=R/W^{1/3} \tag{5.1}$$

式中 R——爆炸中心与结构的距离，即爆炸距离；

W——TNT 重量，若为其他炸药，需转换成等效的 TNT 当量。

从式（5.1）可知，当 R 一定时，TNT 重量 W 越大，折合距离 Z 越小，爆炸冲击波越强，破坏力越大。

本节分别通过仅改变 TNT 炸药重量 W 和改变 TNT 炸药重量 W 的同时改变爆炸距离 R 的思路，进行折合距离的调整，对不同折合距离下复式空心钢管混凝土墩柱动态响应进行有限元数值模拟。建模时除折合距离外其余参数均保持不变，材料参数以材性试验所得数据为准。三种折合距离参数如下：

1. $W=3\text{kg}$；$R=1.6\text{m}$；$Z=1.1\text{m/kg}^{1/3}$
2. $W=20\text{kg}$；$R=1.6\text{m}$；$Z=0.6\text{m/kg}^{1/3}$
3. $W=50\text{kg}$；$R=0.5\text{m}$；$Z=0.14\text{m/kg}^{1/3}$

三种折合距离下复式空心钢管混凝土墩柱和炸药有限元模型示意图，如图 5-16 所示。

5.4.1 柱迎爆面位移

选择与爆心在同一水平高度的柱迎爆面单元，求出不同折合距离条件下的位移时程曲线如图 5-17～图 5-19 所示。图中位移数值为负值，表示柱变形方向与爆炸冲击波传播方向一致。

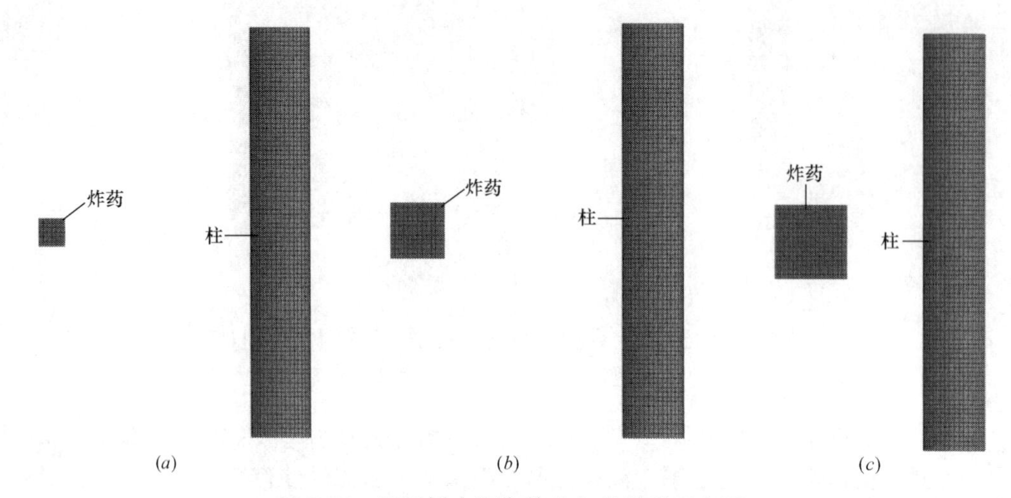

图5-16　不同折合距离炸药与柱关系示意图

(a) $Z=1.1\text{m/kg}^{1/3}$；(b) $Z=0.6\text{m/kg}^{1/3}$；(c) $Z=0.14\text{m/kg}^{1/3}$

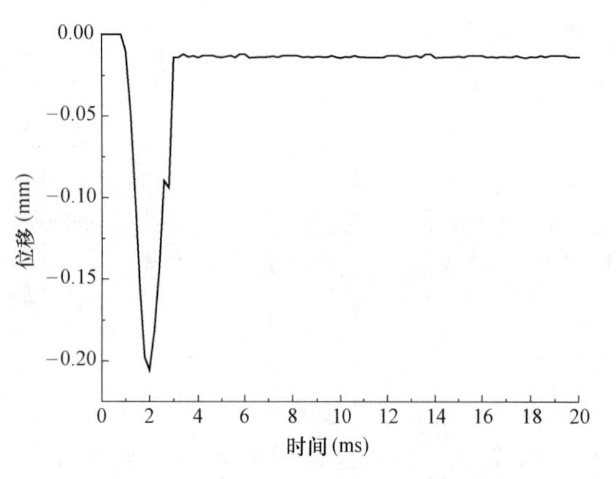

图5-17　柱迎爆面位移时程曲线（$Z=1.1\text{m/kg}^{1/3}$）

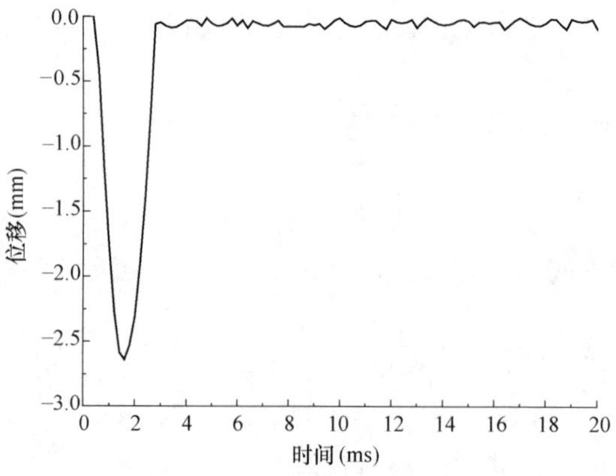

图5-18　柱迎爆面位移时程曲线（$Z=0.6\text{m/kg}^{1/3}$）

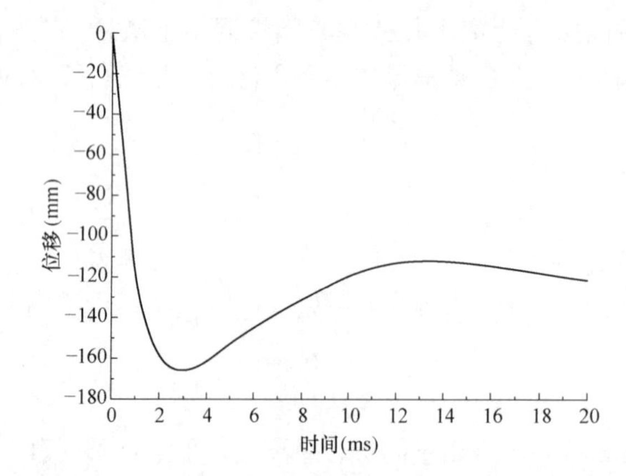

图5-19　柱迎爆面位移时程曲线（$Z=0.14\text{m/kg}^{1/3}$）

由图5-17可以看出，当折合距离为$1.1\text{m/kg}^{1/3}$时，柱中位移时程曲线可以大致分为三段：第一段从爆炸发生起至2ms，柱中位移随着时间的增加迅速加大，两者大致呈直线关系，在2ms时柱迎爆面取得位移最大值0.21mm；第二段为2～3ms，柱中位移随着时间的增加迅速减小，两者依旧呈直线关系，至3ms末到达0.014mm；第三段为3～20ms，柱中位移随着时间的增加几乎没有太大的变化，始终保持在0.01mm左右的位移量。曲线的三段变化也表明，当折合距离为 1.1m/kg$^{1/3}$时，复式空心钢管混凝土柱仍旧保持在弹性变形阶段，因此，当柱中位移经过峰值之后，有一个随时间减小的过程且最终的位移量趋近于零。

由图 5-18 可以看出，当折合距离为 0.6m/kg$^{1/3}$时，柱中位移时程曲线与折合距离为 1.1m/kg$^{1/3}$时的位移时程曲线趋势大致相同，曲线同样可以大致分为三段：第一段从爆炸发生起至 1.8ms，柱中位移随着时间的增加迅速加大，两者大致呈直线关系，在 1.8ms 时柱迎爆面取得位移最大值 2.64mm；第二段为 1.8～3ms，柱中位移随着时间的增加迅速减小，两者依旧呈直线关系，至 3ms 末到达 0.073mm；第三段为 3～20ms，柱中位移随着时间的增加，在 0.01mm 左右呈小幅波动。曲线的三段变化也表明，当折合距离为 0.6m/kg$^{1/3}$时，复式空心钢管混凝土墩柱同样仍旧保持在弹性变形阶段，因此，当柱中位移经过峰值之后，有一个随时间减小的过程且最终的位移量趋近于零。

由图 5-19 可以看出，当折合距离为 0.14m/kg$^{1/3}$时，柱中位移时程曲线呈前期陡降加后期缓升的两段态势。第一段从爆炸发生至 3ms，柱中位移随着时间的增加迅速加大，两者大致呈直线关系，在 3ms 时柱迎爆面取得位移最大值 166.14mm；第二段为 3～20ms，柱中位移随着时间的增加缓慢减少并最终稳定在 120mm 左右。这样的变化也表明，当折合距离为 0.14m/kg$^{1/3}$时，复式空心钢管混凝土墩柱已经进入弹塑性变形阶段，最终的 120mm 即为塑性变形量。

由 2.0ms 时三种折合距离柱中核心区混凝土的等效应力云图 5-20～图 5-22 可以看出，当折合距离为 1.1m/kg$^{1/3}$时，柱核心区混凝土没有发生破坏；当折合距离为 0.6m/kg$^{1/3}$时，柱端部的混凝土已经有部分破坏，而柱中部的混凝土仍能正常工作，这主要是因为柱端剪力较大，而混凝土属于脆性材料，因此柱端的混凝土首先发生了破坏；当折合距离为 0.14m/kg$^{1/3}$时，柱端部和柱中部混凝土均已全部崩解，说明混凝土已经达到极限强度，退出工作。

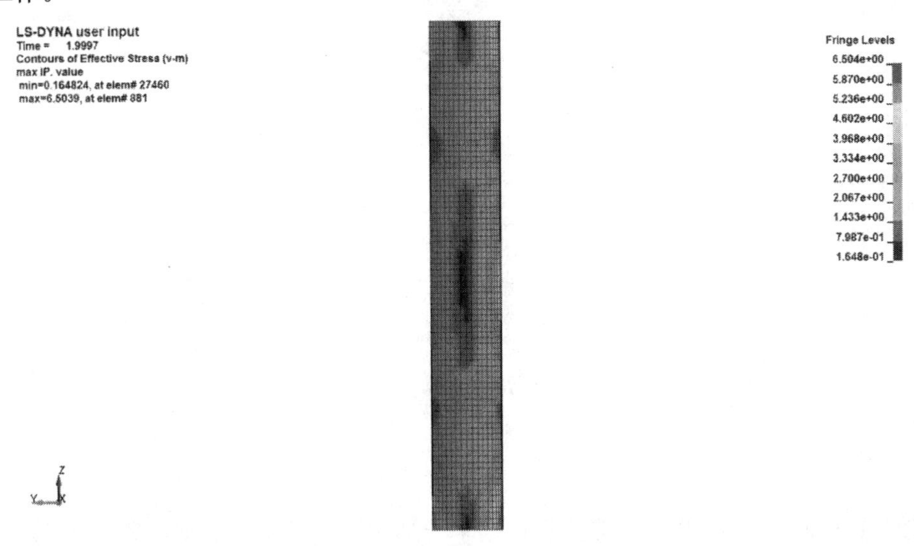

图 5-20 2.0ms 时刻混凝土等效应力云图（$Z=1.1\text{m/kg}^{1/3}$）

将折合距离的变化量与柱中位移的变化量对比可以看出，当折合距离由 1.1m/kg$^{1/3}$减小到 0.6m/kg$^{1/3}$，折合距离相当于减少了 45.5%，而位移峰值由 0.21mm 增加到了

2.64mm，峰值位移相当于增加了 1157.14%。当折合距离由 1.1m/kg$^{1/3}$减小到 0.14m/kg$^{1/3}$，折合距离相当于减少了 87.3%，而位移峰值由 0.21mm 增加到了 166.14mm，峰值位移相当于增加了 79014.29%。这说明位移峰值的增加率随着折合距离的减小而迅速增加，说明折合距离越小时，柱动态响应对折合距离变化也就越敏感。

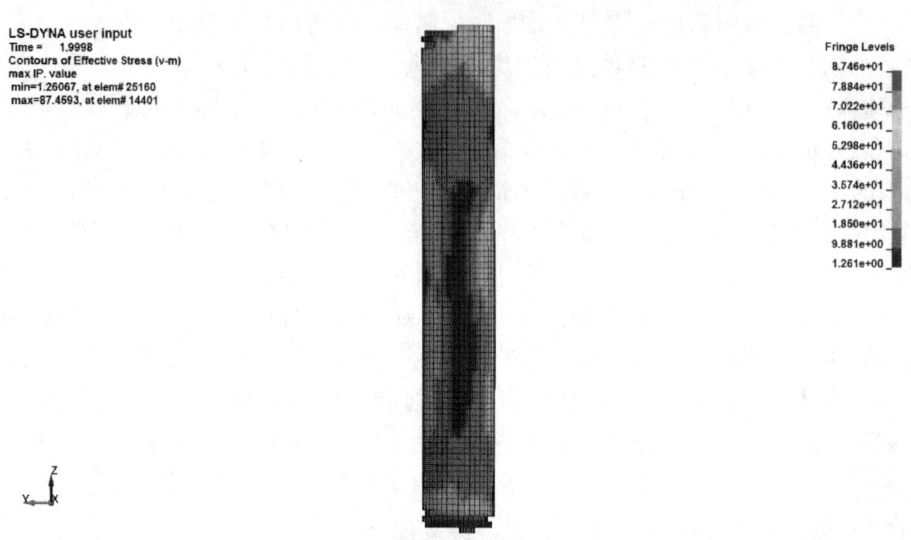

图 5-21 2.0ms 时刻混凝土等效应力云图（$Z=0.6\text{m/kg}^{1/3}$）

图 5-22 2.0ms 时刻混凝土等效应力云图（$Z=0.14\text{m/kg}^{1/3}$）

5.4.2 压力

仍然选取前一小节分析时与爆心在同一水平高度的柱迎爆面单元，绘制不同折合距离条件下的压力时程曲线，如图 5-23～图 5-25 所示。

从图 5-23～图 5-25 可以看出，折合距离对柱中迎爆面压力峰值和曲线压力变化有较大影响。折合距离为 1.1m/kg$^{1/3}$时的压力峰值为 0.56MPa，折合距离为 0.6m/kg$^{1/3}$时的压力峰值为 1.0MPa，折合距离为 $0.14m/kg^{1/3}$时的压力峰值为 7.32MPa。同时，折合距离对压力峰值产生的时间也有影响。折合距离为 $1.1m/kg^{1/3}$时的压力峰值产生时间为 1.0ms，折合距离为 $0.6m/kg^{1/3}$时的压力峰值产生时间为 0.6ms，折合距离为 $0.14m/kg^{1/3}$时的压力峰值产生时间为 0.5ms。而且，从三条曲线起爆零时刻迎爆面柱中压强由一个标准大气压 0.1MPa 到开始上升直至峰值的持续时间可以看出，随着折合距离从 $1.1m/kg^{1/3}$减小到 $0.6m/kg^{1/3}$再到 $0.14m/kg^{1/3}$，爆炸冲击波到达迎爆面柱中的时间也相应由 0.8ms 减小到 0.2ms 再到几乎与起爆同时的零。从上述分析可以看出，折合距离对柱迎爆面压力峰值和冲击波的到达时间均有较大影响。折合距离越小，柱迎爆面压力变化相应越敏感。

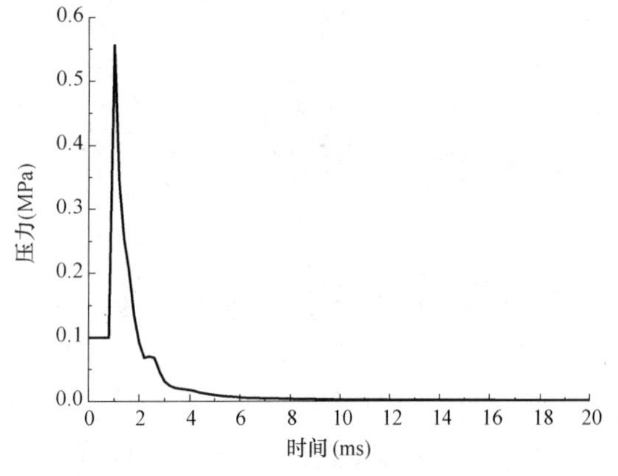

图 5-23 迎爆面柱中压力时程曲线
($Z=1.1m/kg^{1/3}$)

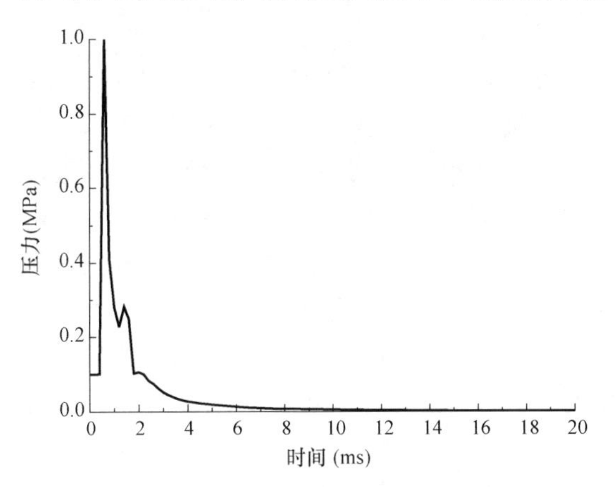

图 5-24 迎爆面柱中压力时程曲线
($Z=0.6m/kg^{1/3}$)

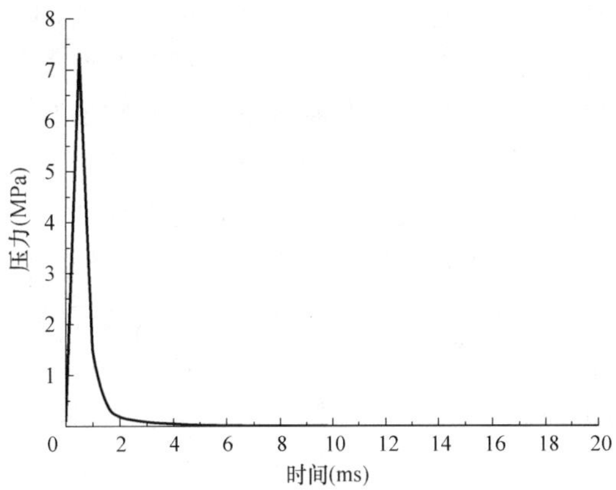

图 5-25 迎爆面柱中压力时程曲线
($Z=0.14m/kg^{1/3}$)

第 6 章　复式空心钢管混凝土墩柱的损伤评估

炸药在空气中爆炸时产生的冲击波会对周围的目标产生不同程度的破坏和损伤，但目标在爆炸冲击波作用下的破坏和损伤是一个极其复杂的问题。它不仅与冲击波的作用情况有关，而且与目标的形状、强度、延性和自振周期等因素有关。爆炸冲击荷载作用下结构构件的损伤程度评估采用压力—冲量曲线，即 P-I 曲线。一旦确定某个结构构件的 P-I 曲线图，即可准确预测该构件在任意爆炸冲击荷载作用下可能的损伤程度。本章结合《石油化工控制室抗爆设计规范》（GB 50779—2012）中针对柱构件安全评估的要求，用数值分析法拟合了复式空心钢管混凝土墩柱的 P-I 曲线及其方程。

6.1　引言

柱对于结构整体的抗爆性能具有至关重要的作用，如果作为竖向承重构件的柱遭到爆炸荷载的破坏，结构将局部失去竖向承载能力，可能会引发结构的连锁反应，导致整个结构的倒塌，这必将造成生命和财产的重大损失。为了避免出现这种情况，拟对本书研究的复式空心钢管混凝土墩柱在遭受爆炸冲击荷载作用后的损伤情况进行分析研究。

爆炸冲击荷载的峰值超压高、作用时间短，相对于其他形式的强动荷载，如地震荷载等，钢管混凝土柱在爆炸荷载作用下的动力响应比较复杂。近几年来，国内外学者对爆炸冲击荷载作用下柱的动力响应及损伤评估开展了部分研究工作，但是主要的研究集中在钢筋混凝土柱抗爆加固问题[1]，以及对钢筋混凝土柱的动态响应和破坏模式进行研究，建立考虑材料应变率效应和钢筋与混凝土之间滑移条件下，受爆炸冲击荷载作用的任意钢筋混凝土矩形柱 P-I 曲线的预测公式，用以对爆炸冲击荷载作用下钢筋混凝土柱的损伤程度进行评估等方面[2,3]。通过上述分析可以发现，目前针对钢管混凝土柱尤其是复式空心钢管混凝土墩柱的抗爆性能及损伤评估的研究还相对有限。因此，建立目前已经在桥梁工程上得到广泛应用的复式空心钢管混凝土墩柱在遭受爆炸冲击荷载作用后的损伤评估方法，对于构件本身及结构整体安全都有着非常重要的意义。

6.2　损伤评估准则

6.2.1　爆炸冲击波破坏准则

描述爆炸冲击波强弱的参数有三个：峰值超压、正压区作用时间和冲量。冲击波峰值超压表示冲击波瞬间作用的量，而冲量表示在正压区时间范围内超压的持续作用量。目前，相应的针对爆炸冲击波损伤破坏准则主要有超压峰值准则、冲量准则及超压—冲量准则。

1. 超压峰值准则

爆炸冲击波对构件或结构的破坏作用与其自振周期 T 和冲击波正压作用时间 t_{0f} 有密切联系，当 $t_{0f}/T \geqslant 10$，即正压作用时间超过构件或结构自振周期的 10 倍以上时，可以认为爆炸冲击波超压达到某一数值时，便会对结构、构件或人员造成某一程度的破坏及损失。超压峰值准则认为，爆炸冲击波是否对目标造成损伤由爆炸冲击波超压唯一决定，即只有当超压大于某一临界值时，才会对目标造成一定的损伤[4]。但因为超压准则只考虑超压峰值，没有考虑持续时间的影响，因此超压峰值准则存在一定的局限性，因为虽然超压值相同，而持续时间不同，破坏效应也有所不同，持续时间越长，破坏效应就越大。

虽然存在不足，但由于爆炸冲击波超压峰值容易测量和估计，超压峰值准则是衡量爆炸破坏效应的常用准则之一，比较适合于凝聚炸药点爆炸或玻璃、薄板等容易破裂变形构件的损伤评估。

2. 冲量准则

当构件和结构的自振周期 T 和冲击波正压作用时间符合：$t_{0f}/T \leqslant 0.25$，即正压作用时间小于构件或结构自振周期的四分之一时，可以认为冲击波随时间将正压区范围内的超压陆续作用到结构或构件上时，一直保持物体振动的方向和冲击波超压所施加的外力方向一致，所以冲击波正压区内全部冲量均用在了加速物体的振动上，即目标的破坏是靠冲击波的冲量作用。冲量准则认为爆炸冲击波能否对目标造成伤害，完全取决于爆炸冲击波冲量大小，如果冲量大于临界值，则目标破坏[5,6]。但对于一个很小的超压，荷载持续时间再长也不会产生任何损伤，因此仅考虑冲量也不是很全面的。

冲量准则适合于结构的破坏主要取决于冲量的情况，一般地，小药量炸药爆炸近距离作用时，以冲量破坏为主。

3. 超压—冲量准则

超压—冲量准则综合考虑了超压和冲量的影响，如果超压和冲量的共同满足某一临界条件，目标就被破坏。超压—冲量准则可用下式表示[6]。

$$(P-P_{cr})(I-I_{cr})=C \tag{6.1}$$

式中 P_{cr}——造成结构某一程度损伤的超压临界值；

I_{cr}——造成结构某一程度损伤的冲量临界值，C 为常数，与结构的性质和损伤等级有关。

在爆炸冲击荷载作用下结构构件的损伤程度评估领域中，比较认可的研究方向是确定结构构件的压力—冲量曲线，即 P-I 曲线。本章对复式空心钢管混凝土墩柱的损伤评估准则采取超压—冲量准则。

6.2.2 损伤评估准则

定义合理的损伤评估准则是对结构构件进行损伤程度评估的前提。目前针对柱构件损伤评估准则可以分为柱中最大位移、最大应力、最大应变以及柱竖向剩余承载力等[3]。确定损伤评估准则的主要原则是：与准则相关的复式空心钢管混凝土墩柱的整体特性应较容易通过试验或数值模拟方法得到，同时又便于针对实际工程开展。结合第 3 章第二发试验中复式空心钢管混凝土墩柱的破坏属于弯曲破坏，因此依据《石油化工控制室抗爆设计规范》GB 50779—2012 第 5.6.3 条规定：在爆炸冲击荷载作用下，柱构件支座处弹塑性转角允许值为 2°，即柱中挠度不能超过柱计算高度的 1/60。本章选择建立基于复式空心钢管混凝土墩柱中弯曲挠度变形的超压—冲量损伤准则。复式空心钢管混凝土墩柱损伤评估准则可以简单表述为：柱中挠度变形小于柱计算高度的 1/60，判定柱为安全；柱中挠度变形大于等于柱计算高度的 1/60，判定柱为危险。柱中挠度变形示意图如图 6-1 所示。

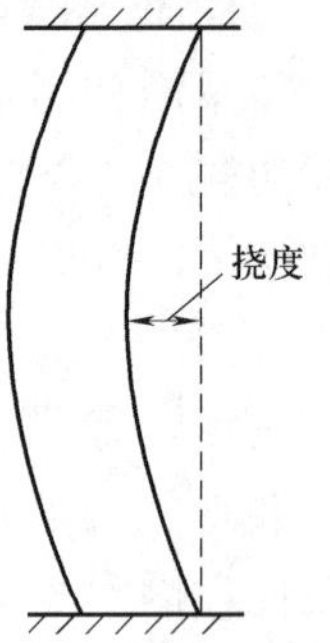

挠度

图 6-1 柱中挠度变形示意图

6.3 *P-I* 曲线的建立

6.3.1 确定 *P-I* 曲线的方法

P-I 曲线是爆炸荷载作用下某一特定构件的等损伤线，每一条 *P-I* 曲线对应某一特定程度的损伤。20 世纪 70 年代，美国海军武器试验室（NOL）和弹道研究试验室（BRL）经过大量试验和理论研究，逐步形成了一套压力—冲量破坏准则模型。研究人员在对第二次世界大战中遭炸弹破坏的房屋的破坏程度进行评估时，首次引入了 *P-I* 曲线[7,8]；随后，*P-I* 曲线常被用于对结构的损伤以及爆炸冲击荷载作用下人体的伤亡情况进行评估[9-11]。典型的 *P-I* 曲线示意图如图 6-2 所示。对应于每一条 *P-I* 曲线，在 *P-I* 空间中有两条渐近线，即超压渐近线和冲量渐近线，分别定义了超压和冲量两个参数的临界值。在动力荷载作用下，结构构件的响应不仅与爆炸冲击荷载的冲量有关，而且与爆炸冲击荷载的超压峰值有关。

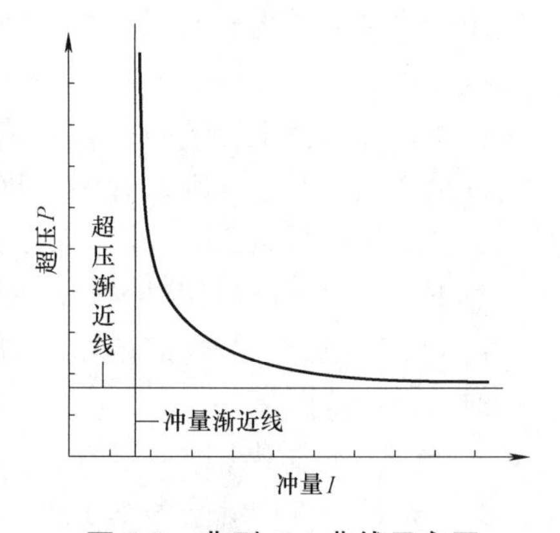

图 6-2 典型 *P-I* 曲线示意图

目前，学术界提出确定结构构件 *P-I* 曲线的方法可以分为基于采用单自由度体系在爆炸冲击荷载作用下的最大位移作为破坏准则的解析法[12-14]；通过实际的爆炸试验得到结构构件在一系列爆炸冲击荷载作用下的损伤程度，进而拟合结构构件的 *P-I* 曲线的试验法[15,16]；以及利用数值模拟方法，得到结构构件在不同爆炸冲击荷载作用下的动力响应和损伤破坏的数据，再通过曲线拟合得到结构构件的 *P-I* 曲线数值分析法[17,18]。

综合考量上述三种方法的各自优缺点及实现的可能性，本章选择数值分析法进行复式空心钢管混凝土墩柱 *P-I* 曲线的拟合。

6.3.2 数值模拟

复式空心钢管混凝土墩柱 *P-I* 曲线的拟合以第二发试验为依据，建立复式空心钢管混凝土墩柱有限元数值模型。由于第二发试验采取的药量 50kg 较大，折合距离为 0.14m/kg$^{1/3}$，预估产生的爆炸荷载压强峰值超过 200MPa。因此，从人员和测试仪器的安全角度出发，第二发试验没有在柱表面安放任何数据采集和测试仪器，而是以试验时柱表面产生的塑性变形量为依据，采用后期数值模拟的方法获取柱迎爆面的压力等有效数据。以第二发试验为模拟对象建立的有限元数值模型如图 6-3 所示。

为了得到 P-I 曲线上的数据点，需要在已建成的复式空心钢管混凝土墩柱有限元数值模型的基础上再进行多次有限元数值模型的调整和模拟。在数值模拟时保持爆炸距离 R 为一定值不变，调整炸药重量 W 以达到调整折合距离的目的。每一次数值模拟后，均选择柱迎爆面柱中单元，得到该单元的位移时程曲线。如果柱中单元位移峰值小于损伤等级的界限值——柱计算长度的 1/60，则通过加大炸药重量 W 调整数据点在 P-I 空间内的位置；大于损伤准则界限值时，就减小炸药重量 W 再进行数值模拟试算，使结果趋向界限值。这样经过大量反复的试算和验算，得到前述损伤等级的分界点，也就是获得相应爆炸冲击荷载的 P 和 I，进而拟合得到 P-I 曲线。

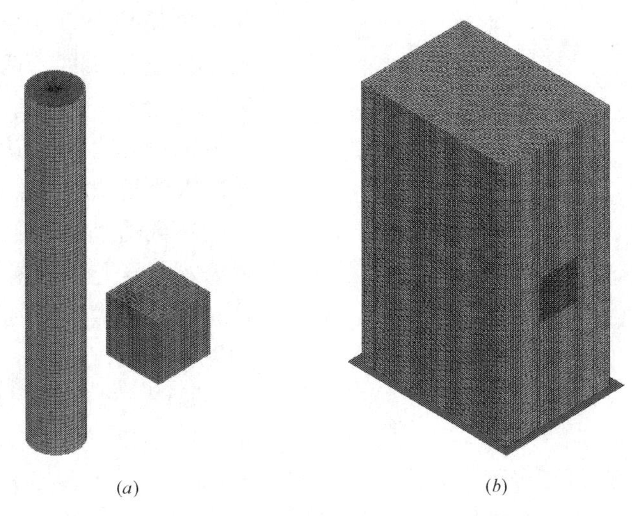

(*a*)　　　　(*b*)

图 6-3　50kg 的 TNT 复式空心钢管混凝土墩柱有限元模型

(*a*) 柱与炸药模型；(*b*) 空气与炸药模型

50kg 药量，爆心距为 0.5m，折合距离为 0.14m/kg$^{1/3}$ 时复式空心钢管混凝土墩柱的数值模拟结果与试验结果比对，如图 6-4 所示。

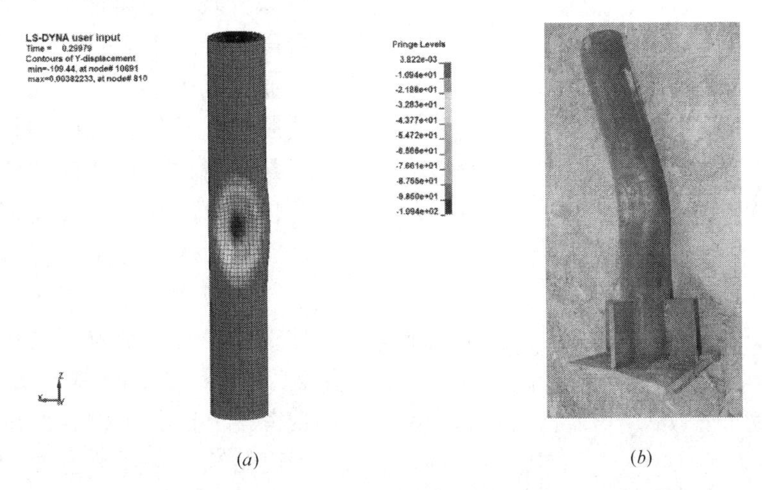

(*a*)　　　　(*b*)

图 6-4　数值模拟结果与试验结果对比（折合距离 = 0.14m/kg$^{1/3}$）

(*a*) 数值模拟结果；(*b*) 现场试验结果

通过图 6-4（*a*）、（*b*）的比对结果可以发现，数值模拟的结果中柱的变形情况与现场试验的结果是比较吻合的。数值模拟时，迎爆面柱中弯曲挠度为 109.44mm，现场试验结果为 195mm，两者在同一数量级内，现场试验结果大于数值模拟结果，两者误差为 43.9%。分析误差产生的原因是由于数值模拟中柱的约束条件以及地面反射条件与现场试验均有较大差异，同时数值模拟是理想状态，而现场试验的条件是复杂的，两者的结果不能够完全吻合是正常的。综合考虑上述各个方面因素，可以认为针对第二发试验的数值模拟结果是正确的。

在数值模拟结果中提取复式空心钢管混凝土墩柱迎爆面柱底、柱中和柱顶三个位置单元的压力时程曲线，如图6-5所示。

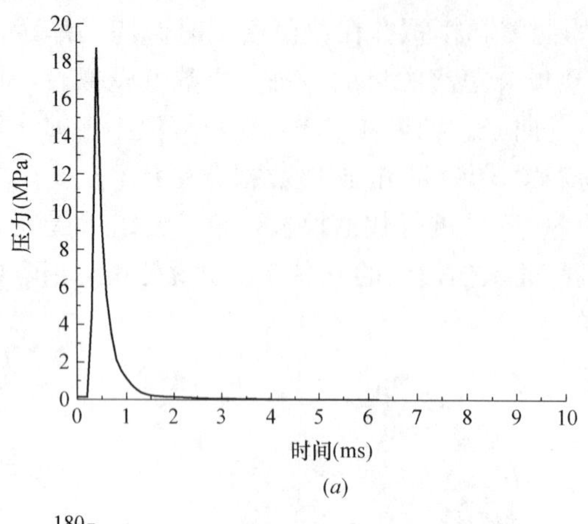

（*a*）

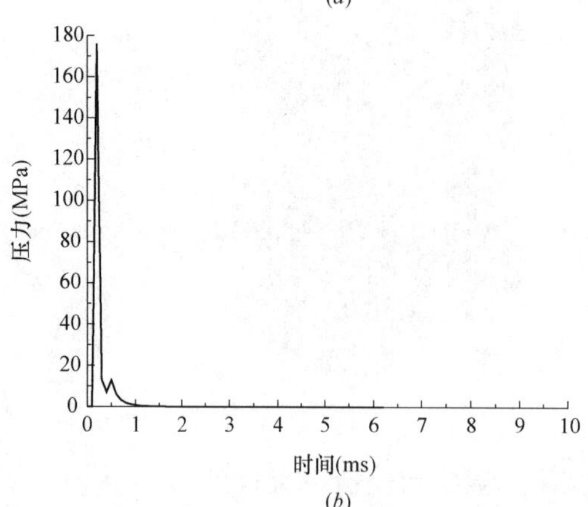

（*b*）

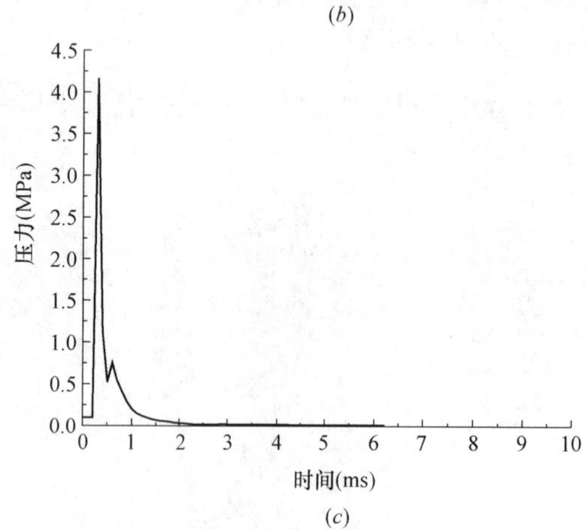

（*c*）

图 6-5　柱迎爆面不同位置单元压力时程曲线
（折合距离＝0.14m/kg$^{1/3}$）
（*a*）柱底单元；（*b*）柱中单元；（*c*）柱顶单元

从图 6-5 中可以看出，在 50kg 药量、爆心距为 0.5m、折合距离为 0.14m/kg$^{1/3}$的条件下，柱迎爆面柱底、柱中和柱顶的压力峰值分别为 18.72MPa、176.05MPa 和 4.17MPa。柱中的压力峰值分别为柱底和柱顶的 9.4 倍和 42.2 倍。通过比对时间数据可以发现，迎爆面上、中、下三个位置压力峰值产生的时间分别为 0.3ms、0.2ms 和 0.3ms，这说明爆炸冲击波到达迎爆面柱底、柱中和柱顶的时间几乎是同时的，而柱底的压力峰值大于柱顶的原因是因为在模型中添加了刚性面，以模拟地面反射的缘故。

在迎爆面正压持时方面，柱顶、柱中和柱底三个位置的正压持时分别为 2.5ms、2.2ms 和 1.3ms。因此，综合考虑上述三个位置的压力峰值可以得出结论：爆炸冲击波对迎爆面柱中造成的破坏最为强烈，柱底次之，柱顶最小。这一点也与试验结果相一致，这也印证了数值分析的结果正确、可信。

6.3.3 墩柱 *P-I* 曲线建立

按照 6.2 节提出的损伤评估准则，以本章所建立的爆炸冲击荷载下复式空心钢管混凝土墩柱有限元模型为研究对象，进行了大量的数值模拟试算，从模拟所得的数据点中找出损伤等级分界点对应的超压冲量组合临界值，将这些数据点绘制在 *P-I* 平面内，定义柱中挠度为 f，柱计算高度为 L，得到本书中复式空心钢管混凝土墩柱损伤等级分界线，即 *P-I* 曲线，如图 6-6 所示。

通过大量数值模拟后得到图 6-6 中 *P-I* 曲线的含义是：曲线将 *P-I* 空间划分为两个部分，若 *P*、*I* 组合的数据点落在该曲线的左下方，则表明复式空心钢管混凝土墩柱迎爆面柱中挠度没有超过 $L/60$，变形仍在安全范围内，可以判定该柱为安全；若 *P*、*I* 组合的数据点落在该曲线的右上方，则表明复式空心钢管混凝土墩柱迎爆面柱中挠度超过 $L/60$，变形在危险范围内，可以判定该柱为危险；若 *P*、*I* 组合的数据点落在该曲线的上，则表明处于临界状态，基于安全考虑应判定该柱为危险。例如，第二发试验得到的柱中 $P=176.05$MPa、$I=22.70$MPa · ms，该数据点落在 *P-I* 曲线的右上方，则可以判定该复式空心钢管混凝土墩柱危险。

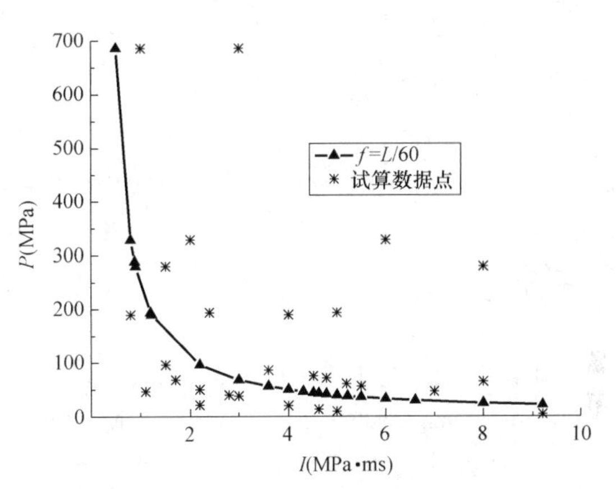

图 6-6 复式空心钢管混凝土墩柱 *P-I* 曲线

6.3.4 *P-I* 曲线拟合公式

为了使经过大量数值模拟后获得的复式空心钢管混凝土墩柱 *P-I* 曲线具有明确的数学含义，对图 6-6 中 *P-I* 曲线进行数学表达式拟合。通过对图 6-6 中的数据进行分析可以发现，*I* 和 *P* 近似成自然对数关系，因此经过反复尝试，确定出 *P-I* 曲线可以用式（6.2）进行拟合表达。

$$P=A-B\ln(I+C) \tag{6.2}$$

式中 P——爆炸冲击波峰值反射超压；

I——爆炸冲击波正向阶段反射冲量；

A、B、C——三个实常数，与复式空心钢管混凝土柱的损伤情况有关。

式（6.2）拟合效果如图 6-7 所示。

由图 6-7 可以看出，采用本书推导拟合出的 *P-I* 曲线公式所绘曲线与数值模拟曲线基本吻合良好，因此，可以将式（6.2）推广到一般情况，建立以迎爆面柱中挠度为指标的复式空心钢管混凝土墩柱损伤评估准则。例如，以迎爆面柱中挠度为 $L/60=30$mm 作为判定指标，则式（6.2）可以变换为式（6.3）：

$$P=180.5-92.08\ln(I-0.5) \tag{6.3}$$

此时，$A=180.5$，$B=92.08$，$C=-0.5$。

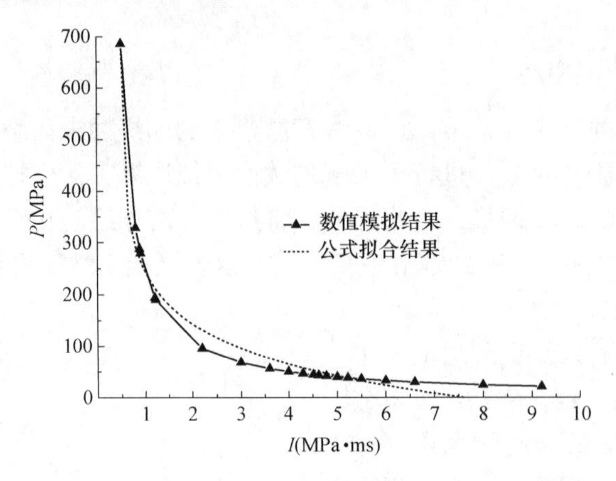

图6-7　公式拟合 P-I 曲线与数值模拟 P-I 曲线对比

参考文献

[1]　Morrill K B，Malvar L J，Crawford J E，etc. Blast resistant design and retrofit of reinforced concrete columns and walls [C]. Proceedings of the 2004 Structures Congress—Building on the Past：Securing the Future，116Nashville，TN，USA：K&C Corporation，2004：1471-1478.

[2]　师燕超，李忠献. 爆炸荷载作用下钢筋混凝土柱的动力响应与破坏模式 [J]. 建筑结构学报，2008，29 (4)：112-117.

[3]　师燕超. 爆炸荷载作用下钢筋混凝土结构的动态响应行为与损伤破坏机理 [D]. 天津大学博士学位论文，2009.

[4]　吴宗之，高进东，魏利军. 危险评价方法及其应用 [M]. 北京：冶金工业出版社，2001.

[5]　Stephens M. M. Minimizing damage to refineries from nuclear attack，natural and other disasters [R]. The office of oil and gas，Dept. of the Interior，USA，1970.

[6]　赵衡阳. 气体和粉尘爆炸原理 [M]. 北京：兵器工业出版社，1996.

[7]　Jarrett D. F. Derivation of British explosives safety distances [J]. Annuals of the New York Academy of Science，1968，152 (Article 1)：18-35.

[8]　Mays G. C.，Smith P. D. Blast effects on buildings-design of buildings to optimize resistance to blast loading [M]. London：Thomas Telford，1995.

[9]　W. E. Baker，P. A. Cox，P. S. Westine，etc. Explosion Hazards and Evaluation [M]. Amsterdam：Elsevier，1983.

[10]　Krauthammer T. Blast mitigation technologies：developments and numerical considerations for behaviour assessment and Design [J]. In：Int. Conf. on Structures Under Shock and Impact，SUSI. 1998：3-12.

[11]　Merrifield R. Simplified calculations of blast induced injuries and damage [R]. Rep. No. 37，Health and Safety Executive Specialist Inspector，2008.

[12]　PSADS：Protective structures automated design system v1.0 [Z]. US Army Corps of Engineers，1998.

[13]　Q. M. Li，H. Meng. Pressure-Impulse Diagram for Blast Loads Based on Dimensional Analysis and Single-Degree-of-Freedom Model [J]. Journal of Engineering Mechanics，2002，128 (1)：87-92.

[14] Q. M. Li, H. Meng. Pulse loading shape effects on pressure-impulse diagram of an elastic-plastic single-degree-of-freedom structural model [J]. International Journal of Mechanical Sciences, 2002, 44 (9): 1985-1998.

[15] W. W. El-Dakhakhni, S. H. Changiz Rezaei, W. F. Mekky, etc. Response sensitivity of blast-loaded reinforced concrete structures to the number of degrees of freedom [J]. Canadian Journal of Civil Engineering, 2009, 36 (8): 1305-1320.

[16] User' s guide on protection against terrorist vehicle bombs [S]. U. S. Naval facilities engineering service center, 1998, 5.

[17] Soh TB, Krauthammer T. Load-impulse diagrams of reinforced concrete beams subjected to concentrated transient loading [R]. Technical report PTC-TR-006-2004. University Park, PA: Protective Technology Center, Pennsylvania State University, 2004.

[18] Ng PH, Krauthammer T. Pressure-impulse diagrams for reinforced concrete slabs [R]. Technical report PTC-TR-007-2004. University Park, PA: Protective Technology Center, Pennsylvania State University, 2004.

第7章　强震特点及桥梁结构损伤

地震是在地球内部不断运动的过程中，集聚的构造应力所产生的应变超过某处岩层的极限应变时，通过地壳的破裂快速释放内部能量的过程。与海啸、龙卷风、冰冻灾害相同，地震是地球上经常发生的一种自然灾害[1]。强烈地震的发生通常会带给人类生命及财产的巨大损失，尤其在经济飞速发展的现代社会，突如其来的地震带有更为巨大的破坏力，使其成为各种造成重大经济损失和社会问题的各种自然灾害之首。

伴随着瞬间发生的地震之后，通常还会发生大量余震，它们隶属于同一地震序列[2]，整个地震序列的发生将会造成地震的一系列次生灾害，诸如建筑结构、桥梁等公共设施的倒塌，火灾、滑坡、泥石流、海啸等。不仅地震灾害本身所产生的巨大能量会造成对人类生命安全的威胁和各类基础设施的破坏与倒塌，其所引起的次生灾害也会导致十分巨大的间接经济损失，而地震引发的感情创伤和各类社会问题更是难以消除。

中国幅员辽阔，地处环太平洋地震带与欧亚地震带两大地震带之间，受太平洋板块、印度板块和菲律宾海板块的挤压，地震断裂带十分发育。由于青藏高原自中、新生代以来持续隆升，使得中国大陆及陆缘形成了一个破碎镶嵌的块体。在全球各个块体的动力作用下，中国的地震活动频繁，并且具有强度大、震源浅、分布范围广的特点。近20年来所发生的重大自然灾害中，无论是人员伤亡损失还是经济损失，地震灾害均排在灾害之首。

美国和日本对往次地震的震害做了大量调查，总结震害经验认为：在大地震发生后，保持交通系统的畅通对减少地震经济损失方面有着十分重要的作用。桥梁是交通系统的重要元件，在交通系统防震减灾中处于较为核心的地位。而桥梁结构较易在地震中发生破坏，通常其在破坏后的修复时间较长，震区桥梁的损坏和坍塌，不仅阻碍救灾行动，而且直接影响灾后的重建与恢复工作，会造成经济及社会的巨大损失。因此，桥梁结构的防灾减灾方法研究便更具有深远意义。

7.1　强烈地震及其特点

7.1.1　地震的相关概念

地震是地球内部缓慢积累的能量突然释放引起的地球表层的振动。当地球内部在运动中积累的能量对地壳产生的巨大压力超过岩层所能承受的限度时，岩层便会突然发生断裂或错位，使积累的能量急剧释放出来，并以地震波的形式向四面八方传播，从而形成地震[3]。

地震本身的大小，用震级表示，它是根据地震时释放能量的多少来划分的，震级可以通过地震仪器的记录计算得到，震级越高，释放的能量也就越多[4]。我国使用的震级标准是国际通用震级标准，采用里氏震级。每次地震仅有一个震级，各国和各地区的地震分级标准不尽相同。

地震震级 M 采用地震面波质点运动最大值 $(A/T)_{max}$来确定，其计算公式为[5]：

$$M=\lg(A/T)_{max}+\sigma(\Delta) \tag{7.1}$$

式中 A——地震面波的最大地震动位移，取两水平分向地震动位移的矢量和，μm；

T——相应周期，s；

$\sigma(\Delta)$ ——面波震级量规函数，其数值相当于在该距离上测得质点运动速度为 1μm/s 时相应地震的震级值，度。

通常，将小于 1 级的地震，称为超微震；大于等于 1 级、小于 3 级的地震，称为弱震或微震；大于等于 3 级、小于 4.5 级的地震，称为有感地震；大于等于 4.5 级、小于 6 级的地震，称为中强震；大于等于 6 级、小于 7 级的地震，称为强震；大于等于 7 级的地震，称为大地震；8 级以及 8 级以上的地震，称为巨大地震。震级每相差 1 级，地震释放的能量相差约 32 倍。比如说，一个 7 级地震相当于 32 个 6 级地震，每相差 2.0 级，能量相差约 1000 倍。

震级与烈度两者虽然都可反映地震的强弱，但含义并不相同。同一个地震，震级只有一个，但烈度却因地而异，不同的地方，烈度值不一样。通常，烈度用来描述地面遭受地震影响和破坏的程度，其大小是根据人的感觉、室内设施的反应、建筑物的破坏程度以及地面的破坏现象等综合评定的，单位是“度”。地震烈度表是用来划分地震烈度的标准，中国地震烈度表如表 7-1 所示。

中国地震烈度表 **表 7-1**

地震烈度	人的感觉	房屋震害			其他震害现象	水平向地震动参数	
		类型	震害程度	平均震害指数		峰值加速度 (m/s²)	峰值速度 (m/s)
Ⅰ	无感	—	—	—	—	—	—
Ⅱ	室内个别静止中的人有感觉	—	—	—	—	—	—
Ⅲ	室内少数静止中的人有感觉	—	门、窗轻微作响	—	悬挂物微动	—	—
Ⅳ	室内多数人、室外少数人有感觉，少数人梦中惊醒	—	门、窗作响	—	悬挂物明显摆动，器皿作响	—	—
Ⅴ	室内绝大多数、室外多数人有感觉，多数人梦中惊醒	—	门窗、屋顶、屋架颤动作响，灰土掉落，个别房屋墙体抹灰出现细微裂缝，个别屋顶烟囱掉砖	—	悬挂物大幅度晃动，不稳定器物摇动或翻倒	0.31 (0.22～0.44)	0.03 (0.02～0.04)

续表

地震烈度	人的感觉	房屋震害			其他震害现象	水平向地震动参数	
		类型	震害程度	平均震害指数		峰值加速度(m/s²)	峰值速度(m/s)
Ⅵ	多数人站立不稳，少数人惊逃户外	A	少数中等破坏，多数轻微破坏和/或基本完好	0.00～0.11	家具和物品移动；河岸和松软土出现裂缝，饱和砂层出现喷砂冒水；个别独立砖烟囱轻度裂缝	0.63 (0.45～0.89)	0.06 (0.05～0.09)
		B	个别中等破坏，少数轻微破坏，多数基本完好				
		C	个别轻微破坏，大多数基本完好	0.00～0.08			
Ⅶ	大多数人惊逃户外，骑自行车的人有感觉，行驶中的汽车驾乘人员有感觉	A	少数毁坏和/或严重破坏，多数中等和/或轻微破坏	0.09～0.31	物体从架子上掉落；河岸出现塌方，饱和砂层常见喷水冒砂，松软土地上地裂缝较多；大多数独立砖烟囱中等破坏	1.25 (0.90～1.77)	0.13 (0.10～0.18)
		B	少数中等破坏，多数轻微破坏和/或基本完好				
		C	少数中等和/或轻微破坏，多数基本完好	0.07～0.22			
Ⅷ	多数人摇晃颠簸，行走困难	A	少数毁坏，多数严重和/或中等破坏	0.29～0.51	干硬土上出现裂缝，饱和砂层绝大多数喷砂冒水；大多数独立砖烟囱严重破坏	2.50 (1.78～3.53)	0.25 (0.19～0.35)
		B	个别毁坏，少数严重破坏，多数中等和/或轻微破坏				
		C	少数严重和/或中等破坏，多数轻微破坏	0.20～0.40			
Ⅸ	行动的人摔倒	A	多数严重破坏或/和毁坏	0.49～0.71	干硬土上多处出现裂缝，可见基岩裂缝、错动，滑坡、塌方常见；独立砖烟囱多数倒塌	5.00 (3.54～7.07)	0.50 (0.36～0.71)
		B	少数毁坏，多数严重和/或中等破坏				
		C	少数毁坏和/或严重破坏，多数中等和/或轻微破坏	0.38～0.60			
Ⅹ	骑自行车的人会摔倒，处不稳状态的人会摔离原地，有抛起感	A	绝大多数毁坏	0.69～0.91	山崩和地震断裂出现，基岩上拱桥破坏；大多数独立砖烟囱从根部破坏或倒毁	10.00 (7.08～14.14)	1.00 (0.72～1.41)
		B	大多数毁坏				
		C	多数毁坏和/或严重破坏	0.58～0.80			

续表

地震烈度	人的感觉	房屋震害			其他震害现象	水平向地震动参数	
		类型	震害程度	平均震害指数		峰值加速度 (m/s²)	峰值速度 (m/s)
Ⅺ	—	A	绝大多数毁坏	0.89～1.00	地震断裂延续很大，大量山崩滑坡	—	—
		B					
		C		0.78～1.00			
Ⅻ	—	A	几乎全部毁坏	1.00	地面剧烈变化，山河改观	—	—
		B					
		C					

注：表中给出的“峰值加速度”和“峰值速度”是参考值，括弧内给出的是变动范围。

7.1.2 地震动参数

地震所引起的地震动通常是由一定时间内加速度、速度和位移的记录来描述的，通过对工程场地地震动特性的了解，来达到有针对性的工程抗震设防。

在结构抗震分析中，静力设计理论通常仅考虑地震动的幅值参数，将地面加速度看作是结构地震破坏的单一因素[6]。随着对震害经验及地震观测记录的获取和积累，人们逐渐意识到，除了地震动的幅值外地震动的频谱特性对结构的地震响应也有明显的影响，这样的认识将抗震设计理论推向了反应谱阶段。反应谱法同时考虑了地震动的幅值和频谱特性以及结构的部分动力特性（主要包括自振周期、振型和阻尼），但因其不能考虑地震动持时对结构地震反应的影响，仍不足以保证结构的抗震安全[7]。而大量的震害经验表明，地震动的持续时间长短对结构响应有明显的影响，即使峰值和频谱相同的地震动荷载，因其作用持时不同，所引起的结构地震响应也存在较大差异。目前在工程界，无论是对地震动特征的全面描述还是对抗震设计的合理要求，地震动的参数必须同时包含幅值、频谱和持时三方面的因素。通常将地震动幅值、频谱和持时简称为“地震动三要素”，而大量的地震及震害资料也反复说明，这三要素的不同组合决定着各类结构物的安全。动态时程分析方法能综合考虑以上参数对结构带来的影响。

1. 地震动的幅值

幅值是对地震动过程中最大强度的直接定义，可以是加速度、速度、位移等物理量中任何一种的峰值、最大值或是某种意义下的有效值[8]。将地震动的幅值作为研究对象时，峰值加速度、速度和位移便被看作地震动强弱研究的度量值，除此之外的其他幅值均具有有效或者等效的意义。其中，最大加速度是研究最多的量。

峰值加速度通常指加速度时程的最大值。峰值加速度常由地震动的高频成分决定，分析认为极高频地震动对结构物的地震反应并无重要影响[9]。影响小的原因有如下几点：震源所释放出的极高频地震波只存在于震源附近，传播过程中会迅速衰减；一般极高频的地震动频率均远离结构物的自振频率，会引起结构共振效应的情况较少，对结构物的影响很小；结构物建筑场地的刚性基础通常会滤掉极高频的振动。因此，结构物抗震设计时仅考虑对结构反应有明显影响的量，认为由脉冲高频尖峰所决定的峰值加速度并不是反映地震作用的理想抗震设计参数[10]。

采用有效（等效）峰值加速度代替峰值加速度时，还有个需要考虑的关键问题：如何合理地定义或计算有效（或等效）峰值加速度。1978年，美国应用技术委员会ATC-3在结构抗震设计样本规范中采用了*EPA*（有效峰值加速度），将基岩水平*EPA*定义为$EPA=\overline{S}_{a}(0.1-0.5)/2.5$，式中$\overline{S}_{a}(0.1-0.5)$是阻尼比为0.05的加速度反应谱在0.1～0.5s周期范围内的平均谱值，2.5为这个周期范围内的平均动力放大系数[11]。20世纪90年代末，美国地质调查局颁布的全国地震危害区划图中，又将基岩水平*EPA*值定义为$EPA=\overline{S}_{a}(0.2)/2.5$，其中$\overline{S}_{a}(0.2)$是阻尼比为0.05的加速度反应谱对应0.2s周期点的谱值[12]。我国由国家质量技术监督局颁布的国家标准《中国地震动参数区划图》GB 18306—2015中，将有效峰值加速度定义为与阻尼比为0.05的加速度反应谱最大值所对应的水平加速度[13]。

2. 地震动的频谱

地震动的频谱特性对结构反应的影响非常重要，假若地震动的频谱集中于低频，此类地震将引起长周期结构物的巨大地震反应；反之，若地震动的卓越频率在高频段，则会对刚性结构物的危害较大。通常，地震动过程均是由许多不同频率的简谐波组合而成，凡是表示一次地震动中振幅与频率关系的曲线，统称为频谱。地震工程中常用的频谱有三种，分别是：傅立叶谱、反应谱与功率谱。

傅立叶谱是数学上用来表示复杂函数的一种经典方法，该法将地震动时程看作是不同频率的谐波函数叠加时的各谐波分量在总量中的比重，能够反映地震动能量在频域中的分布情况，并能显示不同频率谐波振动所携带的能量。通过傅立叶谱表示地面运动，会对各频率相应的振幅含量、地震波中所含的频率分量以及对应各频率的振幅值有所了解，由此可以判断地震波对建筑物的影响。相对于特别大的振幅的频率或周期，称为该地面运动的卓越频率或卓越周期[14]。

功率谱与傅立叶谱没有本质的区别，可以说功率谱强调了各成分地震波对建筑物的影响。但是需要指出的是，功率谱和傅立叶谱有一个非常重要的不同点。傅立叶谱包含振幅谱和相位谱，它与地面运动在频域是一一对应的关系，根据振幅谱和相位谱可以通过傅立叶变换重现原来的地震动波形。而功率谱则不包含相位信息，在仅有功率谱的情况下，由于各分量的相位角不固定，就会得到无数个具有同一功率谱的地震波。

反应谱通过理想简化的单质点体系的反应来描述地震动特性。反应谱的定义是：一个自振周期为T、阻尼比为ζ的单质点体系在地震动作用下结构响应Y的最大值随周期T变换的函数，当Y是单自由度体系的相对位移d、相对速度v或绝对加速度a时，分别称为位移、速度或加速度反应谱。其实质就是不同自振特性的弹性单自由度体系在某一地震动加速度作用下，该振子的某一反应量的最大值与体系动力特性（包括阻尼、频率、周期）间的函数关系。

反应谱和功率谱一样，都没有考虑地震动各频率分量之间的相位差，所以从反应谱无法返回到地震动函数。傅立叶谱和功率谱都是对地震动本身某个物理量的描述，没有与结构在地震作用下的反应相联系。而反应谱将动力荷载作用下结构的破坏与外荷载能量的大小、结构自身的动力特性联系在了一起[15]。

3. 地震动的持时

地震动持时的重要性是随着近 20 年来强震记录的大量积累、土体变形和砂土液化以及结构非弹性破坏的深入研究而被意识到的，因此在地震动参数中也将持时作为一项重要的因素，但对于持续时间的研究远不如对幅值和频谱深入，迄今为止还无统一的地震动持时定义。

在地震学中通常采用地震动绝对持续时间，即定义为由初至波到达时起直到可见记录消失并出现脉动信号时的时间间隔[16]。一般来说，地震加速度会经历快速增长、等强度持续和缓慢衰减三个阶段，其包络函数可由地震动加速度时程各峰值点连接起来得到，能够反映地震动加速度幅值随时间的变化[17]。工程中关心的是地震动强烈振动部分的持时，不同研究者根据各自不同的目的提出了不同的强震持时定义方法，较为实用的是能量持时和反应持时。

能量持时也称为有效持时或相对持时，是通过对地震加速度进行能量分析而得到的。能量持时有两种，一种是以平均能量控制的持时；另一种是由总能量控制的持时，通常用占总能量的百分比来表示，如 Husid 和 Trifunac 提出的 90%能量持时[18]，$T_{0.90}=T_{0.95}-T_{0.05}$。Jennings 的 70%能量持时 $T_{0.70}=T_{0.85}-T_{0.15}$，其中 $T_{0.05}$为地震动能量从零开始至达到总能量 5%的时刻所经历的时间，$T_{0.15}$、$T_{0.85}$、$T_{0.95}$则分别达到 15%、85%、95%[19]。

能量持时较为稳定，同时突出了大振动幅值的影响，可以比较客观地反映地震动的强震时间，可作为一般结构震害预测的依据。但能量持时在相对能量界限取值和强震段定位方面，也具有一定的随机性。

反应持时是通过对结构的地震反应处理得到的持时定义。谢礼立将反应持时定义为单自由度体系（SDOF）的加速度反应第一次达到或超过 a_y至最后一次达到或超过 a_y之间的时间差。其中，a_y是使自振周期为 T_N的 SDOF 体系达到屈服的加速度。反应持时是判断高层建筑及其他重要工程结构破坏程度的主要参数，但目前对其研究得不多。

7.1.3 强烈地震的特点

地震震级的分级中将强震定义为震级等于或大于 6 级的地震。强震与其他中等地震最重要的差别在其幅值、频谱组成、持续时间以及影响范围等几个方面。

1. 强震的幅值

对工程场地可能发生的破坏性地震烈度进行估计是抗震设计的首要任务，需要通过场地附近较有影响的历史地震资料以及场地的地质条件进行分析。

通常，地震动的峰值加速度是表示地震动强弱时应用最多的量值。《公路桥梁抗震设计细则》JTG/T B02-01—2008 表 3.2.2 列出了抗震设防烈度和水平向设计基本地震动加速度峰值 A 的对应关系，如表 7-2 所示。通过查询该对应表和地震动峰值加速度区划图，便能较为直接地获得用于抗震设计的地震动峰值加速度。

抗震设防烈度与水平向设计基本地震动加速度峰值 A 的对应关系　　表 7-2

抗震设防烈度	6	7	8	9
A	0.05g	0.10g (0.15g)	0.20g(0.30g)	0.40g

从历次强烈地震的震级、烈度以及地震动加速度记录的情况可以发现，大多数强烈地

震中均出现了实际烈度超过设防烈度或实际地震加速度峰值远超过设计加速度峰值 A 的情况。尤其针对采用旧规范进行抗震设计的桥梁结构，其设防烈度相较表中的数据要小得多。

例如，1971 年 M6.7 级的美国圣费尔南多地震中，最大记录的地面水平加速度峰值为 1.26g，竖直方向的地震加速度峰值为 0.72g，这两个数据均大于以前的任何地震动记录；1976 年的 7.8 级唐山地震中，唐山市的大多数结构都未经过抗震设计，而其极震区烈度达到Ⅺ度；1989 年美国 M7.0 级的洛马普里埃塔地震中，记录到的地震动最大水平加速度为 0.47g～0.55g，其中竖向加速度峰值为 1g；1994 年美国 M6.7 级北岭地震中，记录到的地震加速度峰值一般都在 0.5g～1.0g，远远超过美国现行规范所规定的设计地震动水平；1995 年日本 M7.2 级的阪神地震中，记录到的最大地震加速度峰值为 0.8g，竖向加速度峰值为 0.3g[20]；2008 年 8.0 级中国汶川地震的实际地震烈度达到Ⅺ度。将其统计于表 7-3 中。

实际地震的震级、烈度、地震动加速度峰值 **表 7-3**

<table>
<tr><td rowspan="5">实际加速度峰值或烈度</td><td>地震名称</td><td>美国圣费尔南多地震</td><td>中国唐山地震</td><td>美国洛马普里埃塔地震</td><td>美国北岭地震</td><td>日本阪神地震</td><td>中国汶川</td></tr>
<tr><td>时间</td><td>1971 年</td><td>1976 年</td><td>1989 年</td><td>1994 年</td><td>1995 年</td><td>2008 年</td></tr>
<tr><td>震级</td><td>M6.7</td><td>M7.8</td><td>M7.0</td><td>M6.7</td><td>M7.2</td><td>M8.0</td></tr>
<tr><td>水平</td><td>1.26g</td><td rowspan="2">烈度Ⅺ度</td><td>0.47g～0.55g</td><td>0.5g～1.0g</td><td>0.8g</td><td rowspan="2">烈度Ⅺ度</td></tr>
<tr><td>竖向</td><td>0.72g</td><td>1g</td><td>/</td><td>0.3g</td></tr>
</table>

将上表中的实测数据与表中的数值相比较可以发现，强烈地震中地震动的幅值超过设计幅值的情况十分普遍。也就是说，强烈地震的强度具有超预期的特点。

2. 强震的频谱特性

地震波本身由许多不同频率的简谐波组成，其中包含高频成分和低频成分。通常，卓越周期在高频段的地震动会对刚度较大的结构造成较大的危害，而集中于低频段的地震动往往会引起长周期结构的较大反应。

地震时场地类别会对地震波的频谱有所影响。往往坚硬场地上地震动高频率的成分相对较高，而软弱场地上地震动低频率的成分较高，通常高频地震波的衰减较低频地震波要快，因此较远处的地震波传至地表通常为低频谱的情况。

研究发现，地震震级与距离也会对地震波的频谱有极为重要的影响，通常较大地震的震源谱中含有更多的长周期成分，而距离较远的地震波高频成分已经过大量衰减，长周期成分含量增多。因此，距离震中较远的强烈地震通常会有较多的长周期成分，会对长周期结构造成较为严重的破坏，尤其是软弱地基上的结构物。

1999 年的中国台湾集集地震中，地震动的长周期成分极其丰富。大多数台站记录到的地震的反应谱平台段均延伸至 1s 以上，许多都超过了 5s，有些台站地震动的反应谱平台段非常宽，甚至达到了 7s、8s[21]。2008 年汶川地震中，距离震中大约 3000km 的泰国曼谷市中心都有明显的震感，部分高楼摇晃达数分钟之久。地震中远场发生破坏的结构也大多为高层或是长高型的长周期结构，尽管地震波的传播过程中，由于地形、场地等条件的差异会使地震波有较大的差别，但大多数大地震的远场地震动均以长周期地震动为主，许多地震动的水平向反应谱峰值点周期在10～11s附近[22]。

强烈地震中远场地震动的长周期成分通常含量较高，会引起较柔或是自振周期较长的结构的共振现象，也会导致此类结构发生较大的位移。

3. 强震的持时

对大量的典型地震动加速度记录进行分析发现，地震动的持续时间通常都在十几秒到几十秒之间。但对于特大地震，其持续时间往往较长，如2008年的中国汶川地震，持时达到120s。1944年日本东南海-东海复合型地震的最大加速度并不是非常高，但其运动持续时间却相当长，超过了100s[23]。尽管在结构抗震研究中主要关心的是地震动强烈振动部分的持时，但研究表明，一次持续时间长且具有较多低频成分的中等强度的地震也可能会对结构产生很大的破坏[24]。

震害调查资料显示，地震的震级与持时之间存在密切的联系。文献［25］收集了一些地震记录，并对地震动的震级与持时的定量关系进行了统计分析，如表7-4所示。

数次地震震级与持时统计表 **表7-4**

序号	地震名称	时间	震级(M)	持时t(s)
1	美国旧金山地震	1957	5.3	8
2	日本新潟地震	1887	6.1	12
3	美国圣巴巴拉地震	1925	6.3	15
4	委内瑞拉加拉加斯地震	1967	6.3	15
5	日本新潟地震	1802	6.6	20
6	美国爱尔森地震	1940	7.0	30
7	日本福井地震	1948	7.2	30
8	日本新潟地震	1964	7.6	40
9	美国十胜冲地震	1968	7.8	45
10	美国旧金山地震	1906	8.25	75
11	日本东南海地震	1944	8.3	70
12	日本浓尾地震	1891	8.4	75
13	智利地震	1960	8.4	75

由表7-4可见，地震动的持时随震级的加大而增大。但上述实际地震记录的分析结果与许多用于设计的文献及书籍中震级与持时的对应关系相差较远，表7-5中的统计结果出自罗伯特·L·威格尔的《地震工程学》一书[26]。

强烈震动阶段的持续时间 **表7-5**

震级	5.0	5.5	6.0	6.5	7.0	7.5	8.0	8.5
持时(s)	2	6	12	18	24	30	34	37

由表7-4和表7-5的数值对比可见，常规理论中所认为的地震震级与持时的对应关系与实际情况相差较大。

以汶川地震为例，其地震动呈现为显著的长持时地震。分析汶川地震中450个台站所记录的共1349条地震动加速度记录，以90%能量持时为例，大于50s的有924条，其中大于100s的有262条，而较长持时的地震动通常会引起结构较大的地震响应[27]。

因此，通常强烈地震的持时相对较长，对结构的破坏也相应增大。

4. 强震的影响范围

由于地壳板块应变能量的长期积累，累积于震源体内的应变能不可能通过一次大地震就完全释放完毕，往往还需要通过一系列的余震继续释放。一个较强地震发生后，在其附近就有发生更多地震的可能。根据地震学中的定义，一定时间内发生在同一震源区、发震机制具有某种内在联系或有共同的发震构造的一系列大小不同的地震，总称为地震序列[28]。

强烈地震通常均会以地震序列的形式出现，其影响范围通常会是整个地震破裂带能够波及的范围。大量观测资料和研究成果均表明，地震活动空间分布上具有丛集、条带、网状分布等现象，在时间分布上具有疏密交替、强弱轮回等特征，其在时空分布上均具有明显的不均匀性。这主要是由于地震造成的应力会在空间上重新分布，某一断层上发生的地震不仅会在该发震断层上产生应力降、释放应变能，同时会向其周围传递应力、调整和改变其他断层上的应力状态，便有可能触发该地区甚至远处的地震活动[29]。可以认为，余震的空间分布区域在一定程度上反映了该次地震的规模。

从上述国内外发生的强烈地震统计资料来看，大地震之后伴随余震已是一种必然现象，而且地震的强度等级越高，其伴随强余震的可能性也会增大。

由以上的分析总结可见，强烈地震的强度通常较高，具有一定的超预期性，在远场地震波中长周期成分较为丰富，持时也相对较长，而大震的发生往往伴随大量的余震，具有丛集的特征。

考虑到强烈地震所具有的这些特点，该如何在强烈地震发生时保证结构本身的安全性，确保桥梁结构在超预期、长持时、长周期地震以及地震序列的发生过程中起到生命线工程的重要作用，已然成为桥梁设计者和研究工作者所需要面对的问题。

7.2　桥梁结构的地震损伤

作为重要交通枢纽工程的桥梁，是生命线工程中的重要一环。我国近20年来修建的桥梁，多为我国国道、省道组成的交通网上的关键节点，在抗震救灾中具有极为重要的作用。一旦在地震中破坏或者失去通行功能，将会严重阻碍抗震救灾工作并带来一系列的次生灾害，造成生命及财产的更大损失。

7.2.1　桥梁结构震害分析

大量的震害分析表明，引起桥梁震害的原因主要有：①所发生地震强度超过了抗震设防标准，这是无法预料的；②桥梁场地对抗震不利，地震引起地基失效或地基变形；③桥梁结构设计、施工错误；④桥梁结构本身抗震能力不足。这些原因是相辅相成、相互影响的[30]。见图7-1。

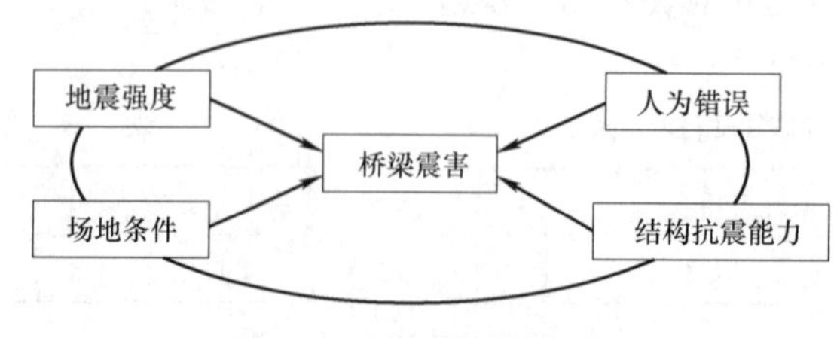

图7-1　桥梁震害的原因

经过多次强震震害调查表明，桥梁结构的震害主要反映在结构的各个部位[31]，其现象有以下几类：

1. 桥梁上部结构的震害

上部结构自身因直接地震惯性作用的动力效应而毁坏的现象极为少见，往往是由于桥梁结构其他部位的毁坏而导致上部结构的损伤。例如，支承连接件失效或下部结构失效等引起的落梁、主梁的移动、扭曲、裂缝等现象。国外高速公路上的一些高架桥通常由较轻的框架构件组成，这些结构对横向荷载引起的损伤很敏感，特别是在支座破坏以后[32]。在梁体与主墩间屈曲、开裂、混凝土剥落、压溃、钢筋裸露屈曲等较大塑性变形的震害也常发生。如图 7-2 所示，为 1995 年日本兵库县南部地震中六甲岛（Rokko Island）大桥上弦之间交叉支撑构件的屈曲。

图 7-2　六甲岛大桥上弦横向支撑构件屈曲

2. 支承连接件的震害

桥梁支座、伸缩装置和剪力键等支承连接构件是结构构件之间联系、传力的关键部位。支座损坏、锚固螺栓剪断或拔出、连接件构造上的破坏等震害现象在历次破坏性地震中比较普遍。此类破坏之后，结构力的传递方式也相应发生了变化，从而使得结构其他部位的抗震受到影响，进一步加重震害。支承连接件历来被认为是桥梁结构体系中抗震性能比较薄弱的环节。图 7-3 为 1995 年阪神地震中日本某桥的支座震害。图 7-4 为 1995 年兵库县南部地震中支座破坏引起的上部结构大转动。

图 7-3　支座震害

图 7-4　兵库县南部地震中支座失效导致的转动

3. 落梁震害

在破坏性地震中，最为常见的是上部结构的纵向移位和落梁震害。地震时的地面摇动，或者由地震引起的地面瞬时变形或永久变形，都能导致桥梁上部结构的运动，当梁体的水平位移超过梁端支撑长度时便会发生落梁破坏。从梁体下落的形式看，有顺桥向的，也有横桥向的和扭转滑移的。统计数字表明，桥梁落梁大都发生在顺桥向。震害调查表明，有的是墩倒落梁，而有的是落梁致使毁墩，给下部结构带来很大的破坏，对上部结构来讲也是极大的浪费。

落梁破坏的主要原因是梁与桥墩（台）的相对位移过大，支座丧失约束能力后引起的破坏形式，一般发生在地震作用下桥墩之间相对位移过大、梁的支撑长度不够、支座破坏、梁间地震破坏、桥台倾倒或倒塌、河岸滑坡、地基下沉、桥墩破坏等情况。

252m的西宫港（Nishinomiyako）拱桥，一端支承在两个固定支座上，另一端支承在两个伸缩支座上。日本兵库县南部地震中，由于软土地基中不同墩间相对位移过大引起了按70％桥重量为承载力设计的固定支座失效，由此使相邻的引桥跨（Approach Span）发生落梁。图7-5为西宫港大桥发生的落梁震害和破坏机理。

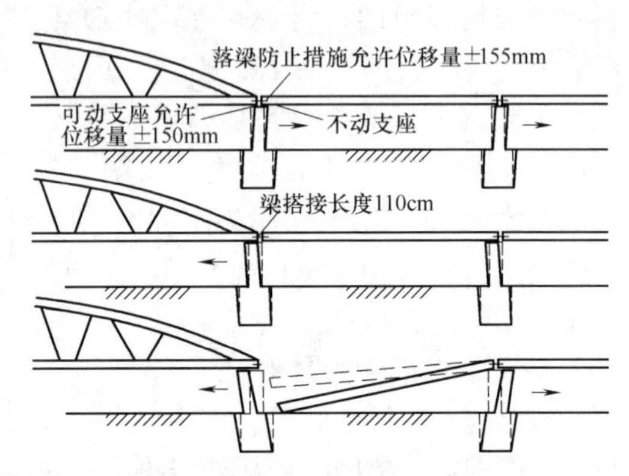

图7-5　日本西宫大桥落梁震害及其破坏机理

图7-6为阪神高速公路高架桥的落梁破坏机理，主要是由于其中的一个支座破坏后引起梁间碰撞所致。

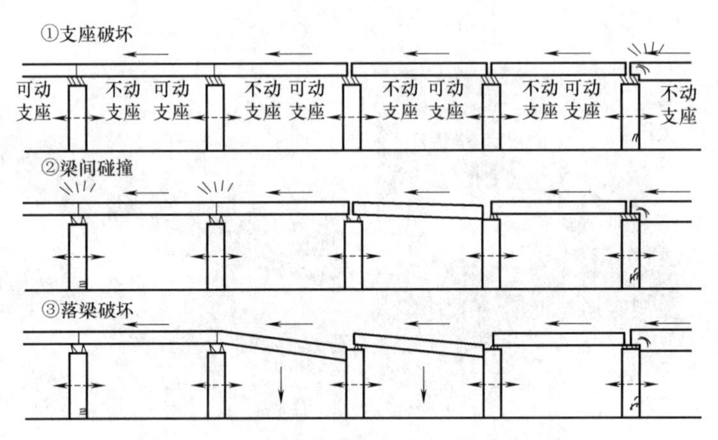

图7-6　阪神高速公路高架桥的落梁破坏机理

1976年的唐山地震中最严重的桥梁震害现象是主梁坠落。唐山地震发生落梁破坏的大中型梁式桥有18座，如胜利桥、滦河公路桥等。胜利桥横跨陡河，长60m，为5孔钢筋混凝土梁式桥，两孔落梁，梁与桩柱位移高达3.3m，两岸桥台往河心滑移，地表下6m处砂土液化，引起岸坡滑移破坏，如图7-7所示。位于市郊的35孔简支梁公路桥滦河大桥长789m，各跨均为22m钢筋混凝土梁式桥，主震时未遭受严重破坏；余震时，23孔震毁落梁，部分墩身全部倒塌，梁体最大错位达50cm，如图7-8所示。其原因是多种因素的复合，摆动支座倾倒，梁体过大错位与碰撞，桥墩损伤积累而倒塌等。在未落梁的桥孔中，梁体都搁在墩帽边上[8]。

图 7-7　唐山地震中胜利桥 2 孔落梁

图 7-8　唐山地震中滦河大桥落梁震害

2008 年 5 月 12 日发生在我国四川省汶川的 8 级地震中，位于紫坪铺水库上的大桥也发生了落梁震害，见图 7-9。

图 7-9　汶川大地震中紫坪铺水库大桥落梁震害

斜交桥、曲线桥与它们桥台（或相邻桥跨）之间的碰撞，能引起桥梁绕一个竖向轴转动。因为普通桥台抵抗拉伸能力较差，所以不管桥梁是与哪个桥台相撞，这个转动导致的结果都是相同的。如果转动大而支座长度又小，则在桥面的锐角处落梁就会发生。典型的例子是瑞欧·板那头（Rio Bananito）桥。该桥和中心混凝土路面的桥墩倾斜 30°，在 1991 年哥斯达黎加（Costa Rica）地震期间，两跨均在倾斜的方向离开中心桥墩而发生落梁[32]。

落梁现象在早期的破坏性地震中是最为严重的一种震害，而导致落梁的因素还有很多。因此，如何加强梁桥上、下部相互联系的构造措施已受到各国桥梁工作者的重视，大都在相应抗震规范里有所规定。

4. 下部结构和基础的震害

下部结构和基础的严重破坏是导致桥梁倒塌，并在震后难以修复使用的主要原因。其震害是由于受到较大的水平地震作用，反复振动作用在相对薄弱的截面而产生的破坏。

桥梁墩台严重的破坏现象包括墩台的倒塌、断裂和严重倾斜；对钢筋混凝土墩台，破坏现象还包括桥墩轻微开裂、保护层混凝土剥落和纵向钢筋屈曲等。图 7-10 为阪神地震中神户市内的高架桥独柱墩被剪断的震害。图 7-11 为圣费难多地震中墩柱基脚主筋拔出破坏的例子。

图7-10　阪神地震中独柱墩的倒塌

图7-11　圣费南多地震中墩柱基脚破坏

扩大基础自身的震害现象极少发现，然而有时因不良的地质条件也会出现沉降、滑移等；桩基础的承台由于体积、强度和刚度都很大，因此也极少发生破坏，但桩基（尤其是深桩基础）的破坏现象则时有发生。主要表现为桩基础的倾斜、下沉、滑移、裂缝、倾覆等等。

7.2.2　桥梁震害的经验教训

总结以上桥梁震害教训，可以将桥梁震害归为两大类，即地基失效引起的破坏和结构强烈振动引起的破坏。一般来说，对于前类破坏现象是人为工程难以抵御的，因此应尽量通过场地选择避免；对于后者，其破坏主要源于两方面的原因：结构设计、细部构造、连接措施不当或是存在施工方法上的缺陷，是导致结构破坏的内因；结构遭遇的地震动强度远远超过设计的预期强度、地震持时超越设计地震激励时长或是地震荷载所积累的能量超越桥梁结构的承载范围，结构无法抵御而破坏，这是导致结构破坏的外因[30]。

随着地震损伤和破坏资料的积累，桥梁抗震设计理念和计算方法发生了比较大的变化。在许多方面取得了不少共识，具体反映在以下方面[33]：

1. 提高结构延性

改善结构延性是提高桥梁抗震性能的重要因素，通过该措施外荷载所产生的能量可被结构本身吸收。为了抵抗桥梁遭受意外的惯性作用，防止结构在损伤以后发生倒塌性破坏，应注重提高桥梁结构整体和钢筋混凝土桥墩的延性能力。

2. 验算结构损伤后的变形性能

对具有相当随机性质的地震现象，结构可能受到的地震荷载在设计阶段很难估计，只按弹性设计理论不能有效地防止桥梁的地震破坏。抗震设计不但在弹性范围而且也应在弹塑性范围确保结构的安全，避免结构在强震时发生致命性破坏。

3. 地震响应计算方法的改进

结构的地震响应是动力学问题，早期采用的静力计算方法不能合理地预测结构在地震过程中的响应。最近随着实测地震波的积累和对场地运动特性认识的不断深入，桥梁地震响应计算从静力算法向动力算法变化，更加真实地模拟结构在地震过程中的力学行为。

4. 多阶段设计方法

弹性设计理论只有当结构内力在弹性范围内时成立，它不预测结构的弹塑性地震响应；相反，延性设计方法是容许结构在强震中发生一定损伤的设计体系，难以兼顾中小地震条件下的抗震性能。因此，桥梁抗震设计从过去单一设计地震荷载向多阶段设计地震荷载方向变化，小地震采用弹性理论、大地震采用弹塑性理论设计，对不同阶段设计设定不同的抗震设计目标，实现“小震不坏、中震可修、大震不倒”的抗震设计理念。

5. 减隔震设计的应用

减隔震结构是利用结构的振动周期特性和阻尼特性减轻地震荷载的设计方法，即通过长周期化和高阻尼吸收地震能量的方法，减少地震荷载的作用。

6. 配筋构造

为了提高结构的延性，对箍筋的配置方法和锚固构造提出了比较高的要求，以确保核心混凝土的延性。同时，为了提高桥墩的结构延性，对纵筋截断截面提出了比较严格的要求，确保塑性铰能按设计所要求的截面位置出现。

7. 落梁防止措施

1971 年，美国洛杉矶郊区发生的 San Fernando 地震中，以高速公路桥梁为主发生多起落梁破坏。此后，以美国、日本等多地震国家为中心，桥梁设计规范开始提出了设置防止落梁措施的要求。经过历次地震以后，不但防止落梁措施的有效性得到了普遍的认可，而且对它的设计提出了更高的要求。由于地震荷载的强度、持时以及地震波形式是随机且未知的，结构在地震激励下的反应非常复杂，因此，将防落梁装置作为结构的再保险装置进行设计非常必要。

参考文献

[1] 滕吉文，白登海，杨辉等. 2008 汶川 Ms8.0 地震发生的深层过程和动力学响应 [J]. 地球物理学报，2008，51 (5)，1385-1402.

[2] 韩志军，王桂兰，周成虎. 地震序列研究现状与研究方向探讨 [J]. 地球物理学进展，2003，18 (1)，74-78.

[3] 胡聿贤. 地震工程学 [M]. 北京：地震出版社，1988.

[4] 百度百科. 震中 [EB/OL]. http://baike.baidu.com/view/217825.htm，2011-03-24.

[5] 百度百科. 地震震级 [EB/OL]. http://baike.baidu.com/view/332530.htm，2011-03-17.

[6] 蒋溥，梁小华，雷军. 工程地震动时程合成与模拟 [M]. 北京：地震出版社，1991.

[7] 张瑾. 地震动加速度模拟软件的开发与应用 [D]. 北京：北京交通大学，2006.

[8] 李杰，李国强. 地震工程学导论 [M]. 北京：地震出版社，1992.

[9] 陈厚群，郭明珠. 重大工程场地设计地震动参数选择 [A]. 中国水利水电科学研究院会议文集 [C]. 北京：2002，(1)：552-565.

[10] Schnabel，P. B. and Seed H. B. Accelerations in rock for earthquake in the western United States [J]. Bulletin of the Seismological Society of America. 1973，63 (2)：501-516.

[11] Mortgat，C. P. A probabilistic definition on earthquake acceleration [A]. Proceedings of the 2nd US National Conference on Earthquake Engineering [C]. 1979，(1)：743-752.

[12] Frankel，A. D. et al. USGS National Seismic Hazard Maps [J]. Earthquake Spectra. 2000，16 (1)：1-19.

[13]《中国地震动参数区划图》GB18306—2015 [S]. 北京：国家质量技术监督局，2015.

[14] 史家平. 地震动合成方法比较与研究 [D]. 大连：大连理工大学，2008.

[15] Housner，G，W. Characteristics of strong motion earthquake [J]. Bulletin of the seismological so-

ciety of America. 1947，37（1）：19-31.

[16] Praveen K. Malhotra. Strong-motion records for site-specific analysis [J]. Earthquake Spectra. 2003，19（3）：557-578.

[17] 钟菊芳. 重大工程场地地震动输入参数研究 [D]. 南京：河海大学，2006.

[18] Trifunac，M. D. and Brady，A. G. A Study of the Duration of Strong Earthquake Ground Motion [J]. Bulletin of the Seismological Society of America. 1975，6（5）：581-626.

[19] Takizawa，H. and Jennings，P. C. Collapse of a Model for Ductile Reinforced Concrete Frames Under Extreme Earthquake Motion [J]. Earthquake Engineering and Structural Dynamics. 1980，8（2）：117-144.

[20] 范立础，卓卫东. 桥梁延性抗震设计 [M]. 北京：人民交通出版社，2001.

[21] 黄蓓. 基于集集地震记录的近断层地震动特性分析 [D]. 北京：中国地震局地球物理研究所，2003.

[22] 杨伟林，朱升初，洪海春等. 汶川地震远场地震动特征及其对长周期结构影响的分析 [J]. 防灾减灾工程学报，2009，29（4）：473-478.

[23] 黄雨，八嶋厚，杉戸真太. 强震持时对河流堤防液化特性的影响 [J]. 同济大学学报. 2009，37（10）：1313-1318.

[24] M. N. J 普瑞斯特雷等. 桥梁抗震设计与加固 [M]. 北京：人民交通出版社，1997.

[25] 李顺群. 土液化的突变模型研究 [D]. 锦州：辽宁工学院，2002.

[26] 罗伯特·L·威格尔. 地震工程学 [M]. 北京：科学出版社，1978.

[27] 马小燕. 长持时与多波包地震动作用下的结构反应 [D]. 哈尔滨：中国地震局工程力学研究所，2010.

[28] 张煜敏，赵国辉，刘健新. 地震序列下桥梁连梁装置的防落梁效果分析 [J]. 灾害学. 2009，25（03）：53-56.

[29] 中国地震局. 地震现场工作大纲和技术指南 [M]. 北京：地震出版社，1998.

[30] 汪芳芳. 公路桥梁落梁防止装置的研究 [D]. 西安：长安大学，2003.

[31] 李国豪. 桥梁结构稳定与振动 [M]. 北京：中国铁道出版社，2003：491-492.

[32] 陈惠发，段炼. 桥梁工程抗震设计 [M]. 北京：机械工业出版社，2008：50-81.

[33] 谢旭. 桥梁结构地震响应分析与抗震设计 [M]. 北京：人民交通出版社，2006：3-14.

第 8 章　基于性能的结构防灾抗震设计方法

8.1　结构防灾抗震设计方法的发展

8.1.1　基于性能的抗震设计方法

结构抗震设计经过近 100 年的科学研究和工程实践，经历了许多发展阶段，包括刚性设计、柔性设计、延性设计、结构控制设计以及基于性能的抗震设计阶段[1]。这些方法均有其优缺点，相互之间穿插使用，均以使结构具有更好的抗震性能作为设计目标。随着高新技术的飞速发展，现代社会对于结构的性能要求与以往不同，不仅注重结构的安全方面，还对结构的整体性能、安全和经济等方面有所要求。因此，以保障生命安全为抗震设防目标的设计思想显得不够完备。如何能做到结构在中、小震作用下仍能正常使用，在大震时不发生倒塌以保障生命安全，并不会造成巨大的经济损失，已然成为现代抗震设计需要面对和解决的问题。

国内外地震工程研究人员通过总结近年来的震害资料，开始对过去的抗震设计思想进行检讨，更加细化和完善了“小震不坏，中震可修，大震不倒”的多级抗震设防思想。研究考虑基于性能的抗震设计原则，并在 SEAOC Vision 2000[2]、FEMA273[3]/274[4]以及 ATC-40[5]报告中得以体现，随后引起了各国学者的广泛关注[6]。基于性能的设计（Performance-based Seismic Design）被认为是未来结构抗震设计的基本思想，采用这种方法设计出的结构在未来的地震灾害下能够维持业主和设计人员所要求的性能水平。这种抗震设计理论是抗震设计理念上的一次变革，是 21 世纪工程抗震发展的新潮流，而其实用化研究是目前国际地震工程界的重要课题[7]。

基于性能的抗震设计需要控制结构在地震作用下可能发生的破坏，对结构进行全面、系统的抗震设计，以便选择更为经济、安全的抗震设计方案，满足社会和业主的要求，保证结构在未来地震荷载作用下依旧能维持所需要的性能水平。这便需要控制结构在不同设防地震等级下的安全性以及结构构件的具体破坏程度，明确结构所要达到的目标性能[8]。

结构抗震性能水平涵盖了适用性、破坏控制标准以及安全性三方面的内容。适用性是指结构在遭遇小震的情况下，能够避免发生破坏或在震后稍加修复即可投入正常使用，提供结构所应具有的基本功能要求；破坏控制标准是在大震发生时尽量控制地震所引起的结构、财产损失，将影响控制在社会与业主可接受的范围内，此项标准可由业主进行选择；安全性是指在结构遭受可能发生的最大地震作用时，结构所应具有的抗震性能的最低要求[9]。

基于性能抗震设计思想的目标是在结构的使用期间内，当遭受不同等级的地震荷载作用时，能够有效地控制结构的破坏状态，使结构的不同构件实现不同的性能水平，从而使结构物在整个使用期内的总体费用最少[10,11]。该法需定义和研究不同性能的水准（也就是一种有限的破坏状态），建立一组参照了地震风险和相应设计水平的基于性能的规范框架，并确定结构抗震设计所预期的目标性能[12]。该法虽然会改变目前的设计理念和方法，但并不排斥其他已采用的抗震设计方法，与常规的设计方法相比，基于性能的抗震设计思想具有多级性、全面性和灵活性的特点[13]。

现阶段较为典型的基于性能的设计方法有基于位移、基于能量、基于能力、损伤性能评估的设计方法等[14,15]。基于位移的设计方法，将目标位移、破损程度作为桥梁的设计目标，结构的刚度和承载力均由事先设定的目标位移来确定。基于能量的设计方法与基于位移的设计方法相对应，以输入结构的地震能量作为依据，在对结构进行设计时以能够吸收地震能量而不致使结构发生破坏作为标准。基于能力的设计方法主要针对结构在地震作用下的非弹性响应，通过基于能量或基于位移的设计方法得以实现，以便控制结构在屈服时以及屈服后的状态。基于损失性能评估的方法能够具体地量化结构的性能水准，通过控制结构的损伤指数使结构在各级地震作用下达到其抗震性能目标[16]。

结构防灾抗震设计方法是基于性能抗震设计方法中的一种，同样遵从“投资-效益”准则，结合各类基于性能的抗震设计方法，旨在改善结构对灾害作用的适应性，使结构具有更好的防灾能力。

1. “投资-效益”准则

结构的抗震设防目标是指针对某一特定的地震设防水准，期望所设计的结构能达到的抗震性能水平，也就是一种有限的破坏状态。这种破坏状态的表征包括结构的安全、适用、耐久以及整体性能等各项指标。此破坏状态的水平若是定得较高，所设计出的结构会较为安全、可靠，但却会使结构的建设资金大大增加；若破坏状态的水平定得较低，建设成本将会大大减小，但结构在未来使用过程中的维护成本以及使用风险也将会增大。为此，需要制定出较为合理的结构抗震性能目标，目前所采用的较为理想的方法是“投资-效益”准则[17]。该准则的主旨是，当结构进行了抗震设计之后，在不同设计水准的地震作用下，结构的破坏状态能够被有效地进行控制，使结构能够达到比较明确的抗震性能水平。从而使结构在整个使用期内，在遭遇可能发生的地震作用下，能够使其在修建、使用、维修以及社会、经济等方面所形成的总费用达到最小，结构的安全性和经济性能够合理、均衡。

这一目标性能也可以采用工程项目的最大经济效益进行描述：

$$E=B-C-D=\max \tag{8.1}$$

式中　E——项目的经济效益；

B——项目的投资效益，包括工程项目建设期和建成后形成的直接和间接收益；

C——项目的投资金额，包括工程建设过程中所需要的全部费用以及建成后的维修、养护等费用；

D——项目投资损失，包括结构遭遇不同水平地震作用后所遭受的结构、人员伤亡、财产等直接损失以及因此所导致的政治、社会、经济、安全等间接损失。

尽管这项公式所计算的工程项目最大经济效益较为合理，但最后一项 D 中由地震作用所造成的人员伤亡、生命损失以及相关的政治、社会、经济、安全等间接损失均不便于用资费进行衡量。因此，不予考虑上式中与生命安全、社会经济、政治影响等相关的因素，仅仅针对结构本身的各项功能进行分析，将上式变更为：

$$C=c+d=\min \tag{8.2}$$

式中 C——项目的投资金额，包括工程建设过程中所需要的全部费用以及建成后的维修、养护等费用；

c——工程的造价，包括建造过程中的人工费用、建筑材料费用、施工管理费用、材料运输费用等；

d——工程结构物的养护与维修费用，包括结构遭受地震作用后对损坏部分的修复费用以及结构、非结构物破坏所造成的损失。

通常，工程造价的降低，将会增大结构在地震灾害的作用下破坏的可能性，从而结构物在投入使用后的养护与维修费用也会相应增加，这两项资费直接影响到结构总费用 C 的数值，理想的建筑设计通常希望项目的总投资金额降到最小，也就是"投资-效益"准则所期望的：使得结构在整个寿命周期内的总费用降到最小。

然而，因地震本身的发生是随机事件，相应工程结构的破坏状态和维修养护费用也是随机的，这使得项目的投资金额 C 成为一个随机变量，因此，基于性能的抗震设计通常会结合可靠度理论，对其抗震设计效果进行分析。

2. 设防水准及目标

基于性能的抗震设计方法主要包含的内容有以下两个方面：首先，需要基于社会经济层面对结构性能水准的合理性进行论证，并确定出较为合理的目标性能参数；在此基础上，选择能够代表结构预期功能的地震设计水准，确定结构的最低抗震性能目标，从而对结构在地震作用下可能发生的破坏进行控制。

近 30 年以来，国际上提出了公认的分级设防的抗震设计思想，该思想将地震设防分为三个水准："小震不坏、中震可修、大震不倒"[18]。地震水平可以按照三个不同的超越概率（或重现期）来进行划分。据统计，中国的主要地震影响区内，地震的发生概率符合极值 III 型分布。"小震"的超越概率为 50 年 63.2%，重现期约为 50 年；"中震"的超越概率大概为 50 年 10%～13%，重现期 475 年左右；"大震"的超越概率大概为 50 年 2%～3%，对应的重现期约为 1641～2475 年[19]。依据超越概率所定义的地震烈度可由图 8-1 说明。

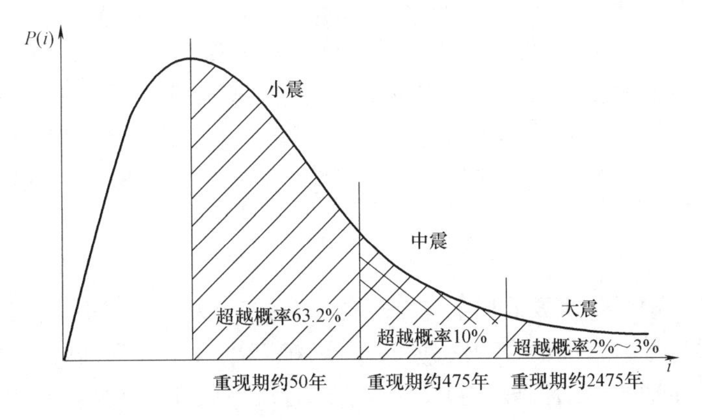

图 8-1 地震烈度超越概率图

“三水准”抗震设防亦在 2008 年颁布的《公路桥梁抗震设计细则》中明确提出：

第一水准（小震不坏）是在结构遭遇低于设防烈度的常遇地震时，结构的各构件应处于弹性工作阶段，也能保证结构的正常使用功能，不发生损坏或不做修理便可投入使用；第二水准（中震可修）是在结构遭遇基本设防烈度的偶遇地震时，其结构构件可能发生损坏，但主要的承重构件不允许进入塑性状态，非主要构件的破坏一般经过简单、快速的抢修后便可继续使用，经过修复的结构能恢复原设计结构的承载能力，但其最大变形值应远低于结构的设计容许变形值[20]；第三水准（大震不倒）是在结构遭遇高于设防烈度的罕遇地震时，结构可部分进入弹塑性状态，也可能经历弹塑性变形循环，发生一定程度或较为严重的损坏，但结构和构件均不应倒塌，应确保结构的整体安全，可供紧急车辆行驶通过，在修复之后可部分恢复原设计结构的承载能力，并不应造成巨大的生命财产损失，结构的最大变形可能达到其容许变形值，但不应超过该限值[21]。

表 8-1 统计了四类桥梁在不同的抗震设防水准下应达到的抗震性能目标[22]。

公路桥梁“三水准”设防目标下的结构抗震性能目标 **表 8-1**

地震水平	抗震性能目标			
	关键桥梁(A 类)	重要桥梁(B 类)	普通桥梁(C 类)	一般桥梁(D 类)
多遇地震（第一水准）	结构不发生损坏，不需要整修便可维持正常运营功能	结构不发生损坏，不需要整修便可维持正常运营功能	结构不发生损坏，不需要整修便可维持正常运营功能	结构有轻微损坏，经简单整修即可恢复其正常运营功能
偶遇地震（第二水准）	结构不发生损坏，不需要整修便可维持正常运营功能	结构有轻微损坏，经简单整修可恢复其正常运营功能	结构发生有限损坏，经抢修可恢复其使用性能，修复后可恢复正常运营功能	结构发生严重破坏，经临时修复可恢复结构部分运营功能
罕遇地震（第三水准）	结构有轻微损坏，经简单整修即可恢复其正常运营功能	结构发生有限损坏，经抢修即可恢复其使用性能，修复后可恢复正常运营功能	结构发生严重破坏，但不致倒塌，经临时修复可恢复部分运营功能	结构发生灾难性破坏，可能发生倒塌或不发生倒塌，但无法修复至正常运营

在美国实用技术委员会（Applied Technology Council，ATC）发布的 ATC40 报告[5]、美国联邦紧急救援署（Federal Emergency Management Agency，FEMA）发布的 FEMA356[3] 和 FEMA440[4] 报告、欧洲规范《结构抗震设计规定》Eurocode8[23]、日本道路学会发布的《日本道路協會．道路橋示方书（V 耐震设计篇）》[24]、中国《建筑工程抗震性态设计通则》CECS 160：2004[25] 中，都涉及一些建筑和桥梁结构多级设防的地震水准和结构性能水平。为实现上述抗震设防目标，应基于各地震水平分别对桥梁结构进行抗震设计。

3. 设计步骤

基于性能的抗震设计主要有以下几个步骤：首先，根据结构的性能需求以及使用者的特殊要求，对结构性能水准的合理性进行论证，确定出较为合理的目标性能参数；其次，根据目标性能采用适当的结构形式和设计方法进行结构设计，在此步骤中可以考虑突破规范中的设计方法；再对设计出的结构进行性能评估，若能够满足要求，便可以给出设计方案以及相应的结构性能水平；若不能满足设计要求，可对设计目标进行调整或重新对结构进行设计[26]。其整体设计流程如图 8-2 所示。

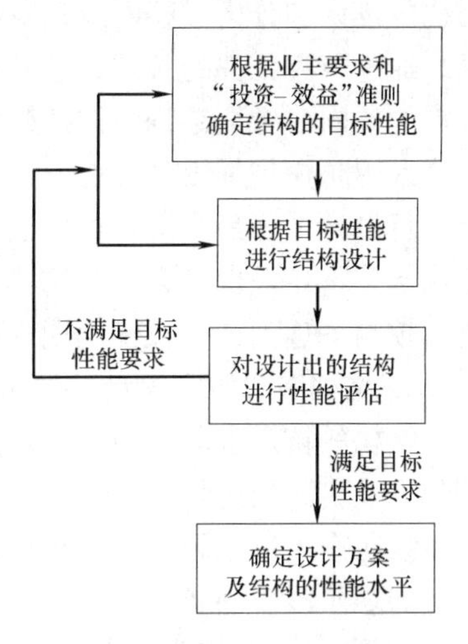

图 8-2　基于性能的抗震设计流程图

8.1.2　结构防灾抗震设计方法

结构防灾抗震设计的概念和设计方法是在已有的抗震设计方法基础上提出的，延性设计与结构控制设计方法的广泛应用及大力发展，为防灾抗震设计方法的提出提供了极好的平台。

延性设计是近年来采用较为普遍的设计理念，即适当地控制结构的刚度分布情况，使结构构件（如梁、墩、柱等）在地震时能够较其他构件更早地进入非弹性变形状态，以消耗地震传给桥梁结构的巨大能量，保证结构不发生难以修复的破坏或倒塌[27]。在这种设计方法中，所有的结构构件均具有两种功能，既要保证结构构件的使用性能，又要在地震发生时有一定的抗震能力。这样的双重要求为结构构件带来了不少的局限性，如：有些重要的承重结构构件不允许进入非弹性变形状态；一般结构的承重构件虽然允许进入非弹性变形状态，但在发生破坏之后很难修复。

20 世纪 70 年代提出的结构控制设计，随着 20 世纪 80 年代的发展和 20 世纪 90 年代的高潮，如今正处于相对平稳的发展阶段。被动控制和混合控制、半主动控制得到了较大的发展及应用。近 20 年来，结构控制在理论研究和模型试验等方面都取得了很大的进展。而且，在日本、美国、加拿大、意大利、新西兰以及中国都建起了一些利用结构控制技术分散地震能量的建筑及桥梁结构，这类结构主要是采用基础隔震、阻尼器、耗能减震装置等被动控制措施。

结构防灾抗震设计方法是结构控制设计、延性设计以及基于性能抗震设计方法的结合，能够弥补各法中存在的部分不足。该法将整个结构系统分为两个部分：主要功能部分和防灾功能部分。主要功能部分也就是主体结构，由若干功能性子结构组成，需要满足结构的各种正常使用功能，并具有较高的可靠度；防灾功能部分也就是各个防灾元件，主要包括防灾构件、防灾子结构和防灾构造措施等，这部分的破坏应不影响结构的主要使用功能，破坏后所引起的损失应相对较小并易于迅速修复，以尽快恢复结构的正常使用功能。这样，在各种正常使用荷载及小震等非灾害荷载作用下，结构体系的主要功能部分和防灾功能部分可共同发挥作用，保证结构的各种正常使用功能；在大震等灾害荷载作用下，结构的防灾元件开始发挥其预设的防灾作用，通过一定的防灾模式（如耗能、位移、隔震、改变结构动力特性等方式以减少结构的地震输入）来保证结构主要功能部分的安全，尽量使结构的变形维持在弹性状态，从而维护整个结构体系的各种性能[28]。

防灾抗震设计所遵循的是“投资-效益”准则，对于失效损失很小的失效模式，可以允许其失效概率较高；对于失效损失很大的失效模式，则应使其失效概率尽量降低。该设计方法是以“主体-防灾”为设计概念的，为的是使结构体系分工明确、层次清晰，并能使安全、经济、性能等诸多因素相互协调。设计者着重于把握结构的整体抗震性能，简化结构的设计和分析过程，通过对结构不同功能部分分别控制的方式，提高整体结构的可靠性。通过防灾元件的失效，达到保护功能性元件的作用，以便提高主体结构在地震中的抗震性能，同时增加结构防御意外灾害的能力。

采用防灾抗震设计方法不是简单地从位移、能力或控制措施等单方面对结构的抗震能力进行设计，而是结合各种方法共同起到防灾减震的目的，不光弥补了各种抗震设计方法中的部分不足，也使整个结构体系的破坏机制更清晰地显示出来，从而对结构的失效模式进行控制，达到结构在使用期内总费用最少[29]的目的。

1. 结构防灾抗震设计的提出

结构的抗震设防是通过合理的抗震设计，并配合一定的抗震构造措施，达到结构抗震的效果及目的的过程。现有的抗震设计方法及振动控制措施的不断发展，使得较为完善的抗震设防有了越来越多的实现途径。

如现阶段应用较广的延性抗震设计，该法的核心内容是保证“小震不坏、中震可修、大震不倒”，在结构遭遇小震时应保证截面强度在弹性范围内，而在结构遭遇大震作用时截面强度应能通过弹塑性阶段的薄弱层变形验算。该法结合了概念设计的理念，熟知的强柱弱梁、强剪弱弯、强节弱杆和强压弱拉的四强四弱构件，便是此种设计较好的实例[30]。能力设计原理是延性设计的升华，其所追求的目标是不对结构进行复杂精细的动力分析，仅依靠粗略估算保证结构有较为满意的非线性性能。其实现过程是以延性构造措施为基础，选择适当的延性构件使结构达到能量耗散的作用，在结构使用期间内遭遇大地震时，能够形成预期的变形机构。然而基于能力的设计方法相对理想化，对结构在非线性变形范围内的地震特征并不敏感，采用该法设计的结构依旧无法减少结构损伤所带来的经济损失以及震后修复费用。

在结构的抗震设计分析中存在许多不确定性，导致结构在抗震减灾设计中常受到随机性、模糊性等不确定因素的影响。例如，地震本身的各项参数（幅值、频谱、持时）均具有高度的不确定性；结构构件的材料性能、结构形式、截面几何参数、结构阻尼等不确定因素亦会导致结构抗力的不确定性；结构几何建模过程中，对各类构件采用的简化方法所引起的有限元模型与实际结构之间的误差也具有不确定性。以上各类不确定性因素均会导致抗震设计过程中结构的抗震性能与不同的地震设防要求不相适应，因此，一旦发生超过抗震设防标准的地震，结构所遭受的破坏以及因此而导致的生命财产损失就有超出设计者与业主预期投资费用的可能。单纯依靠计算分析的结果来对结构在地震荷载作用下的响应进行分析和防御，可能会很不安全，也会导致经济的巨大损失[31]。如何保证结构即具备正常使用时所需的使用性能、在地震作用下能够提供足够的安全性能，并实现在使用期内达到其总费用最小，已成为桥梁建设者与设计者所应面对的新问题。

针对以上情况，许多研究者提出了相应的改善措施，结构的抗震减灾设计所需要完善的方面有以下几点[32]：

（1）抗震设计思想应结合地震本身的特点进行，针对不同强度的灾害尽量提出适合的抗震设计方法或措施，以求科学、合理；

（2）抗震措施应具有较好的防灾减灾效果，在通常情况下结构应能提供各种正常使用功能，当灾害发生时结合抗震措施应能具备较好的抗震减灾效果；

（3）设计方法应结合结构形式尽量做到简单、明了，并易于在实际工程中推广应用；

(4) 应尽量保证整个结构的造价成本较为低廉，尽量减少结构在使用期间所需的总费用，并保证结构的整体安全。

结构振动控制设计可对仅依靠计算分析手段进行抗震设计的缺陷有所补充，其实现方法是在结构某个部位设置振动控制措施。当结构发生振动时，振动控制措施可主动或被动地对结构施加控制力，甚至改变结构的动力特性，从而减小结构的振动反应，以满足结构在地震作用下的安全性、舒适性要求[33]。结构振动控制措施中，除主动控制因其在发挥作用时需要大量的外部能源，有许多客观因素难以解决的缺陷，便没有得到广泛的应用外，其他几类振动控制设计均因其适应性较好、价格相对低廉、无须或仅需少量的外部能源等优点得到了广泛的应用。

结构防灾抗震设计便是基于抗震设计方法的不断完善以及振动控制措施的广泛应用而被提出的。该法是以“投资-效益”准则作为设计原则，将结构主体与振动控制体系相结合作为一个整体进行抗震设计，旨在通过对结构进行防灾设计的方法实现结构在整个使用期内的总费用达到最小。该法的应用会对结构整体的抗震可靠性有所提高，也可使结构的抗震分析过程有所简化，综合了延性设计、结构振动控制设计以及基于性能抗震设计中的方法，是对现有抗震设计方法的完善。

2. 结构防灾抗震设计的概念

结构防灾抗震设计是基于性能抗震设计的一种实现方法，其设计原则依旧是“投资-效益”准则，并从以往仅注重结构的安全方面向全面考虑结构性能、安全以及经济等诸多方面发展。防灾抗震设计的基本思想是将整个结构体系分为主体与防灾两个功能部分，其中主要功能部分将会提供结构的正常使用功能，而防灾功能部分则是在灾害发生时，在不影响整个结构的主要功能的情况下发生破坏，起到防灾减灾的效果，保证整个结构体系的安全。通常，在未发生灾害性荷载的情况下，主要功能部分以及防灾功能部分会形成一个整体，共同承担正常使用荷载。当灾害性的荷载作用发生时，防灾功能部分将会发挥其防灾作用，而主要功能部分则会保证结构的使用性能，使结构在能够抵御灾害作用的同时依旧能够提供良好的使用功能。

防灾抗震设计所要反映的思想可以表达为下式[34]：

$$\left.\begin{aligned} & find\ x \\ & \min \quad W(x)=C_0(x)+C_{\mathrm{m}}+\sum_{l=1}^{3}\sum_{i=1}^{n_{\mathrm{p}}}P_{\mathrm{fi}}^{l}(x)C_{\mathrm{fi}}^{l} \\ & s.t.\ \ P_{\mathrm{fi}}^{l}(x)\leqslant[P_{\mathrm{fi}}^{l}] \qquad i=1,\cdots,n_{\mathrm{p}},l=1,2,3 \\ & g_j(x)\leqslant 0 \qquad j=1,\cdots,m \end{aligned}\right\} \tag{8.3}$$

式中 x——设计变量向量；

W——目标函数，结构在设计基准期内所需要的总费用；

$C_0(x)$——结构的初始造价；

C_{m}——结构的检查、维护和修理费用；

$\sum_{l=1}^{3}\sum_{i=1}^{n_{\mathrm{p}}}P_{\mathrm{fi}}^{l}(x)C_{\mathrm{fi}}^{l}$——结构失效的损失期望，等于所考虑的 n_{p} 个不同结构性能分别在小震（$l=1$）、中震（$l=2$）、大震（$l=3$）作用下发生失效时的损失期望

值之和；

$P_{fi}^{l}(x)$——结构在某级地震作用下基于该性能 i 的失效概率；

$[P_{fi}^{l}]$——相应的目标值；

C_{fi}^{l}——该性能失效时的损失值；

$C_{fi}^{l}P_{fi}^{l}$——该模形式失效时的损失期望值；

$g_j(x)$——确定性约束条件，包括规范给定的结构抗震构造要求等。

分析上式中的目标函数可以看出，在对结构进行防灾抗震设计，以期得到一个在安全、经济、性能等方面均协调的方案过程中，会对结构的失效模式与失效概率进行分配，针对失效损失较小的失效模式通常允许其有较高的失效概率，对于失效损失大的失效模式相应的失效概率则应尽量低。失效损失较大的部分通常指的是结构的主要功能部分，该部分是结构的主体部分，由若干功能子结构构成，提供结构的各种正常使用功能，需要具备较高的可靠度。失效损失较小的部分通常是防灾功能部分，通常结构遭遇灾害时该部分会发生局部损伤或破坏，但不会影响到结构的正常使用功能，破坏后引起的损失相对较小，易于在短时间内修复以恢复结构的正常使用功能，一般防灾功能部分由各种防灾元件构成[35]。

经过防灾抗震设计的结构在各种正常使用荷载及小震等非灾害性荷载作用下，主要功能部分和防灾功能部分通常会共同发挥作用，保证结构的各种正常使用功能。而在大震等灾害性荷载作用下，防灾功能部分开始发挥其预设的防灾作用，通过一定的防灾模式，如耗能、变位、隔震、改变结构动力特性等方式，以减少结构的地震输入，以保证结构主要功能部分的安全，尽量使结构的变形维持在弹性状态，维护整个结构体系的正常使用功能[34,35]。

3. 结构防灾抗震设计的特点

结构防灾抗震设计以总体性概念为设计原则，力求整体结构的安全、经济、性能协调。在此设计原则下，结构体系的层次清晰明了，强调的是结构的整体抗震性能，一方面简化了结构分析和设计的过程，同时还使结构抗震设计的可靠性有所提高。通过对防灾功能部分设定较高的失效概率，使结构的主体部分对地震荷载有了更广泛的适应性，也提高了整体结构防御意外灾害性破坏的能力。

防灾抗震设计是一体化的结构优化设计，该法利用结构优化设计理论，将结构分为主要功能部分和防灾功能部分两个分支，但又将其作为一个整体进行优化设计。分别确定各功能部分的设计参数，使结构在非灾害荷载与灾害荷载作用下都能满足结构的整体性、安全性、经济性能目标。

设计本身需要考虑结构设计所面临的各种不确定性，采用防灾设计所得到的结构不是等强度的，而是有意识地在结构中布置了低强度或低刚度的部分，用这些构件来保护主要功能结构。所设计的主要功能结构无论是在正常工作状态下还是在极端荷载作用下，均应保持在弹性变形状态，这样结构本身的设计是分等级、分层次的。

防灾抗震设计也是多目标的优化决策。结构的整个防灾设计过程考虑了结构初始造价与结构损失费用等经济指标。其中，结构的初始造价包括了主要功能部分和防灾功能部分的造价，结构的损失费用则考虑了因结构破坏引起的直接损失与间接损失。这两部分的结合便是结构在整个使用寿命期间所要耗费的总费用，为使总费用的数值达到最小，结构的初始造价与结构的损失费用便成为相互制约的目标函数。因此，采用防灾抗震设计方法的结构需要采用多目标的优化设计理论，针对不同的实际要求对结构的抗震性能进行多目标设计，以期结构的整体造价在结构初始造价与结构损失费用两个经济指标相互协调的情况下达到最小。

防灾抗震设计也是结合结构可靠度理论的工程应用。在对结构的各个功能部分进行抗震设计时，需要充分考虑各构件的不确定因素，在设计中应使结构的防灾功能部分失效概率尽可能大，而主要功能部分的失效概率则要尽量控制。构件的失效概率本身与其可靠度密切相关，整体结构的抗震性能则基于整体结构的可靠性，因此防灾抗震设计是可靠度理论的应用过程。

采用防灾抗震设计方法不是简单地从位移、能力或是控制角度对结构的抗震能力进行设计，而是将控制措施、延性设计、能力设计等各种方法有机结合，共同应用到抗震设计中。该法能够弥补各种抗震设计方法中的部分不足，也能使整个结构体系的破坏机制更加清晰，从而满足结构的各项性能要求。

4. 结构防灾抗震设计的分类及应用

结构防灾抗震设计的应用因结构本身的多样性，在实际工程中也有所不同。防灾设计本身所具有的灵活性，使防灾抗震设计方法能在不同渠道实现科技创新。结构的防灾功能部分通常可以分类为防灾构件、防灾子结构、防灾构造措施，其在建筑与桥梁结构中均有较多的应用实例。

（1）防灾构件及其应用

许多结构的功能性构件均可被定义为防灾构件，其在非灾害荷载作用于结构时，会与其他功能性构件共同作用，起到支撑件或连接件的作用；在灾害性荷载的作用下，防灾构件则会通过预先设定好的方式发生非弹性变形或破坏，以减少传至结构的地震能量。如在桥梁结构中的隔震支座和塑性铰机制，便是良好的防灾构件[36]。

较为理想的减隔震支座需要具备正常使用功能、周期延长功能以及能量耗散功能，常见的抗震性能较好的支座包括滑动支座、摩擦锤支座、铅芯橡胶支座等[37]，如图 8-3 所示。

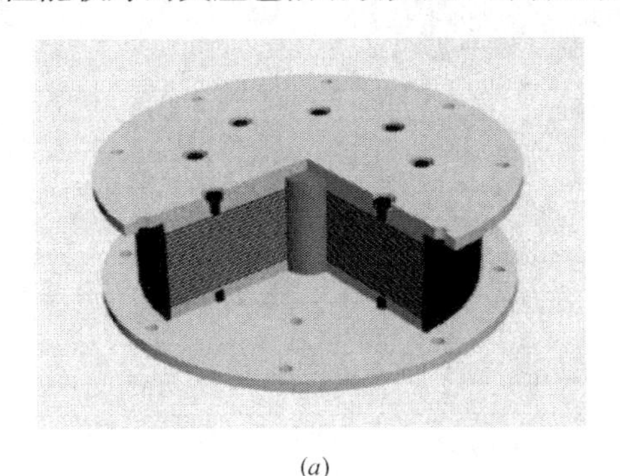

(a)

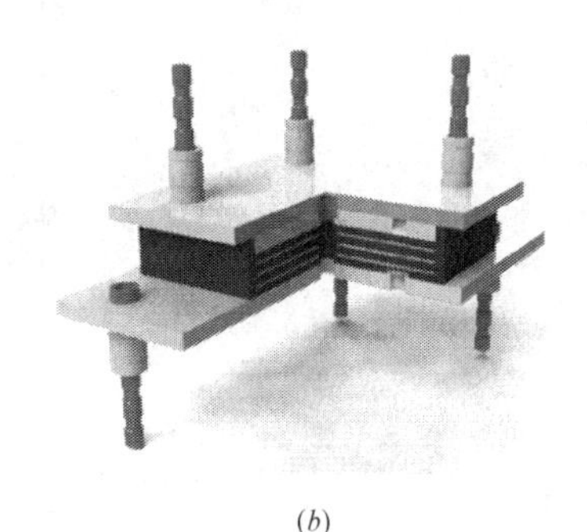

(b)

图 8-3　减隔震支座

(a) 铅芯橡胶支座；(b) 高阻尼隔震橡胶支座

此类支座在小震作用下能够承担上部结构的重量；当大震作用时，则会通过自身的变形使结构的整体刚度下降，上部结构的自振周期便会因此发生变化，从而避开地震的卓越周期，达到减震的目的。在此过程中，上部结构的变形通常均会保持在弹性阶段。

墩柱结构预设塑性铰区是延性抗震设计的应用，该设计是在桥梁结构不发生大的破坏或丧失稳定的前提下，通过桥墩预设部位在大震作用下形成塑性铰机构，发生非弹性变形、滞回耗能，从而起到耗散输入结构地震能量的作用。塑性铰区所发生的变形会改变结构的自振周期以及动力特性，从而可以避免地震对结构造成更大的破坏[38]。

（2）防灾子结构及其应用

防灾子结构是整个结构体系中的一部分附属结构，其构成部分可以是耗能构件，也可以由具有一定防灾功能的构造措施组成。在非灾害荷载作用下，防灾子结构与主要功能结构共同维持整个结构的正常使用功能；在灾害荷载作用下，防灾子结构则会局部或全部发生一定的塑性变形或破坏，将相当一部分外界输入到主结构的能量传递或转移到防灾子结构上，通过防灾子结构发生破损，耗散输入结构的能量，从而保证主结构的安全。

较为有名的例子是美国旧金山奥克兰海湾大桥中的抗震设计，如图8-4所示。该设计方案考虑了业主所提出的地震后结构能在无须中断交通的情况下进行修复的要求，其门式桥塔中所采用的剪力键便是防灾子系统的应用。该塔的设计原理是将门式塔的两个塔柱紧密地联系在一起，由于其间的梁很短，便形成了剪力键。在两塔柱距离很小的情况下，增加了剪力键的个数，从而增加了塔的冗余度，加强了桥梁结构的安全。塔柱的方案还做了进一步的改进，将其分为四条腿，其间用剪力键连接，使塔的外观看起来是单柱塔式，更为美观，塔柱的抗震性能亦优于传统的门式桥塔。在剧烈地震发生时，桥塔的大变形将会使部分剪力键发生屈服从而耗散大量的地震能量，但塔腿则仍处于弹性状态。剪力键用栓接的方式与塔腿连接，便可保证其在不干扰交通的情况下进行更换[39]。

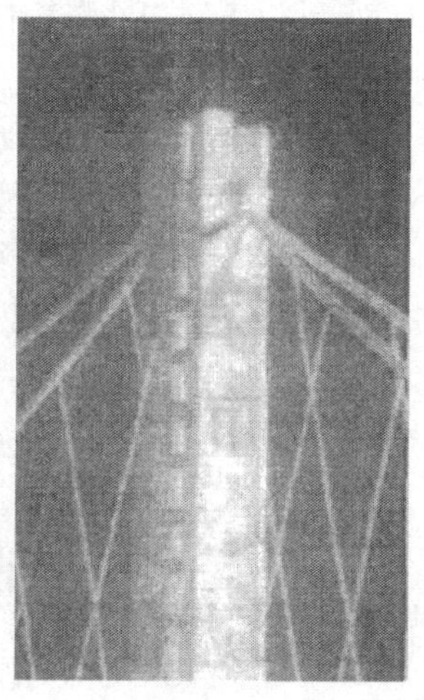

图8-4 奥克兰海湾桥

防灾子结构在建筑结构中的应用也较广，例如框架-剪力墙结构中的防灾子结构通常采用耗能剪力墙的形式，如图8-5所示。在非灾害荷载作用下，带有耗能功效的剪力墙能够满足结构的正常使用要求；在灾害荷载发生时，带缝剪力墙的缝隙连接面材料可以进行耗能。同时，当连接面开裂，结构的整体刚度降低后其动力特性也会发生变化，结构周期变长，则更有利于结构抗震[40]。

（3）防灾构造措施及其应用

结构中的许多构造措施是以防灾的目的进行设计的。在非灾害荷载作用下，防灾构造措施通常不发挥作用；在大震作用下，某些防灾构造措施会形成铰，实现变形耗能，并通

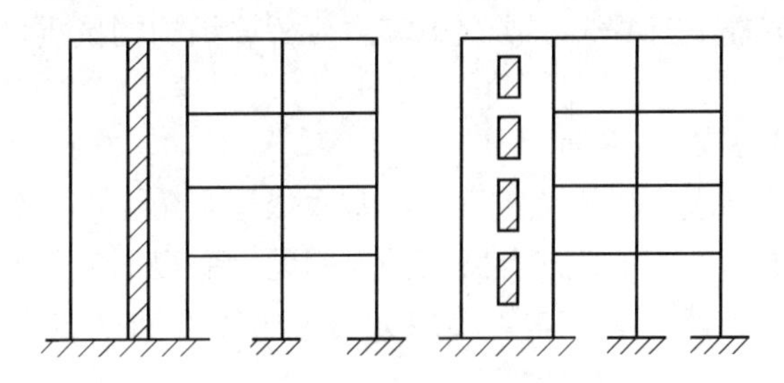

图 8-5 框架-剪力墙结构中的耗能剪力墙

过率先失效的模式保护主体结构的安全，某些防灾措施则通过其在位移中的限制作用达到防灾目的。防灾构造措施的应用相对较为广泛，如阻尼器、限位装置、连梁装置等。

以阻尼器为例，它是一种被动控制措施。当阻尼器感受到外界的强迫运动发生作用时，将会产生与结构的相对运动相抵抗的阻力，阻力在运动过程中将会做功，以此种形式耗散输入结构的部分地震能量，从而起到减小结构地震响应的目的。对结构设置阻尼器，可以减小结构在地震作用下的破坏，力保结构的正常使用功能；还可以减小结构在温度、汽车制动力等荷载作用下的位移，减少支座的位移量以及伸缩装置的伸缩量。

尽管在对结构进行防灾设计的过程中，会对防灾模式进行一定的分类，但在实际工程应用中依然是依靠结构本身的特点以及防灾抗震设计的需要对结构进行抗震设计，防灾抗震设计的应用也具有适应性与多样性的特点。

由于结构本身的特点及其所处环境的多样性，使得防灾体系在不同的实际工程中有不同的类型，以有效地实现防灾功能。诸如，桥梁结构的分洪设计，建筑结构以及桥梁结构的抗风抗震设计，TMD、抗风缆、中央扣、风嘴、限位装置等措施的采用，均是防灾设计的实际应用[41]。

在具体的结构防灾抗震设计中，需要满足以下几个方面的要求[42]：

1）结构的整体和构件必须满足设计规范所规定的抗震设计要求。

2）防灾元件应为结构功能中较为次要的部分，其失效不应影响结构的主要使用功能。结构的主要使用功能应由除防灾元件之外的其他结构来承担，这一部分结构便是原结构的主体结构，也是主要的功能构件。

3）从可靠度的分析角度来看，防灾体系应该是整个结构体系中失效概率最大、损失期望最小的部分，其破坏应易于修复。

4）从防灾设计的原则上来讲，防灾体系的局部构造应能有效地吸收荷载传递于结构的能量。

5）从防灾设计的目的来看，对结构进行防灾设计后，结构应能承受超过设计大震的地震作用，而且所产生的位移不应过大，在地震中应能达到各项设防水准。

8.2 桥梁防灾抗震设计

8.2.1 桥梁结构抗震设计的发展

相较于建筑结构，桥梁结构的抗震设计研究相对滞后得多，但惨痛的地震灾害使桥梁结构的抗震设计与研究提上日程，在历次地震之后桥梁结构的抗震设计与理论研究水平都会迈上一个新的台阶。

1. 国内外抗震设计规范的发展

桥梁抗震设计规范已成为桥梁抗震设计的基本依据。历史上的大型地震通常都会对原有的抗震设计规范提出一些需要改进与解决的新问题。而根据最新的震害经验和抗震研究成果对抗震设计规范进行修订和完善，已成为各个国家在防震减灾工作中必然要经历的一环。

1906年美国7.9级的San Francisco地震，是美国地震工程界极为有意义的一次地震，虽首次在历史上有了桥梁震害记录，但其所引起的对桥梁抗震的关注则甚少。1971年6.7级的San Fernando地震，造成了生命线工程的严重破坏，由于桥梁结构的抗震能力不足导致许多桥梁发生塌落和损坏。这次地震是美国桥梁抗震设计发展的转折点，生命线工程的概念被提出，桥梁的抗震设计不再套用建筑结构抗震设计规范，而是出版了专门的《桥梁抗震设计指南》，经过不断的应用和修改，该指南纳入了美国《公路桥梁标准规范》(AASHTO规范)[43]。1989年美国7.0级的Loma Prieta地震中，高速公路线双层的Cypress高架桥发生倒塌，San Francisco-Okaland海湾大桥发生落梁，仅桥梁结构的修复费用便高达20亿美元。总结此次地震之后，学者Bertero提出了基于性能的抗震设计理论，可以说该理论是抗震设计的一次重大变革。1994年的美国加州6.7级地震，是美国有史以来遭受经济损失最为惨重的一次自然灾害，地震造成高速公路上多座桥梁的严重破坏，交通运输网被完全切断，本次地震所造成的巨大经济与社会损失再次强调了交通运输在抗震救灾中的重要性[44]。

日本是一个地震多发的国家，多灾多难的境遇使其抗震设计规范相对于其他国家更为细致与完善。1923年8.2级的关东地震强度较大，加之地震发生的地区经济发达、人口相对稠密，使得地震所造成的经济损失较为巨大，也使人们意识到了桥梁抗震安全性能的重要性。关东地震之后，日本便制定了世界上第一部公路桥梁抗震设计相关规范[45]。1964年新潟地震之后，在新制定的《道路桥耐震设计指针・同解说》中便相应增加了考虑地基液化的设计内容以及防止落梁的构造措施。1995年7.2级的阪神大地震中，共有320座桥梁遭到破坏，其中27座桥梁破坏相对严重，地震使神户地区所有的铁路、公路和快捷交通系统遭受了严重的破坏，陆上对外交通系统几乎全部中断，城市生命线工程所受到的破坏更加剧了抗震救灾工作的难度。震后，日本重新对结构抗震的基本问题进行了研究，并在《道路桥示方书・同解说Ⅴ耐震设计篇》中重新确定了地震作用，明确了震度法、保有水平耐力法以及动力反应法的适用范围，同时还改善了桥墩变形能力的计算方法以及地基液化的判别方法，增加了减隔震设计等内容[46]。

中国也是个地震多发的国家，20世纪仅在70年代便经历了1970年7.7级云南海通地震、1973年7.6级四川炉霍地震、1974年7.1级云南大关地震、1975年7.3级辽宁海城地震、1976年7.8级河北唐山地震以及1976年7.2级的四川松潘地震等数次大震，尤其是唐山地震中大部分道路、桥梁以及公共设施的严重破坏更加剧了地震所引起的人民生命及财产损失，唐山地震的发生推动了中国桥梁抗震各项研究工作的发展[47]。1977年，《公路工程抗震设计规范》(试行版)出台，在经历过1985年7.3级新疆乌恰地震以及1988年7.6级云南澜沧地震之后，抗震设计规范又经过了部分修订，于1989年正式颁布施行《公路工程抗震设计规范》JTJ 004—1989。随后，该规范的使用时间达到近20年，在此期间中国发生的大震有1994年7.3级台湾海峡地震、1995年7.3级云南孟连地震、1996年7.0级云南丽江地震、1999年7.6级中国台湾集集地震、2001年8.1级昆仑山地震、2002年7.5级台湾地震以及影响深远的2008年8.0级四川汶川地震。而此时，89规范在使用过程中有许多方面显得非常落后，早已不能满足中国交通运输业快速发展和建设的需要。近年来，国内外的公路桥梁抗震设计与研究均取得了较为可观的进步，国外结合各次大型地震带来的震害教训与研究成果不断对桥梁抗震设计规范进行修正与完善，中国通过长时间的准备、讨论，也于2008年颁布了《公路桥梁抗震设计细则》JTG/T B02-01—2008。新细则在设计思想、安全设防标准、设计方法、设计程序和构造细节等方面，尤其是在桥梁抗震设防标准、桥梁延性抗震设计和能力保护设计、桥梁减隔震设计等几个主要方面，较89规范均有较大的变化[48]。

2. 桥梁抗震设计理念的发展

地震震害经验的总结不但推动了桥梁抗震规范的不断完善和修订，还使抗震设计理念有了不断的改进与发展。抗震设计方法已从起初的单一强度控制转化为强度、位移。能量等多指标的性能控制。抗震设计理念也经历了刚性设计、柔性设计、延性设计、结构振动控制设计以及基于性能设计的发展变化。

（1）刚性设计

在刚性设计阶段，设计者主要强调结构的刚度要足够大，使结构本身与基础成为一个刚性整体，以便能够抗衡地震作用所引起的结构响应。然而，这种设计理念所设计的结构构件通常都比较宽大、沉重，虽然结构的刚度得到了极大的提高，但往往会需要大量的建筑材料，结构的设计面临很大的经济浪费，同时也增大了结构在地震时产生的惯性作用。从而限制了结构本身的高度、跨度以及复杂性，束缚了很多地震多发区结构的设计。

（2）柔性设计

柔性设计与刚性设计的理念相反，其设计思想主要致力于通过减小结构的刚度，以便减小结构所承受的地震荷载。但是，过柔的结构在大震的作用下通常会产生较大的变位，从而导致严重的破坏甚至倒塌。

（3）延性设计

延性设计是20世纪60年代由以Newmark为首的研究者们所提出的概念。延性所描述的是结构、构件或材料抵抗超过弹性阶段的抗震能力，延性大小是结构抗震能力强弱的重要标志，也是在地震区的桥梁结构所必备的抗震性能。结构的延性是在1971年的美国San Fernando地震后才被重视的，地震中许多结构的破坏并不是因为强度不足，而是由于地震所导致的反复弹塑性变形所致。20世纪70年代初，新西兰学者在总结震害教训和试验研究成果的基础上，提出了延性抗震设计理论[44]。

延性设计的实质就是利用结构本身的延性变形能力，来消耗地震能量、改变结构的地震动响应特性，以结构的局部破坏来换取结构整体的安全。为了使结构不会在中、小地震中因累积损伤而发生破坏，在常发地震下通常要求结构处于弹性阶段；而在大震作用下，允许结构发生一定的塑性变形，通常要求破坏发生在选定的部位，从而使结构的动力特性发生改变，减小结构的地震响应[48]。通常，延性抗震设计需要对可能会出现塑性铰的区域进行特别的抗震设计，以便在强震作用下这些部位能够形成稳定的延性塑性铰，产生弹塑性变形，来延长结构的周期、耗散地震能量。与此同时，还要保证桥梁结构在地震作用下的整体抗震性能[49]。

（4）结构振动控制设计

以上几种抗震设计均通过对结构进行直接调整而达到抗震目标，尽管这些设计方法可以起到防震减灾的效果，但仍无法避免结构构件的损伤，通常还会增加经济投资、影响结构的美观和功能，因此，结构振动控制技术应运而生[50]。结构振动控制设计是通过在结构上增设一些措施或控制机构，使其在地震作用于结构的过程中通过耗能、变形等方式，减轻结构的地震反应，以达到抗震、消能、减震的目的。在地震作用于结构的过程中，通常振动控制措施会与结构共同承受地震作用，并通过耗能、变形等方式，减轻结构的地震反应。振动控制可分为主动控制（需要外部能源）、半主动控制（需要少量的外部能源）、被动控制（不需要外部能源的介入）以及混合控制（主动控制与被动控制的结合）[51]。

主动控制是应用现代控制技术对地震动和结构的地震动响应进行实时观测，再通过观测结果对结构施加控制力，使结构能够实现自动调节，以便使结构在地震作用下的响应能够控制在允许范围内，达到避免结构损伤的目的。但由于主动控制需要消耗土木结构本身在荷载作用下的响应所对应的巨大能量，控制设施本身便需要较强的控制能力，这对其在实际工程中的应用不利[52]。半主动控制的应用在近年来也逐渐发展起来，许多智能材料的出现为该类振动控制提供了较为可靠的平台。半主动控制既具备被动控制的可靠性，又具备主动控制的适应性，无须大功率的外部能源便可以得到与主动控制近似的控制效果。目前，半主动控制技术还处于理论研究和装置开发阶段，但其优点必将使该控制措施得到较为广泛的应用[50]。被动控制从原理上讲，是通过将地震输入结构的能量引向特别设置的机构和元件，通过此类装置提供附加阻尼以吸收和耗散外界荷载的巨大能量，从而起到保护主体结构安全的目的，在实际工程中应用较广的有减隔震装置、阻尼器等。隔震技术是将地震动与结构通过隔震装置隔开，从而减小输入结构的地震能量以减小结构的振动。减隔震技术的原理是通过采用减隔震装置来增加结构的柔性和阻尼，通过增大结构主要振型的周期使其落在地震能量较少的范围内，尽可能地将结构与地震地面运动分开，或是通过增大结构的能量耗散能力来达到减小结构地震反应的目的。被动控制的技术已经相对成熟，且因其构造相对简单、造价相对低廉、易于维护、无需外界能源的支持等优点，得到了较为广泛的推广和应用。

（5）基于性能的抗震设计

在已形成的传统抗震设计理念中，通常在结构不至于发生倒塌、能够确保生命安全的前提下，允许结构在遭遇较强的地震之后出现一定的破坏。然而，近年来的地震中，绝大多数结构物能保证在地震中不发生倒塌，但却必须面对因地震破坏所造成的巨大经济损失，这种直接损失和间接损失往往超出了结构设计者的预料，也无法被社会和业主承受[53]。随着高新技术的飞速发展、生活质量的不断提高，人类对结构本身的性能要求也越来越多，不仅要求结构安全、可靠，更需要其满足舒适、经济、美观、易于维护等特性。抗震设计不能再如以往一样，只注重结构的安全方面，还应对结构的整体性能、安全性和经济性等方面多加考虑。

施工技术的飞速进步以及各种建筑材料、结构体系、设计方法的进一步发展，使得结构更高的目标性能能够得以实现。因此，从结构性能的角度对现有的结构抗震设计理念和方法进行反思很有必要，基于性能的结构抗震设计思想正是出于既要保证结构的安全，又要避免地震破坏造成巨大的损失而被提出来的。在这种设计思想的指导下，结构抗震从以力为重点的设计转换到了以结构的整体抗震性能为目标的设计，结构不仅需在地震中保证生命安全，同时也要控制其破坏程度，将因地震或灾害引起的结构破坏及财产损失控制在可以接受的范围之内[54]。目前，基于性能的抗震设计方法仍然在做着大量的研究工作，该法也是桥梁抗震设计发展中必然要经历的阶段。针对桥梁结构来讲，基于性能的抗震设计便是在不同大小的地震荷载作用下，使结构具备不同的抗震性能。

8.2.2 桥梁结构基于性能的抗震设计方法

现阶段应用较广的基于性能的抗震设计方法有基于力、基于位移、基于能量、基于能力及基于结构损伤的抗震设计方法。

1. 基于力的抗震设计方法

在结构抗震设计的发展历程中，无论是静力法还是考虑了结构动态响应的反应谱、时程分析方法，均考虑以强度控制结构的抗震性能。历次震害调查显示，许多结构在达到承载能力极限状态后，依然能继续承受地震荷载而不会发生倒塌。设计者对结构的抗震能力再次进行探讨、研究，提出了以结构承载力为主的抗震设计方法，结构的抗震设防水准也从单一设防变为多级设防[55]。

然而，承载力本身作为结构的抗震设计参数，并不能较为明确地描述结构在各级地震动水平下的工作状态，无法对结构在不同破坏程度下的响应进行控制。

2. 基于位移的抗震设计方法

基于位移的抗震设计方法早在20世纪50年代便被提出了，但其概念应用于桥梁结构的抗震设计则是在20世纪90年代，美国加州大学Berkley分校的Moehle J P提出基于位移的抗震设计要求进行结构分析，使结构的塑性变形能力能够满足结构在预期地震作用下的变形要求[44]。基于位移的抗震设计的主旨是以位移为设计参数，分别针对不同的抗震设防水准制定相应的目标位移，再通过抗震设计使结构在给定水准作用下达到预先指定的目标位移，从而实现对其地震行为的控制。结构的位移参数可较好地体现结构的损伤程度。通过对结构变位的控制，也可以有效控制结构构件的性能水平，使人们在结构设计初期就对其性能水平有所了解，也可以对设计过程中的指标进行控制[56]。

目前，基于位移的抗震设计都是针对延性构件或是延性结构，大多应用于钢筋混凝土桥墩，以墩顶位移作为设计目标，以位移延性系数作为辅助变量来确定系统的周期或刚度，以期完成设计工作。但这种方法对于由强度控制设计的脆性结构或延性结构中的脆性构件却并不适用，因地震动本身具有随机特性，时程分析法也较为复杂，因此结构位移需求的计算在工程抗震设计中的应用并不广泛。

3. 基于能量的抗震设计方法

基于能量的设计方法与基于位移的设计方法相对应，能量和位移均可以作为描述结构抗震性能的指标。基于能量的设计方法是以输入结构的地震能量作为依据，在对结构进行设计时以能够吸收地震能量而不致使结构发生破坏作为标准。强烈地震输入结构的地震动能量，有一部分通过结构与基础之间的相互作用在地基中消耗，剩下的部分则由结构自身耗散。能量的耗散与地震能量的各项参数有关，同时也与结构本身有着紧密的联系，其中包括结构的形式、所采用的材料、结构的动力特性等。因该问题的复杂性，其发展受到了很大的限制。但正是由于基于能量的分析方法涉及的因素较多，才使得结构的耗能能力成为一个结构抗震性能的评价指标。

基于能量的抗震分析方法需要研究和解决结构所承受的能量输入对其所造成的破坏程度，需要明确结构耗能的量值、结构的耗能能力与位移、加速度等参数之间存在的联系等，以便综合评判结构的抗震性能[57]。但由于许多参数的定位并没有现存的指标，所需结果需要建立在大量的地震资料及算例上，使得此项设计方法的研究与应用还在探索阶段。

4. 基于能力的抗震设计方法

能力设计方法的定义，是对于结构在地震作用下的非弹性响应，应首先布设可能出现塑性铰的位置，使结构在地震激励下可以形成一个以塑性铰变形为基础的耗能机构。通过对塑性铰进行特殊设计，使结构本身具有较好的延性抗震能力，而非塑性铰区则会因塑性铰区的耗能作用得到保护，可尽量保持在弹性范围内[58]。能力设计方法可以通过基于能量或基于位移的方法实现，还可以通过结构的延性系数、构件的延性系数、塑性铰区的耗能与变形关系等进行控制。通常可以控制的包括结构的延性、构件的延性以及截面延性，对结构在屈服之后的延性反应过程进行控制，研究结构和构件的位移和截面延性能力，并采用箍筋来提高塑性铰区的极限压应变，以使构件具有足够的延性能力。

能力设计方法的优点在于，设计人员可以通过控制结构在屈服时以及屈服后的状态对结构进行设计，结构出现耗能的位置可以由设计人员进行控制[59]。

5. 基于结构损伤的抗震设计方法

结构发生损伤是地震作用下结构发生破坏最直观的表象，通常的设计原则均会允许结构发生一定的破坏，以满足地震作用下所引起的结构变位要求。在允许结构发生损伤的前提下，结合历史地震资料、结构本身的抗震设防水平等因素，针对不同等级的地震提出不同的结构损伤程度限值，对结构的损伤程度进行量化、分析结构的损伤程度，也可以作为评价结构抗震能力的方法[60]。

桥梁结构的地震损伤模型主要分为基于强度和基于结构响应的损伤模型[61]。通常，对此类模型进行控制时需要多个损伤参数，如结构在地震下的最大响应、结构的延性能力、累积耗能等，这些损伤参数通常需要通过非线性时程分析才能得到。然而，有限元分析中烦琐的计算过程以及模型的简化均会引起计算结果无法反映实际损伤程度的情况，而许多结构的整体损伤评估又是基于局部损伤指数的加权结果，便更容易出现与实际结构存在差异的情况。

以上各种方法的设计目标，均是为使结构在未来的地震灾害下能够维持交通需求或是业主所需要的性能水平，在实际工程中通常会联合应用上述方法，以共同起到抗震设防的目的。分析的过程以建立科学、合理的结构设计概念，并在此基础上使结构能够在投资造价较低的情况下达到较高的性能水平为最终目标。

基于性能的结构防灾抗震设计便是在此基础上提出的，该法是以“投资-效益”为原则，以明确结构的失效模式及所需达到的安全性能为基础，结合各类抗震设计方法及振动措施实现结构抗震减灾的过程。旨在改善结构对不同灾害荷载作用的适应性，使结构具有更好的抗灾、减灾能力。

8.2.3 桥梁抗震防灾设计的应用及研究现状

虽然抗震防灾设计思想提出得较晚，但在世界各国近年来发生的多次地震灾害中，防灾设计的防灾、减灾、抗震效果已经得到许多工程实践的验证。

例如，耗能型阻尼器和基础隔震支座等被动控制元件，可在灾害荷载作用下发生非弹性变形，以减少传至结构的地震能量；框-桁结构中的桁架可代替剪力墙，在地震时首先发生破坏，改变结构体系的动力特性，从而耗散输入的地震能量[62]。还有许多如挡块之类的构造措施，在非灾害荷载作用下不发挥作用，在灾害荷载作用下可起到一定的防灾功能。

桥梁结构抗震中常用的防灾设计有减隔震支座、阻尼器、墩柱塑性铰机制、伸缩装置、挡块、限位装置、连梁装置等，在桥梁结构遭受地震作用时均能起到防灾、耗能的作用，又是保证结构承载力不可或缺的部分[63,64]。下面将对此类构件的应用及研究现状进行介绍。

1. 减隔震支座

桥梁橡胶支座从 1965 年开始研究并投入应用，是一种简单的减隔震装置，但橡胶支座在地震中的减震效果并不理想，尤其是对于高墩、大跨的桥梁结构。

在减隔震概念被提出之后，便得到了各国的重视和广泛应用，高阻尼橡胶支座、铅芯橡胶支座等减隔震支座在世界范围内得到了广泛的应用和发展。第一座采用减隔震技术的桥梁是建于 1973 年的新西兰 Motu 桥[65]，美国、新西兰、日本和欧洲的一些国家已经将减隔震设计纳入了桥梁抗震设计规范。我国也有许多研究人员针对铅芯橡胶支座的动力特性与耗能作用进行了分析研究，研究结果表明，铅芯橡胶支座具有良好的减震性能[66]。胡兆同、刘健新、李子青（1998）在“桥梁铅销橡胶支座性能的试验研究”中，对其在低频水平反复荷载作用下的减震耗能机理、刚度及方向性等特性进行了研究[67]。王志强（2000）在其博士论文中，对铅芯橡胶支座除进行了纵向、两个横向力学性能的相互影响研究外，还进行了双线性分析模型的修正[68]。李雅娟、梁彬、张科超等人亦在铅芯橡胶支座的标准化研究中做了很多相关的工作[69,70]。如今，铅芯橡胶支座仍广泛应用于桥梁工程界，其设计与施工技术亦更趋于完善。

2. 阻尼器

阻尼器的作用原理是在结构受到地震作用时，阻尼器在结构相对运动的强迫作用下，产生抵抗结构相对运动的阻力并在运动过程中做功，耗散部分相对运动所产生的能量，从而减小结构的地震响应，起到减小结构损坏和保证结构正常使用功能的作用[71]。

美国是较早开展减震技术的国家之一，早在 1972 年就在纽约世贸大厦安装了一万个黏弹性阻尼器。位于加利福尼亚州的一幢饭店因结构底部较柔，采用流体阻尼器进行了抗震加固，使结构的抗震性能在没有改变原有结构风格的基础上达到了规范要求[72]。

日本是结构控制技术应用发展最快的国家，特别是 1995 年神户地震发生后，结构控制技术的发展便更加迅猛。许多建筑物、桥梁在采用隔震技术的同时，也采用了耗能减震装置。其中，铅阻尼器、钢阻尼器、摩擦阻尼器、黏弹性阻尼器、黏滞和油阻尼器均有许多应用[73]。

中国工程界的减震消能研究是从 20 世纪 90 年代开始发展起来的，很多学者致力于对耗能技术进行自主开发并得到了广泛应用。我国首座在减震加固补强中使用阻尼器的是江阴大桥，主要是以减少桥梁纵桥向地震反应为目标。苏通长江大桥安装的阻尼器是在常规阻尼器的双方向加设限位弹簧，当限位器的最大位移超过750mm时，阻尼器进入两端弹簧限位阶段，限位由非线性弹簧实现，最终位移可达到850mm，限位力可达980t[74]。

虽然阻尼器的应用在工程界已经很广泛，但迄今国内的桥梁工程界仍没有适应性较广的相关标准，大多数研究都是针对单个阻尼器的耗能性能，还有一些试验的结果并不理想。

3. 墩柱塑性铰机制

20世纪60年代，“延性”的概念由以Newmark为首的研究者们提出，用以概括结构物超过弹性阶段的抗震能力，延性抗震设计相对于强度抗震设计是一个较大的进步。其原理是以结构的非线性变形为基础，在结构不发生大的破坏和丧失稳定的前提下，通过在结构可能出现塑性铰的位置设置塑性变形机制，使预期的塑性铰出现在易于发现和易于修复的结构部位，提高构件的滞回耗能能力、极限变形能力，从而减轻或避免震害的发生[75]。

国内外在近年来开展了大量对桥墩延性设计的研究，欧洲、美国、新西兰、日本等现行的桥梁抗震规范都很强调这方面的内容。许多学者针对箍筋约束对混凝土构件抗震能力的影响做了大量分析，认为侧向约束箍筋的采用是提高结构构件弯曲延性的最有效方法之一[76]。国外关于钢筋混凝土柱体的延性性能研究绝大多数是针对建筑结构中的钢筋混凝土框架柱，而针对桥墩特点的研究相对较少[77]。

国内，阎贵平是较早对低配筋桥墩进行延性能力研究的。试验结果表明，国内桥墩的箍筋配置和间距均不足以起到约束混凝土的作用[78]。后续针对桥墩延性能力的相关研究逐渐增多，但在旧的抗震设计规范中并没有延性设计的相关内容，直到2008年新颁布的《公路桥梁抗震设计细则》JTG/T B02-01—2008[79]中，才针对延性构造的设计做了相关规定。

4. 伸缩装置

桥梁伸缩装置是为使车辆平稳通过桥梁并满足结构变形要求的需要，在桥面伸缩接缝处设置的装置[80]。

伸缩装置的发展与桥梁结构的发展密切相关，随着桥梁跨径的不断增大，对伸缩装置的伸缩量、变位性能等均提出了越来越高的要求。伸缩装置的类型亦从板式橡胶的形式发展到模数式的伸缩装置。然而，能够提供常规荷载作用所产生变形量的伸缩装置却在历次的地震中大量破坏，减震伸缩装置便应运而生。该装置本身并不具备减震的性能，它主要是配合减震支座的使用。日常运营条件下，伸缩装置可以实现小位移来吸收由温度、混凝土的收缩徐变引起的位移；大震来临时，伸缩装置可以实现大位移以使减震支座充分发挥作用[81]。

通过研究伸缩装置间隙大小对结构抗震响应的影响效果，发现过大的伸缩缝间隙可以避免碰撞的发生，但在实际应用上并不适用。过大的间隙会影响桥梁的平顺性，对桥梁的使用造成不便。单纯依靠调节伸缩缝间隙，并不一定能使结构满足其在地震作用下的安全需求[82]。

5. 防落梁系统

由于伸缩缝的存在，桥梁结构成为不连续的结构体系，使桥梁的地震反应也趋于复杂。大量的桥梁震害经验表明，地震中桥梁伸缩缝处的过大位移以及相邻结构的碰撞是桥梁破坏的重要原因之一[83]。为了避免地震作用下桥梁结构的碰撞现象及落梁震害的发生，采取合理的抗震措施非常必要。美国和日本等国家针对增强桥梁上部结构之间联系的纵向连接措施进行了大量的研究工作，防落梁系统（包括搁置长度、限位装置和连梁装置）也属于这类措施。

美国的AASHTO规范从两个方面考虑了防落梁系统的设计，分别是支撑长度与限位装置的设计[84]。

日本也是较早重视防止落梁设计的国家。1964年新潟地震后，日本抗震设计规范便增加了防止落梁的构造措施。后来，还对规范做过许多次修订，完善了防止落梁装置的设计。2002年3月颁布使用的《道路桥示方书・同解说・耐震设计篇》要求，要特别考虑桥梁系统整体的抗震性能，将支座、连梁装置作为桥梁必要的结构构件进行设计，对连梁装置的种类、形式及设计做了说明[85]。

《公路工程抗震设计规范》JTJ004—1989中，极为简单地提到了应考虑防止落梁的措施。中国台湾相关部门在集集地震发生后，将“防止落桥装置”指定为重要桥梁或高危险桥梁的必要装置。长安大学刘健新主持的交通部研究项目，也系统地对连梁装置进行了归纳分类，将其初步标准化，在国内外尚属首次[86]。作者同时研究发现，防落梁系统可在地震荷载作用时为结构提供较好的安全保障[87]。

从以上对桥梁结构抗震防灾元件应用及研究现状的介绍来看，抗震防灾的设计思想具有较广的适用性，而且因其设计简单、实用性良好等特点，必然会在今后得到广泛的应用，并将在发展过程中不断完善。

分析总结国内外历史上强烈地震的震害发现，交通运输网络在地震灾害发生后是否能够起到社会生命线工程的作用至关重要，整个交通网络的抗震能力将直接影响到地震灾害对社会、经济、人民生命财产安全的破坏程度，及时的救援工作需要以安全的交通运输线作为必备的保障。

地震动资料的积累与分析、工程结构设计方法及施工技术的不断进步、新工程材料的应用、地震震害资料的累积以及对震害机理的不断认识，促进了桥梁抗震设计的发展。而对地震的振动特性及其所引起的结构动力响应、破坏机理等所进行的系统性研究，不但使人们认识了桥梁结构在地震中的抗震能力，同时也完善了抗震设计的方法。

1. 桥梁结构中的防灾设计

与其他建筑结构相同，若是没有采用合理的抗震设计，桥梁结构也同样会产生较为严重的破坏。在经济发展如此迅猛的时代，其所引起的生命财产损失以及所造成的救灾工作的困难也会加大。对桥梁结构采用基于性能的防灾抗震设计实属必要，而延性设计、振动控制设计等抗震设计方法的日趋完善，也为其发展提供了极为便捷的条件[88]。

防灾设计的实例在桥梁结构中早已有广泛的应用，只是防灾抗震设计的思想进一步将这类抗震设计体系化，并以其防灾效果作为抗震设计的目标。防灾抗震设计不是用单一的某种方法对结构进行设计，而是延性抗震设计、结构振动控制设计等各种方法的结合，它是在灾害作用下通过使有意布设的防灾系统提前发生失效，达到与主体结构解耦，从而起到保护主体结构安全的目的。这些方法所要达到的设计目标相一致，均是以基于性能的抗震设计作为其主要指导思想，许多防灾构件或防灾子结构也是很好的延性设计和振动控制措施，会在强度、延性、结构连接、整体稳定性等诸多方面，对结构的抗震性能进行控制。

桥梁结构抗震中常用的防灾元件有墩柱塑性铰区、减隔震支座、阻尼器、伸缩装置、挡块、限位装置、连梁装置等，部分构件在桥梁结构遭受地震灾害时即能起到防灾、耗能的作用，又能在非灾害荷载作用下保证结构的承载力[89]。

2. 桥梁结构抗震防灾系统的定义

防灾抗震设计所要达到的最终目标就是在地震荷载作用下，使防灾元件以耗能、隔震、变位、改变结构动力特性等方式，减小输入结构的地震能量。防灾元件在地震发生时会发挥不同的作用，尽量使结构主要功能部分的变形维持在可控制弹性范围内，保证整个结构体系的各种正常使用功能。

系统的概念，是为实现某一特定功能或目标而构成的相互关联的各个部分的集合体。本书将以实现结构抗震防灾功能为目标，力保结构在地震作用下达到整体安全、在结构使用寿命期间内所需总费用达到最小且相互关联的防灾构件的集合体，称为抗震防灾系统。

抗震防灾系统由防灾元件或防灾子系统构成，地震发生时，抗震防灾系统以独立破坏或相互协作、变位、破坏的方式，起到抗震减灾的作用。

3. 桥梁结构抗震防灾系统的分类

各种防灾元件的防灾方式不尽相同，由不同方式组合而成的防灾系统也具有相对迥异的防灾模式。本书从防灾元件减少地震对结构破坏方式的角度，将防灾系统分为耗能型抗震防灾系统及位移型抗震防灾系统两类。

耗能型抗震防灾系统的抗震防灾设计与耗能减震的设计思想相协调，通过防灾元件耗散地震能量达到抗震设计的目的，此类防灾构件的集合体称为耗能型抗震防灾系统。在实际工程中，墩柱塑性铰区、减隔震支座、阻尼器等构件均属于耗能型抗震防灾系统。

位移型抗震防灾系统中，各元件的抗震设计是与基于位移的抗震设计思想以及振动控制设计相结合的，通过防灾元件发生位移或是对结构在地震荷载下产生的过大位移进行控制，起到疏导结构位移、限制过大位移、防止结构发生碰撞、落梁等震害的作用。其中，能够疏导结构位移响应的有支座、伸缩装置、搁置长度，能对结构的过大位移响应有所限制的有限位装置、连梁装置。这些防灾元件具有相同的特点：在设置防灾元件部位的结构相对位移未达到元件的设计启动位移量时，防灾元件通常都不发生作用；当该部位所产生的结构相对位移量大于防灾元件的启动位移量时，防灾元件便会发挥其限位、防灾作用。

位移型抗震防灾系统是本部分的主要研究对象，所包括的防灾元件有支座、伸缩装置、搁置长度、限位装置、连梁装置，相应拟解决桥梁结构的碰撞和落梁震害问题。其中，支座与伸缩装置是梁桥必须采用的结构构件，而搁置长度、限位装置以及连梁装置则是防落梁系统的组成部分。各防灾元件之间相互独立，却也相互关联。

参考文献

[1] 李刚，程耿东. 基于性能的结构抗震设计——理论、方法与应用 [M]. 北京：科学出版社，2004.
[2] SEAOC. Performance-based seismic engineering of building [R]. Sacramento：Structural Engineers Association of California，1995.

［3］ FEMA. NEHRP guidelines for seismic rehabilitation of buildings [R]. FEMA-273. Washington, D. C: Federal Emergency Management Agency, 1996.
［4］ FEMA. NEHRP Commentary on the guidelines for the seismic rehabilitation of buildings [R]. FEMA-274. Washington, D. C: Federal Emergency Management Agency, 1996.
［5］ ATC. Seismic evaluation and retrofit of existing concrete building [R]. Report ATC-40. Redwood City: Applied Technology Council, 1996.
［6］ 程斌，薛伟辰. 基于性能的框架结构抗震设计研究 [J]. 地震工程与工程振动，2003，23 (4): 50-55.
［7］ 王亚勇. 我国2000年抗震设计模式规范展望 [J]. 建筑结构，1999，6：32-36.
［8］ 贡金鑫，魏巍巍. 工程结构可靠性设计原理 [M]. 北京：机械工业出版社，2007.
［9］ 常大民，江克斌. 桥梁结构可靠度分析与设计 [M]. 北京：中国铁道出版社，1995.
［10］ 李应斌，刘伯权，史庆轩. 基于结构性能的抗震设计理论研究与展望 [J]. 地震工程与工程振动，2001，21 (4)：73-79.
［11］ 王亚勇. 我国2000年抗震设计模式规范基本问题研究综述 [J]. 建筑结构学报. 2000，21 (1): 2-4.
［12］ 小谷俊介. 日本基于性能结构抗震设计方法的发展 [J]. 建筑结构，2000，30 (6)：3-9.
［13］ X Qi, J P Moehle. Performance-based Seismic Engineering of Buildings [R]. Structural Engineers Association of California (SEAOC)，1995，4.
［14］ 王丰. 基于性能的结构多维抗震设计方法研究 [D]. 大连：大连理工大学，2007.
［15］ 李应斌. 钢筋混凝土结构基于性能的抗震设计理论与应用研究 [D]. 西安：西安建筑科技大学，2004.
［16］ Y. J. Park, H. S. Ang. Mechanistic Seismic Damage Modal for Reinforced Concrete [J]. Journal of Structural Engineering, 1985, 111 (4): 722-739.
［17］ 程耿东，李刚. 基于功能的结构抗震设计中的一些问题的探讨 [J]. 建筑结构学报，2000，21 (1)：5211.
［18］ 戚冬艳. 桥梁结构抗震设计重要性修正系数的研究 [D]. 西安：长安大学，2005.
［19］ 胡兴. 中欧建筑抗震设计规范地震作用取值的比较 [J]. 国外建材科技. 2004，25 (03)：115-117.
［20］ 齐怀恩，王光远. 公路桥梁抗震设防标准的研究 [J]. 东北公路，1999，(4)：12-15.
［21］ 李应斌，刘伯权，史庆轩. 结构的性能水准与评价指标 [J]. 世界地震工程，2003，19 (2): 132-137.
［22］ 范立础，卓卫东. 桥梁延性抗震设计 [M]. 北京：人民交通出版社，2001.
［23］ Eurocode 8. Design of structures for earthquake resistance [S]. General rules, seismic actions and rules for buildings. EN1998-1: 2003, British Standards Institution, London. EC8, 2003.
［24］ (社) 日本道路協會. 道路橋示方书 (V耐震设计篇) · 同解说 [S]. 東京：日本道路協會，平成14年3月 (2002).
［25］ 中国建设标准化协会. CECS 160：2004，建筑工程抗震性态设计通则 (试用) [S]. 北京：中国计划出版社，2004.
［26］ 孙俊，刘铮，刘永芳. 工程结构基于性能的抗震设计方法研究 [J]. 四川建筑科学研究，2005，31 (3)：98-101.
［27］ Krawinkler H, Seneviratna G D P K, Pros and cons of a pushover analysis of seismic performance evanluation [J], Engineering Structures, 1998, 20 (4-6): 452-464.
［28］ 李刚，程耿东. 基于分灾模式的高层结构抗震优化设计 [J]. 大连理工大学学报，2000，40 (4):

483-488.
[29] Wilson E L. Three Dimensional Static and Dynamic Analysis of Structures: a Physical Approach with Emphasis on Earthquake Engineering (third edition) [M]. Computer & Structures Inc, Berkeley, California, USA, 2000.
[30] 杨迪雄，李刚. 结构分灾抗震设计：概念和应用 [J]. 世界地震工程，2007，(23) 4：95-101.
[31] 刘大海，杨翠如，钟锡根. 高层建筑抗震设计 [M]. 北京：中国建筑工业出版社，1993.
[32] 李刚，程耿东. 基于分灾模式的结构防灾减灾设计概念的再思考 [J]. 大连理工大学学报，1998，38 (1)：10-15.
[33] 刘方，邹向阳，赵万里等. 土木工程结构振动控制的概况与新进展 [J]. 长春工程学院院报，2007，(8) 3：15-19.
[34] 李刚，程耿东. 基于性能的结构抗震设计——理论、方法与应用 [M]. 北京：科学出版社，2004.
[35] 李刚，程耿东. 基于分灾模式的高层结构抗震优化设计 [J]. 长春工程学院院报，2000，(40) 4：483-488.
[36] Kayeyama M, Yoshida O, Yasui Y. A study on optimum damping systems for connected double frame structures [J]. 1WCSC, Los Angeles, 1994. 4: 32-39.
[37] F. L. Zhou, et al. Recent research developments and applieation on seismic isolation of buiding in P. R. China, International Workshop on Use of Rubber Based Bearing for Earthquake Protection of Building, Shan Tou, China, May1994.
[38] 王丽，李金霞，闫贵平. 隔震桥梁减震效果分析 [J]. 世界地震工程，2002 (6).
[39] 邓文中. 浅谈城市桥梁创新 [A]. 第十八届全国桥梁学术会议论文集（上册）[C]；2008，3-11.
[40] 吕西林，孟良. 一种新型抗震耗能减力墙结构的抗震性能研究 [J]. 世界地震工程，1995 (2)：22-26.
[41] S. Menoni, F. Pergalani, M. P. Boni, etal. Lifelines earthquake vulnerability assessment: a systemic approaeh [J]. Soil Dynamics and Earthquake Engineering. 2002, 22 (12): 1199-1208.
[42] 程耿东，蔡文学. 基于分灾模式的结构防灾减灾设计概念初探 [J]. 自然灾害学报，1996，5 (1)：22-27.
[43] 王克海，李茜，韦韩. 国内外延性抗震设计的比较 [J]. 地震工程与工程振动，2006，26 (3)：70-73.
[44] 王克海，李茜. 桥梁抗震的研究进展 [J]. 工程力学，2007，24 (02)：75-82.
[45] 日本道路协会. 道路桥示方书·同解说 V 耐震性能篇 [S]. 1996.
[46] 范立础，王君杰. 桥梁抗震设计规范的现状与发展趋势 [J]. 地震工程与工程振动，2001，21 (2)：70-77.
[47] 杨传永. 公路桥梁抗震设计细则分析 [J]. 安徽建筑工业学院学报，2009，17 (3)：21-24.
[48] 张骏，陈勇. 普通桥梁抗震设计的研究现状和进展 [J]. 上海铁道科技，2001，3 (10)：10-12.
[49] 王砚田，覃永明. 桥梁震害分析与抗震设计 [J]. 交通工程与运输，2006，10 (19)：68-71.
[50] 史志利，周立志. 大跨度桥梁抗震设计和振动控制的研究与应用现状 [J]. 城市道桥与防洪，2002，4：7-12.
[51] GB 50011－2001，建筑抗震设计规范 [S]. 北京：中国建筑工业出版社，2001.
[52] 刘绍峰，施卫星. 联合结构减震控制的研究与应用 [J]. 世界地震工程，2006，22 (4)：95-98.
[53] 沈章春，王全凤. 基于性能抗震设计理论与实用方法 [J]. 世界建筑科学研究，2008，34 (3)：136-140.
[54] 孙俊，刘铮，刘永芳. 工程结构基于性能的抗震设计方法研究 [J]. 四川建筑科学研究，2005，31 (3)：98-101.

[55] 叶列平. 体系能力设计法与基于性态/位移抗震设计 [J]. 建筑结构，2004，34 (6)，10-14.

[56] Priestley M J N. Perofrmance based seismic design. In：12WCEE. Paper2831，Aukcland，2000，1-22.

[57] Uang，C-M. Bertero. V. V. Evaluation of seismic Energy in Structures [J]. Earthquake Engineering and Structural Dynamics，1990，19：77-90.

[58] Fajfar P. Capacity Spectrum Method Based on Inelastic Demand Spectra [J]. Earthquake Engineering and Structural Dynamics，Vol. 28，1999：979-993.

[59] 潘龙. 基于推倒分析方法的桥梁结构地震损伤分析与性能设计 [D]. 上海：同济大学，2001.

[60] Ye L P and Otani S. Maximum Seismic Displacement of Inelastic Systems Based on Energy Concept [J]. Earthquake Engineering and Strucutral Dynamics. Vol. 28，1999：1483-1499.

[61] Y. J. Park，H. S. Ang. Mechanistic Seismic Damage Modal for Reinforced Concrete [J]. Journal of Structural Engineering，1985，111 (4)：722-739.

[62] 李志刚，陈向东，王平等. 分灾模式结构防灾减灾设计概念的再思考 [J]. 湖北汽车工业学院学报，2000，01 (22)：99-103.

[63] 许晨明，隋杰英，翟瑞华. 耗能分灾在基于性能的抗震设计中的研究 [A]. 崔京浩. 第17届全国结构工程学术会议论文集（第Ⅲ册）[C]. 北京：工程力学杂志社，2008：233-236.

[64] 刘蕾蕾，李本伟，贺智功. 混凝土梁桥典型震害及抗震措施研究 [A]. 宋胜武. 汶川大地震工程震害调查分析与研究 [C]. 北京：科学出版社，2009：873-878.

[65] A. Mori，P. J.，Moss N.，etal. The Behavior of Bearings Used for Seismic Isolation under Shear and Axial Load [J]. Earthquake Spcetra，1999，15 (2)：199-224.

[66] 范立础，袁万城. 桥梁橡胶支座减、隔震性能研究 [J]. 同济大学学报，1989，17 (4)：447-455.

[67] 刘健新，胡兆同，李子青等. 公路桥梁减震装置及设计方法研究总报告 [R]. 西安：长安大学，2000.

[68] 王志强. 隔震桥梁分析方法与设计理论研究 [D]. 上海：同济大学，2000.

[69] 李雅娟. 制定铅销橡胶支座标准的研究探讨 [D]. 西安：长安大学，2002.

[70] 张科超. 铅销橡胶支座系统耗能形式与最优配铅率的参数化研究 [D]. 西安：长安大学，2010.

[71] 吴晓兰. 大跨度斜拉桥结构阻尼消能减震技术研究 [D]. 南京：南京工业大学，2004.

[72] 翁大根. 消能减震结构理论分析与试验验证及工程应用 [D]. 上海：同济大学，2006.

[73] Skinner R I，Robinson W H and Mc Verry G. An Introduction to Seismic Isolation [M]. Wiley，Chrichester，England，1993.

[74] 翁大根. 消能减震结构理论分析与试验验证及工程应用 [D]. 上海：同济大学，2006.

[75] 张俊岱. 伊朗德黑兰北部高速公路桥梁的抗震概念设计 [J]. 隧道建设，2005，25 (1)：17-20.

[76] 马坤全. 连续刚架桥抗震延性分析 [J]. 上海铁道大学学报，1997，18 (4)：6-16.

[77] Koichi Maekawa，Shear failure and ductility of RC columns after yielding of main reinforcement，Engineering Fracture Mechanics [J]. 2000，65：335-368.

[78] 刘庆华. 钢筋混凝土桥墩的延性分析 [J]. 同济大学学报，1998，26 (3)：245-249.

[79] 重庆交通科研设计院. 公路桥梁抗震设计细则（JTG/T B02-01-2008）[S]. 2008. 北京：人民交通出版社，2008.

[80] 李扬海，程潮阳，鲍卫刚等. 公路桥梁伸缩装置 [M]. 北京：人民交通出版社，1999.

[81] 王统宁. 公梁减震伸缩装置研究 [D]. 西安：长安大学，2003.

[82] 郑同. 地震作用下梁桥碰撞响应分析及缓冲装置性能评价 [D]. 西安：长安大学，2010.

[83] 戴福洪，翟桐. 桥梁限位器抗震设计方法研究 [J]. 地震工程与工程振动，2002，22 (2)：73-79.

[84] Michel Bruneau. Performance of steel bridges during the 1995 Hyogoken-Nanbu (Kobe，Japan)

earthquake-a North American perspective [J]. Engineering Structures，1998，20 (12)：1063-1078.
[85] (社) 日本道路協會. 道路橋示方书 (V耐震设计篇) · 同解说 [S]. 東京：日本道路協會，平成14年3月 (2002).
[86] 朱文正. 公路桥梁减、抗震防落梁系统研究 [D]. 西安：长安大学，2004.
[87] 张煜敏，刘健新，赵国辉. 地震序列作用下桥梁结构的响应及抗震措施 [J]. 地震工程与工程振动. 2010，30 (2)，137-141.
[88] 尹建坤，冷鑫，虞庐松. 桥梁结构分灾抗震设计方法的研究 [J]. 交通标准化，2008，5：42-44.
[89] Lin T Y，Stotesbury S D. Structural Concepts and Systems for Architects and Engineers [M]. 王传志等译. 北京：中国建筑工业出版社，1985.

第 9 章　桥梁结构在强震作用下的响应

9.1　抗震设计分析方法

9.1.1　抗震设计分析方法的发展

结构抗震设计技术的发展与科技的发展有着密切的联系，结构的地震响应需以地震动的运动情况作为依据，然而在科学技术较为落后的时期，地震动记录的获取并非易事。随着科学技术与工业生产力的发展，地震工程也具备了发展的物质与技术基础，使获取真实的地震记录成为可能。结合桥址区的地质构造情况、地震历史资料、场地情况以及地震动记录，以迅速发展的交通运输业作为契机，结构的抗震设计理论也得到了长足的发展。

自 1899 年用于抗震设计的静力法提出以来，桥梁抗震设计理论的发展经历了静力理论、反应谱理论和动力理论三个阶段。按照地震动的特点，可将抗震设计方法分为确定性方法以及随机振动方法。确定性方法是由确定的地震动作为计算依据，对结构的抗震性能进行分析。随机振动方法则是将地震动视为具有概率特性的随机过程，对结构的地震反应进行分析。目前，世界各国普遍采用确定性的抗震分析方法，主要包括静力法、反应谱法以及动态时程分析方法。

9.1.2　静力法

静力法是早期采用的抗震设计方法，该法假定结构的各个部分与地震动的振动相同。因此，地震所引起的结构的惯性作用就相当于结构物的质量与地面运动加速度峰值$\ddot{\delta}_{g}$的乘积，而此惯性力则可视为作用于结构上的静力对结构进行线弹性分析。惯性力的计算公式如下[1]：

$$F=\ddot{\delta}_{g,\max}M=\ddot{\delta}_{g}\frac{W}{g}=KW \tag{9.1}$$

式中　W——结构物的重量；

K——地面运动加速度峰值与重力加速度 g 的比值，该值与结构本身的动力特性无关，仅与地面运动加速度峰值相关。

静力法以强度破坏作为其设计准则，将结构在地震荷载下的响应看作惯性力作用下的结构内力，以结构的地震响应是否小于结构的设计抗力，作为结构安全性的评判标准进行计算。

然而，按照动力学的角度进行分析时，将作用于结构的地震作用简化为结构质量与地震加速度的乘积是过于保守的。该法忽略了结构本身具有的动力特性，仅将地面加速度作为结构地震破坏的单一因素，也具有很大的局限性。而地面运动的强弱、场地地基的情况以及结构的重要性等，通常是以地震荷载的某项系数来反映。这样的简化方法仅适用于刚度很大的结构，也就是只有当结构物的固有周期与地震动的卓越周期相差很多时，在地震作用下结构才可能不发生变形而被视为刚体；若是超出了该范围，静力法便不再适用。

虽然静力法因其概念简单、计算方法简明扼要的优点，使其在实际工程中的应用较为广泛。但随着对大量地震震害资料的分析和对地震作用的深入研究，静力法越来越不能满足抗震设计的要求。

9.1.3　弹性反应谱法

由于缺乏对地震动特性的认识，静力法是早期的结构抗震设计中最基本的计算方法，而基于动力学的结构抗震分析理论发展较慢。随着对地震动记录的收集及其特性的分析，基于动力学的抗震分析方法才逐渐被意识到，并有了迅速发展的基础。

反应谱的概念是 1943 年由比奥特（M. A. Biot）提出的，同时还给出了世界上第一条反应谱曲线。反应谱曲线是某一强震记录下，单自由度弹性振子的周期与其在地震作用下绝对加速度、相对加速度和相对位移的响应最大值之间的关系。

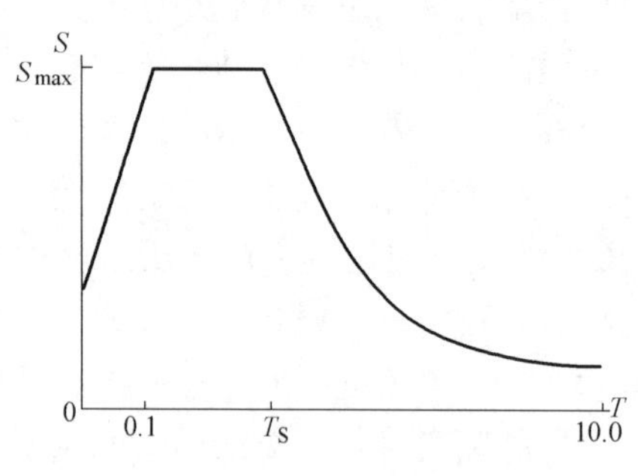

图 9-1　水平设计加速度反应谱

在采用反应谱方法进行桥梁结构的抗震设计时，需先拟合作用于结构的地震设计反应谱。《公路桥梁抗震设计细则》中，对作用于结构的加速度反应谱做了相关规定。对应结构阻尼比为 0.05 时的水平设计加速度反应谱 S 曲线由式（9.2）确定，如图 9-1 所示。

$$S=\begin{cases} S_{\max}(5.5T+0.45) & T<0.1\text{s} \\ S_{\max} & 0.1\text{s}\leqslant T\leqslant T_g \\ S_{\max}(T_g/T) & T>T_g \end{cases} \tag{9.2}$$

式中　T_g——场地特征周期（s）；

T——结构自振周期（s）；

$S_{\max}$——水平加速度反应谱的最大值。

对于结构阻尼比与 0.05 相差较大的情况，可按照《公路桥梁抗震设计细则》5.2.4 条修正。

针对不能简化为单自由度体系的复杂结构，无法直接利用单振型反应谱分析方法对结构进行分析，而需要首先进行振型分解，再对不同的振型进行组合，目前所提出的振型组合方法有 SUM 法、SRSS 法、CQC 法等[2]。

弹性反应谱法巧妙地将地震作用的结构动力问题转化为静力问题，使复杂的结构地震反应变得简单易行，建立起了地震动特性与结构之间的关系。其应用使结构的抗震设计得到了迅速发展，世界各国的抗震规范都将反应谱法作为一种分析手段。但反应谱法也存在一定的缺陷，如无法考虑地震动持时以及非线性对结构地震响应的影响。此外，反应谱法相应的抗震设计主要是针对结构的强度，而对结构在地震反复作用下的非线性变形能力无法计算。

9.1.4 动态时程分析法

静力法仅考虑了地震动的振幅最大值，反应谱法进而考虑到了地震动的频谱特性，对于其持时特性始终未能在以上两种方法中考虑。动态时程分析法则可以考虑地震动的各项特性，并能精确地分析结构的响应，可以考虑地基与结构的相互作用、地震时程的相位差、地震动的多点输入以及结构的非线性响应等因素。使结构抗震从单一的强度保证转入强度、变形（延性）的双重保证，同时使桥梁工程师更清楚地了解结构在地震作用下的动态破坏过程，为提高桥梁结构的抗震能力提供了有利途径。

动态时程分析法发展的基础是强震记录的不断增多及计算机技术的广泛应用。目前，很多重要桥梁的抗震计算均采用时程分析方法。该法从选定合适的地震动加速度时程入手，建立多质点多自由度的结构有限元模型，采用逐步积分法对地震动方程进行求解，计算地震过程中每一瞬时结构的位移、速度和加速度反应。可以精细地分析出地震作用下的结构弹性和非弹性内力变化，以及构件逐步开裂、损坏直至倒塌的全过程，为控制理论的发展提供了分析基础。通常采用的时程分析方法有线性加速度方法、常加速度方法、New-Mark 法及 Wilson-θ 法[3]。

采用动态时程分析法进行抗震计算分析，所得到的结果相比起其他分析方法会更加符合实际情况。其能够考虑的因素众多，不仅能模拟多维多点输入的情况，还可以考虑桩—土—结构的相互作用，对于非线性、非比例阻尼等问题也能较好地解决。

通常，大跨度桥梁结构的地震分析会首先采用反应谱法进行计算，再用动态时程分析法做校核。在采用动态时程分析方法进行抗震分析时，一般要选取多组地震记录进行分析，为的是避免因输入地震波的不同而造成计算结果相差过大，规范中也有对地震波数目以及其计算结果处理方法的要求。

9.1.5 随机振动分析方法

地震在时间、空间和强度特征上均具有明显的随机性，在同样的基本条件下得到的地震动时程曲线都不相同。随机振动法将每一条时程曲线视为一条随机过程的样本曲线，该理论为抗震分析中的振型组合提供了较易接受的方法，也为抗震设计概率理论奠定了基础。

目前，用于结构抗震分析的随机振动方法有时域法和频域法，时域法是利用蒙特卡罗法选取若干条能够代表地震动特性的时程曲线作为输入，按时程分析法计算结构的地震响应，随后对结构的地震响应进行统计分析，得到结构的地震反应特性。该法可以较为精确地计算出结构在地震作用下的响应，并可以考虑结构的非线性特性，其缺点是该法的计算工作量大。频域法通过建立地震输入和结构地震响应之间的功率函数，得到结构地震响应的统计特性，该法相较时域法计算量相对较小。但在分析复杂结构时，依然受到计算方法的困扰。

综上，鉴于动态时程分析法对各种因素考虑得较为周全，有较好的实用效果，对非线性、结构阻尼等因素均可进行分析，本书在计算时均采用动态时程分析方法。

9.2 桥梁结构分析模型

9.2.1 结构有限元模型

基于主要研究目的是桥梁结构的防灾抗震设计，该设计的理念是通过各分灾元件发生位移或是对结构在地震荷载下产生的过大位移进行控制，从而起到疏导结构位移、限制结构位移、防止结构发生碰撞、落梁等震害的作用。碰撞及落梁震害相对更多地出现于梁式桥中，因此将主要针对梁式桥在强震作用下的防灾抗震设计进行分析。

本部分所用算例为5×30m连续梁桥。梁宽17m，梁高1.6m，横断面由6片箱梁组成，其横断面图如图9-2所示。墩高10m，墩径1.8m。桥面铺装采用8cm的C50混凝土和11cm的沥青混凝土组成，防撞护栏单侧重量9.7kN/m。

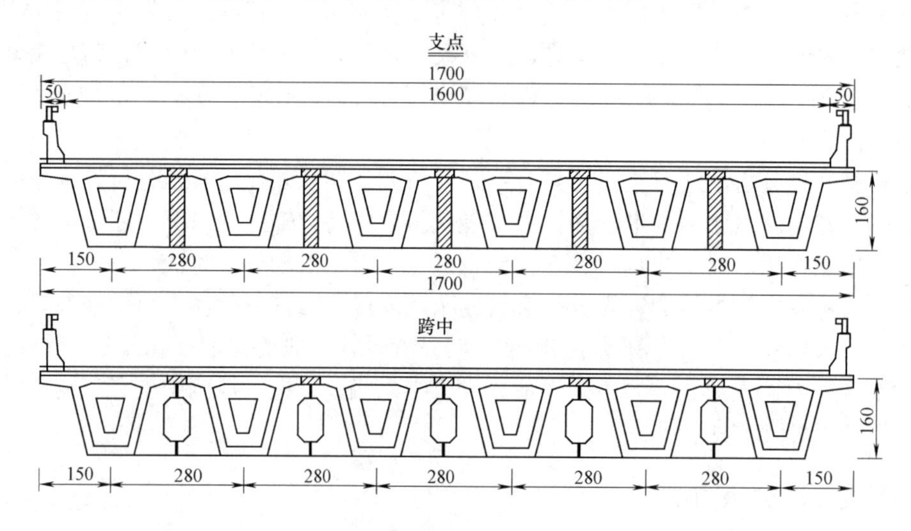

图9-2 主梁横断面图

采用结构有限元软件MIDAS建立计算模型，主梁、盖梁与桥墩均采用梁单元进行模拟，其中主梁主要模拟上部结构质量，做了部分简化。主梁材料为C50混凝土，盖梁和桥墩采用C30混凝土。板式橡胶支座模拟为弹性连接，支座刚度计算参照《公路桥梁板式橡胶支座规格系列》JT/T 663—2006。墩底采用固结方式模拟地基作用，不考虑桩基的作用。所用算例的有限元模型如图9-3所示。

支座的形式对桥梁结构的动力特性、在荷载作用下的内力以及位移响应均会有较大的影响。针对算例中所采用支座的构造特点及力学性能进行说明，并在此基础上对其抗震分灾效果进行分析。

1. 普通板式橡胶支座的功能及构造

普通板式橡胶支座是由多层薄钢板与薄橡胶板交替叠合而成，其在制作过程中需要经高温硫化粘结，通常采用的橡胶形式有天然橡胶和氯丁胶，钢板则全部包在橡胶材料内部。支座具有较强的竖向承载力，并能可靠地将上部结构的作用力传至桥梁墩台等下部结构；通过橡胶的弹性变形与剪切变形能力，支座还可以满足荷载引起的上部结构转动和变

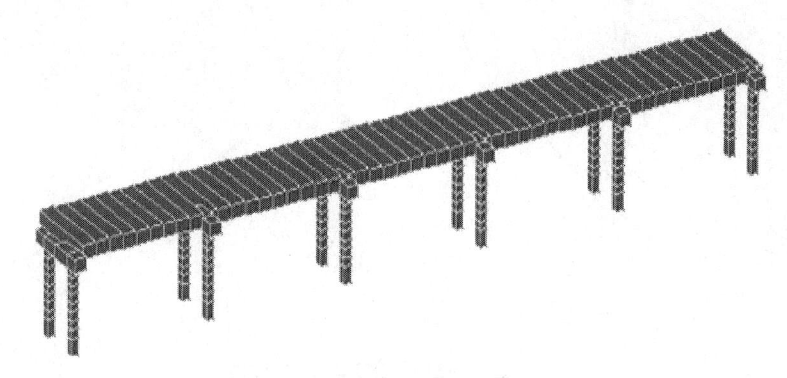

图 9-3 桥梁算例有限元模型

位。橡胶所具备的阻尼性能还能减少动载所产生的上、下部结构之间的冲击，能够起到一定的缓冲、隔震作用[4]。

普通板式橡胶支座的示意图，如图 9-4 所示。

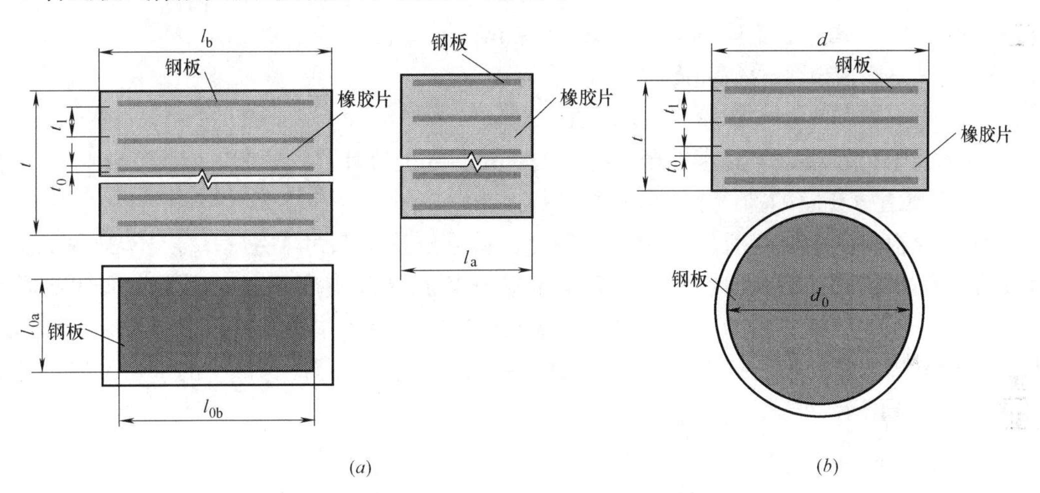

图 9-4 普通板式橡胶支座示意图

(a) 矩形支座；(b) 圆形支座

l_a—矩形支座的短边尺寸；l_b—矩形支座的长边尺寸；l_{0a}—矩形支座加劲钢板短边的尺寸；l_{0b}—矩形支座加劲钢板长边的尺寸；d—圆形支座的直径；d_0—圆形支座加劲钢板的直径；t—支座的总厚度；t_0—加劲钢板的厚度；t_1—支座中间单层橡胶片厚度

2. 普通板式橡胶支座的力学性能

水平剪切刚度是支座的一个主要参数。通过大量的试验证明，板式橡胶支座的滞回曲线呈狭长形。其剪切刚度随最大剪切角与疲劳试验加载频率的变化而变化，但对特定的频率和剪切角支座的剪切刚度可近似为常数[5]。若取其最大剪应变与频率，则可将支座的剪切刚度线性处理为直线，如图 9-5 所示。

可用公式表示为：

$$F(x)=Kx \tag{9.3}$$

式中 x——桥梁上、下部结构相对位移；

K——板式橡胶支座的等效剪切刚度。

《公路桥梁抗震设计细则》JTG/T B02-01—2008 中对板式橡胶支座剪切刚度的计算

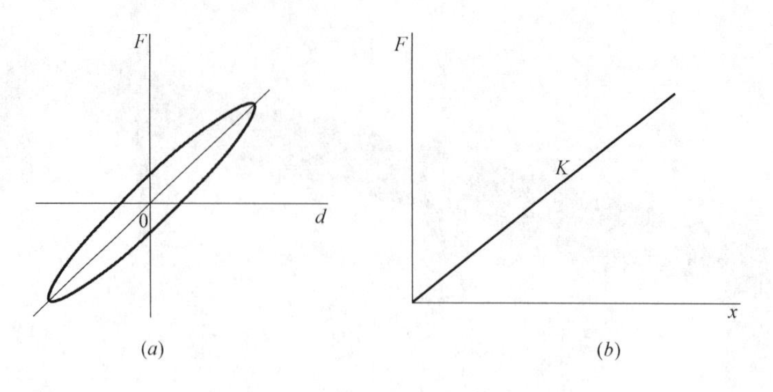

图 9-5　板式橡胶支座力学性能

(a) 板式橡胶支座滞回曲线；(b) 板式橡胶支座恢复力模型

方法做了规定：

$$K=\frac{G_{\mathrm{d}}A_{\mathrm{r}}}{\sum t} \tag{9.4}$$

式中　G_{d}——板式橡胶支座的剪切模量（kN/m²），一般取 $G=1200\mathrm{kN/m^2}$；

A_{r}——橡胶支座的剪切面积（m²）；

$\sum t$——橡胶支座中橡胶层的总厚度（m）。

本算例中，板式橡胶支座根据上述方法对其刚度进行计算。

3. 四氟滑板支座的构造及力学性能

四氟滑板支座是在普通板式橡胶支座上，按原支座的尺寸粘结一块层厚 2～4mm 的聚四氟乙烯板构成。四氟滑板支座不但具有普通板式橡胶支座的竖向刚度与弹性变形性能，能适应上部结构产生的竖向荷载及梁端转动，还可以利用聚四氟乙烯板与梁底不锈钢板间的低摩擦系数，使桥梁的上部结构自由活动，以适应上部结构产生的水平位移。其示意图如图 9-6 所示。

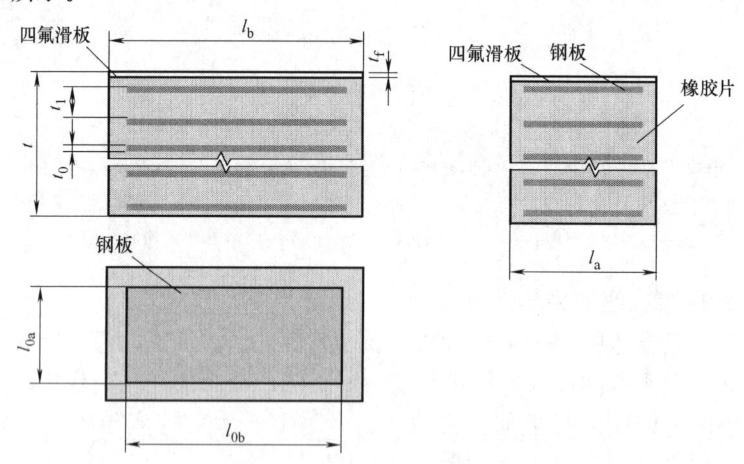

图 9-6　四氟滑板支座示意图

t_f—四氟滑板的厚度，其他参数与板式橡胶支座中的参数相同

其性能参数的计算与普通板式橡胶支座的相同，但其动力滞回曲线与板式橡胶支座不同，近似为理想弹塑性材料的应力—应变曲线，计算中通常将其简化为双线性恢复力模

型，如图 9-7 所示。

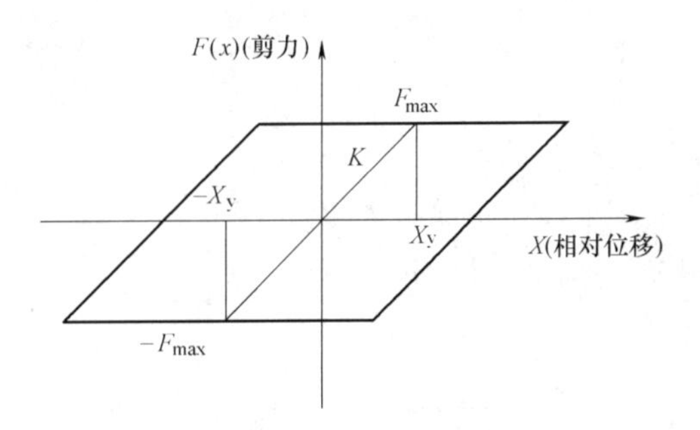

图 9-7 四氟滑板支座恢复力模型

图 9-7 中，F_{max}为临界摩擦力，x 为上部结构与墩顶的相对位移，X_y为临界位移。根据弹性恢复力最大值与临界滑动摩擦力相等的条件，可求得临界位移值为：

$$X_y=\mu N/K \tag{9.5}$$

式中 μ——滑动摩擦系数；

N——支座所承担的上部结构恒载。聚四氟乙烯滑板橡胶支座中，弹性位移是由橡胶的剪切变形完成的。因此，K 为橡胶支座的水平剪切刚度。

对于聚四氟乙烯滑板支座，规范规定其摩擦系数为 0.02，考虑到支座安装时通常有初始缺陷（倾斜），会使滑动位移大大增加，故摩擦系数取 0.01。

9.2.2 地震输入

进行抗震分析计算时，采用精细化时程分析方法，地震动输入采用某工程场地安评报告中所提供的小震（100 年超越概率 63.2%）、中震（100 年超越概率 10%）、大震（100 年超越概率 2%）地震波时程各三条进行分析。

根据《公路桥梁抗震设计细则》6.5.2 条的相关规定，时程分析计算的结果均取同一水准所对应三条地震波中的最大值。分析后发现，计算结果普遍较大的三水准所对应的地震波分别为：小震地震波时程 WT1636（峰值加速度为 96.20cm/s^2），中震地震波时程 WT1106（峰值加速度为 250.15cm/s^2）和大震地震波时程 WT1025（峰值加速度为 363.90cm/s^2），地震波时程如图 9-8～图 9-10 所示。

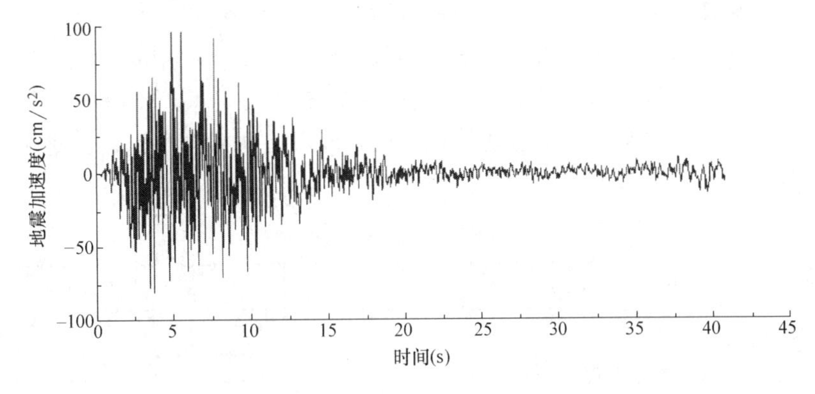

图 9-8 小震地震波时程 WT1636（E_1 地震）

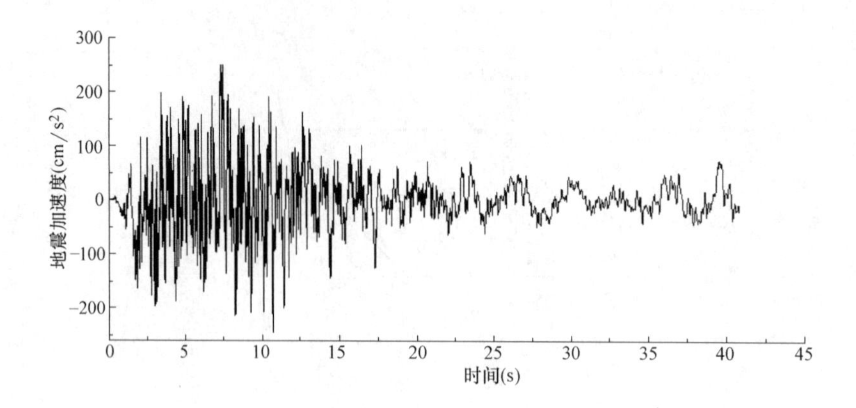

图 9-9　中震地震波时程 WT1106

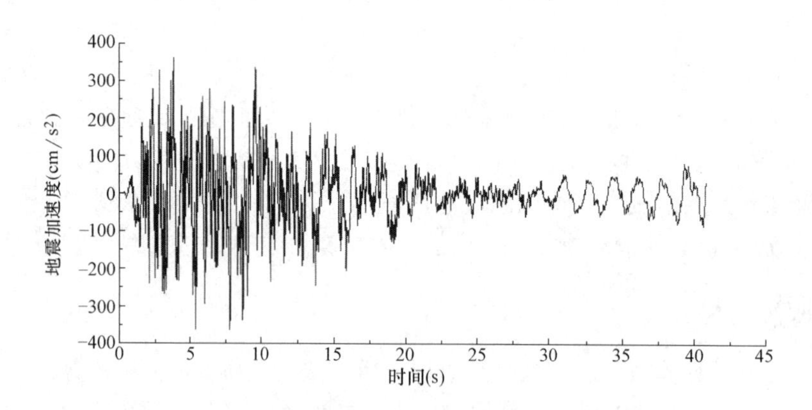

图 9-10　大震地震波时程 WT1025（E_2 地震）

地震中落梁震害较多的情况是顺桥向方向，因此在抗震分析计算时，采用顺桥向地震激励，暂不考虑横向地震作用的影响。

9.3　桥梁结构在强震作用下的响应

采用上节中涉及的小震、中震、大震地震波，对结构的动力特性以及其在荷载作用下的响应进行分析。模型中，考虑所采用支座的各向刚度，支座采用有限元程序中的弹性单元模拟。桥梁中墩采用板式橡胶支座，边墩采用四氟滑板支座，支座的参数见表 9-1 所示。本书的分析中假设支座与梁体、墩体接触面之间没有相对位移。也就是说，主梁与桥墩墩顶的相对位移即为支座产生的变位。

橡胶支座设计参数　　**表 9-1**

平面形状 $l_{0a} \times l_{0b}$(mm×mm)	250×500
支座高度(mm)	74
单层橡胶厚度 t(mm)	8
橡胶层总厚度 $\sum t$ (mm)	53

续表

板式支座不计制动力的顺桥向最大位移量(mm)	24
板式支座计入制动力的顺桥向最大位移量(mm)	33.6
单向滑动支座的顺桥向最大位移量(mm)	50

分别采用小震、中震以及大震各三条时程波对算例模型进行动态时程分析，在此列出小震时程 WT1636、中震时程 WT1106 以及大震时程 WT1025 的分析结果。

小震 WT1636 作用下结构地震响应　　表 9-2

	主梁位移(cm)	墩顶位移(cm)	相对位移(cm)	墩底弯矩(kN·m)
边墩	3.92	0.21	3.71	1374
中墩	3.92	0.91	3.01	5373

中震 WT1106 作用下结构地震响应　　表 9-3

	主梁位移(cm)	墩顶位移(cm)	相对位移(cm)	墩底弯矩(kN·m)
边墩	14.99	0.59	14.40	3858
中墩	14.99	3.25	11.74	19108

大震 WT1025 作用下结构地震响应　　表 9-4

	主梁位移(cm)	墩顶位移(cm)	相对位移(cm)	墩底弯矩(kN·m)
边墩	19.12	0.78	18.34	5099
中墩	19.12	4.28	14.84	25258

由结构分别在小震时程 WT1636、中震时程 WT1106 以及大震时程 WT1025 作用下的结构响应可见，支座的采用使得桥梁的上、下部结构位移响应有所不同，在地震作用下支座处产生了一定的相对位移，说明支座起到了一定的隔震作用。同时，由于边墩采用滑板支座，其主梁与边墩的相对位移较中墩大，说明滑动支座在水平方向的变位使上部结构因地震产生的位移得以释放。边墩的墩底弯矩相对中墩则小得多，数值相差近于五倍。也就是说，滑板支座的作用使得地震荷载大多被分配在采用有一定水平刚度的板式支座所对应的桥墩上。

将模拟支座形式的结构在小震时程 WT1636、中震时程 WT1106 以及大震时程 WT1025 作用下主梁及支座的位移时程图列出，如图 9-11～图 9-19 所示。

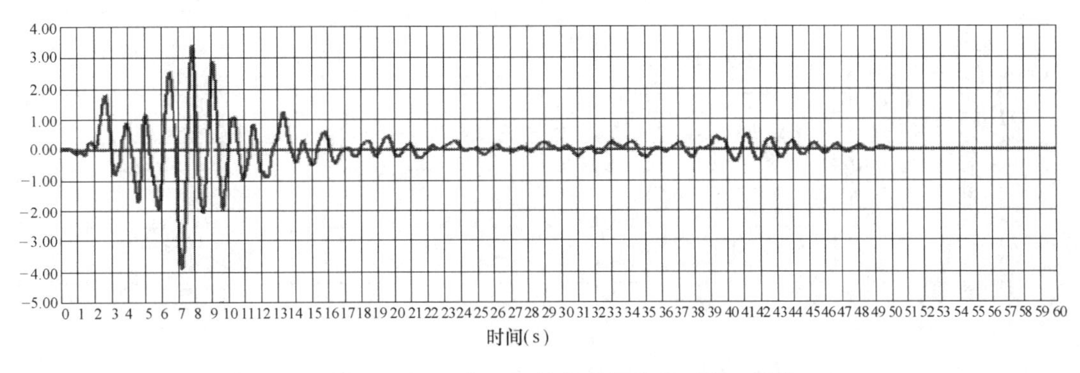

图 9-11　小震 WT1636 作用下结构主梁位移时程（单位：cm）

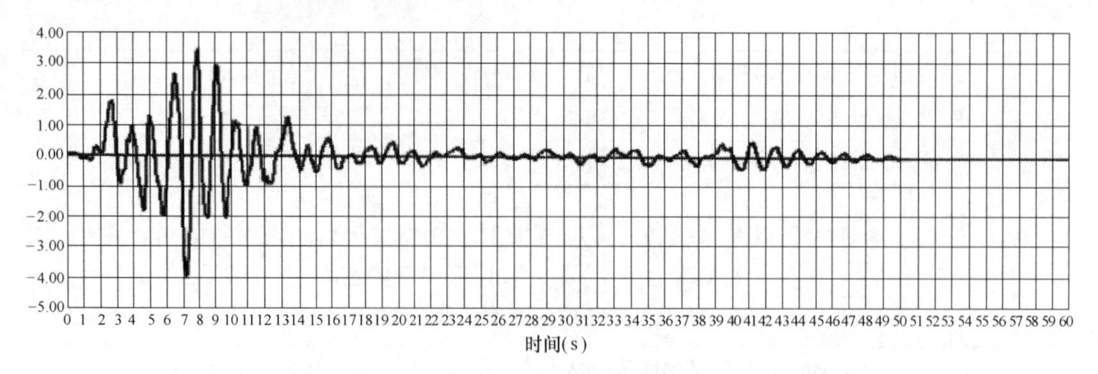

图 9-12　小震 WT1636 作用下结构滑板支座位移时程（单位：cm）

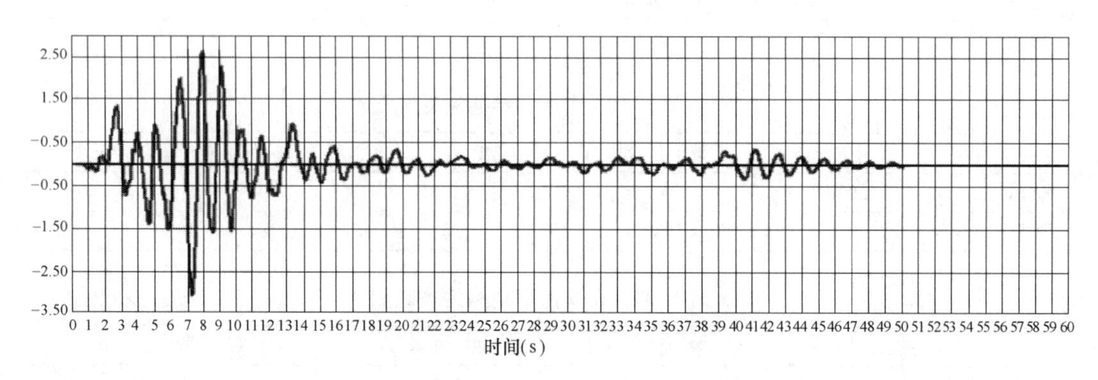

图 9-13　小震 WT1636 作用下结构板式支座位移时程（单位：cm）

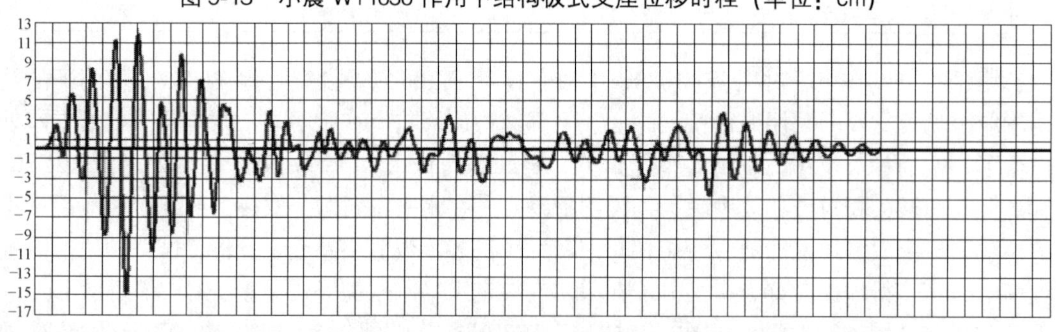

图 9-14　中震 WT1106 作用下结构主梁位移时程（单位：cm）

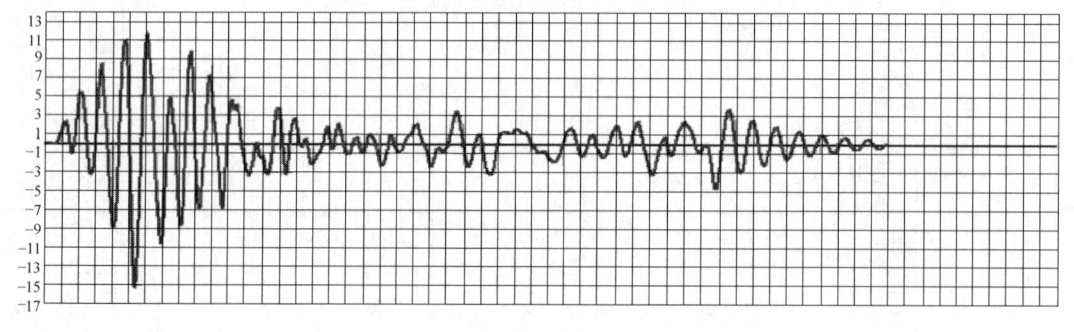

图 9-15　中震 WT1106 作用下结构滑板支座位移时程（单位：cm）

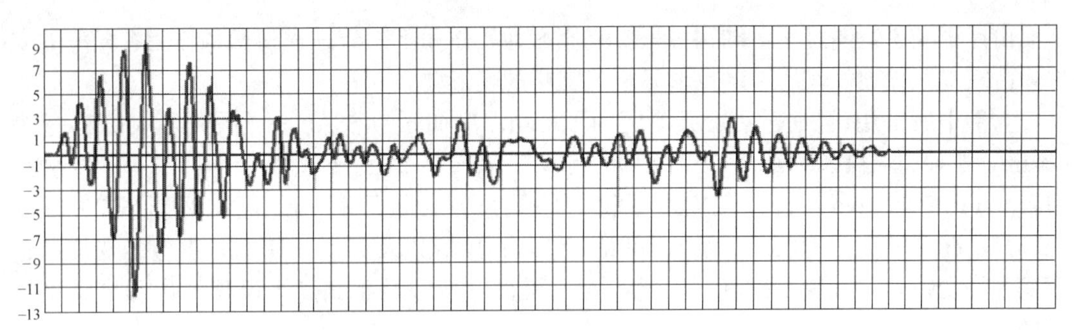

图 9-16 中震 WT1106 作用下结构板式支座位移时程（单位：cm）

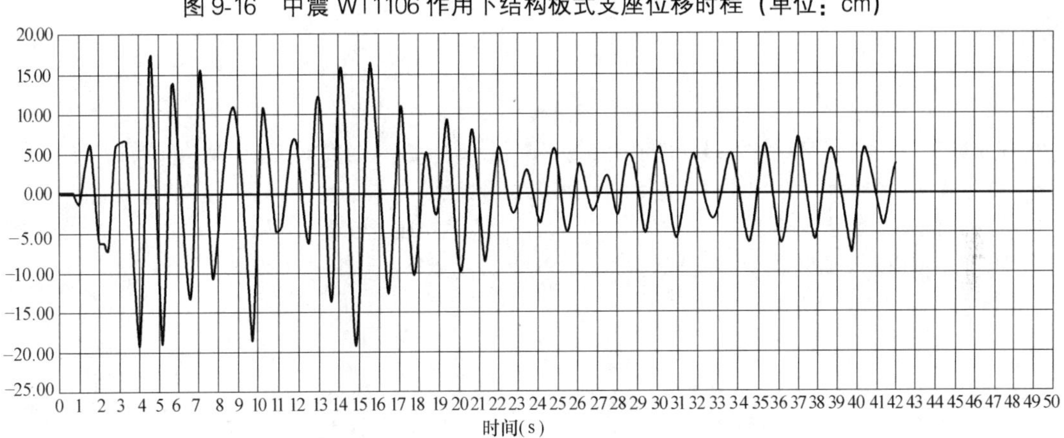

图 9-17 大震 WT1025 作用下结构主梁位移时程（单位：cm）

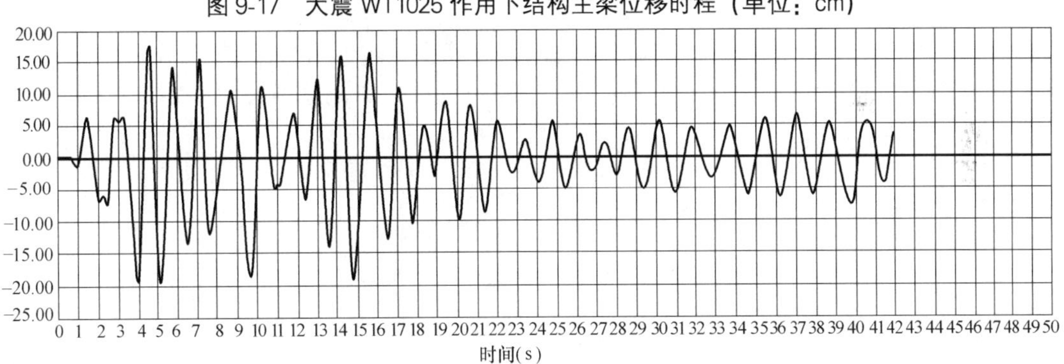

图 9-18 大震 WT1025 作用下结构滑板支座位移时程（单位：cm）

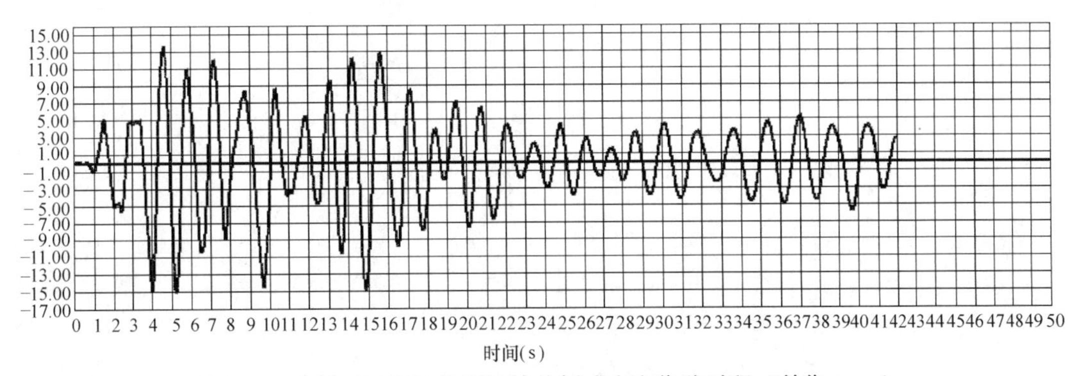

图 9-19 大震 WT1025 作用下结构板式支座位移时程（单位：cm）

由计算结果组图可见，结构主梁与支座在地震作用下随着地震荷载的作用有相应的变位，滑板支座在地震作用下的变形较板式支座的变形要大。

算例中所采用的支座橡胶层厚度为 53mm，单向滑动支座的顺桥向最大位移量为 50mm，然而结构在中震 WT1106、大震 WT1025 的激励下所产生的支座位移量为 117.4mm、148.4mm，已超过支座顺桥向的最大位移量及其允许剪切变形量 79.5mm（1.5H，H 为支座的橡胶层厚度）。可见，结构在中震以及大震作用下，支座的变位超过了其允许变位，已发生了破坏。因此，对该桥设置各种限制其过大位移的抗震措施是必要的。

参考文献

[1] 叶爱君. 桥梁抗震 [M]. 上海：人民交通出版社，2002.
[2] 张敏红. 中国公路桥梁抗震设计规范的变迁及对比研究 [D]. 西安：长安大学，2010.
[3] 余载道. 结构动力学基础 [M]. 上海：同济大学出版社，1987.
[4] 公路桥梁板式橡胶支座 JT/T 4—2004 [S]. 北京：人民交通出版社，2004.
[5] 庄军生. 桥梁支座（第二版）[M]. 北京：中国铁道出版社，2000.

第 10 章　结构防灾抗震元件的优化设计与效能分析

由第 9 章的分析可见，桥梁结构在中震以及大震作用下，支座的变位超过了其允许变位，已发生了破坏，有发生碰撞及落梁的危险。因此，需要对该桥设置各种限制其过大位移的防灾抗震措施，以便控制桥梁结构在地震作用下的过大位移。

10.1　结构防灾抗震元件的类型

位移型抗震防灾系统是结合基于位移的抗震设计思想以及振动控制设计方法，通过防灾元件发生位移或是对结构在地震荷载下产生的过大位移进行控制，起到防灾作用。

位移型抗震分灾系统中，各元件的抗震设计是与基于位移的抗震设计思想以及振动控制设计相结合的，通过分灾元件发生位移或是对结构在地震荷载下产生的过大位移进行控制，起到疏导结构位移、限制过大位移、防止结构发生碰撞、落梁等震害的作用。支座、伸缩装置、挡块、限位装置、连梁装置等均属于位移型抗震防灾系统。其中能够疏导结构位移响应的有支座、伸缩装置、搁置长度，能对结构的过大位移响应有所限制的有限位装置、连梁装置。这些分灾元件具有相同的特点：在设置分灾元件部位的结构相对位移未达到元件的设计启动位移量时，分灾元件通常都不发生作用；当该部位所产生的结构相对位移量大于分灾元件的启动位移量时，分灾元件便会发挥其限位、分灾作用。

本章将分别对伸缩装置、限位装置、搁置长度、连梁装置等位移型抗震防灾元件的抗震防灾能力进行分析，其中能够疏导结构位移响应的有伸缩装置和搁置长度；能对结构的过大位移响应有所限制的有限位装置和连梁装置。

10.2　结构防灾抗震元件的优化设计与防灾效果分析

10.2.1　伸缩装置的设计与响应

桥梁伸缩装置是为使车辆平稳通过桥梁并满足结构变形要求的需要、在桥面伸缩缝处设置的装置。在地震作用下，其响应也需要重视。

1. 伸缩装置的基本功能及考虑因素

伸缩装置的选择应考虑需安装伸缩装置的结构类型、道路性质、所应满足的伸缩量等主要因素，同时还需考虑道路、桥梁结构以及伸缩装置的耐久性、排水性、施工难易性以及平整性等，其所应满足的要求较多。

（1）伸缩装置所应具有的基本功能

伸缩装置应选择恰当的伸缩量，通常缝隙越大的伸缩装置越容易破坏。伸缩装置应能适应桥梁由温度变化所引起的伸缩，且应考虑伸缩装置安装时的温度修正。对于因主梁下挠所引起的梁端变位，伸缩装置在设计时也应予以考虑，尤其对于纵坡较大的结构，通常会出现挠度差较大的情况。施工过程中，应对伸缩装置所在位置的桥面进行平坦处理、精心施工，以便保证伸缩装置与桥面的衔接质量。伸缩装置与梁体的结合应具有较高的强度，以适应日趋增多的重型车辆以及较高的汽车冲击作用，有必要加大结合部位的长度和宽度，对角隅处也应尽可能地予以加强。

（2）伸缩装置设计时需考虑的因素

1）温度变化的影响

桥梁是长期暴露在自然界中的结构物，其受环境的影响较大。因吸收和释放阳光辐射、空气温度所引起的温度变动，使得桥梁结构的温度也在不断地发生变化。桥梁结构温度效应的主要影响因素有桥梁所处的地理位置、季节、时间、结构的材料性能，同时还有结构表面的反射、受空气对流影响等因素。

计算分析时，通常将桥梁结构的温度效应分为整体温度（线性温度变化）与温度梯度（非线性温度变化），整体温度是环境温度所引起的结构整体温度效应，温度梯度则考虑到结构日照时间、材料传热性能等因素。通常，整体温度对桥梁结构伸缩量的影响占到绝大部分。分析结构的整体温度效应，首先要确定桥梁结构的温度变化范围，这在《公路桥涵设计通用规范》JTG D 60—2015 中也有相关规定：在计算桥梁结构因均匀作用所引起的变形时，结构的温度效应应从其受到约束的时刻开始，考虑最高和最低有效温度的作用效应。规范中将中国划分为严寒、寒冷和温热三个区域，当缺乏实际的调查资料时，宜参照所给出的结构相应最高和最低有效温度值[1]。

温度梯度对于结构响应的影响效果，主要的还是针对结构应力方面的，而对变形量的影响相对较小。因此，在确定伸缩装置的伸缩量时，对非线性温度变化所引起的变形量不予考虑。

2）混凝土收缩徐变

混凝土的收缩徐变是其所具有的固有特征，也是随时间随机变化的现象，能够对其变化规律产生影响的因素很多，如混凝土的水灰比、集料的比例、所处环境的温度、相对湿度、混凝土的龄期、强度以及荷载持时等。

因混凝土的收缩和徐变所引起的变形相当大，因此对于混凝土桥梁，在计算伸缩量时，均应考虑到混凝土的收缩、徐变所引起的变位，否则极有可能会造成伸缩装置的损坏。在《公路钢筋混凝土及预应力混凝土桥涵设计规范》JTG 3362—2018 中，针对混凝土的收缩和徐变所引起的变形，提出采用名义收缩系数和名义徐变系数进行计算[2]。在计算时需要注意，通常在安装伸缩装置时，混凝土已经发生了一定的收缩和徐变，在计算伸缩装置的伸缩量时，应以安装伸缩装置的时刻为基准时间进行计算，对混凝土的收缩以及徐变系数应予以折减。

3）荷载所引起的桥梁挠曲变形

从桥梁结构建造期间开始，便会受到许多荷载的持续作用，如结构的自重、预应力、混凝土的收缩徐变、汽车冲击力、人群荷载、温度荷载、地震荷载等。虽然不同荷载的作用方式不同，但所有的荷载均会引起桥梁结构的变形，使得处于桥梁结构端部的伸缩装置要承受随之所产生的竖向、水平以及转角变位。在对伸缩装置进行设计与计算时，需要考虑到这些荷载所产生的变位。

在作用于桥梁结构的荷载中，土侧压力以及重力、基础的沉降变位、汽车所引起的冲击力以及地震荷载等，均会引起桥梁结构与相邻结构之间的相对变位，实际情况也较为复杂，在进行设计时也存在较大的困难，应在设计伸缩装置的富余量时兼顾此类变位。

4）桥梁纵坡的影响

当伸缩装置处于具有纵坡的桥梁结构梁端时，伴随梁体伸缩的同时，伸缩缝处通常不仅会发生水平向变位，还会产生竖向错位，通常竖向的错位量等于水平变位与桥梁纵坡的乘积。竖向变位在伸缩量和纵坡较小的桥梁中影响较小，而大多数伸缩装置的设计仍然仅考虑单一方向的变形，若伸缩缝处出现竖向变形，则较易损坏伸缩装置。

2. 伸缩装置的伸缩量计算方法

在设计伸缩装置时，首先需要对伸缩量进行计算，需要考虑上述的各种因素。通常，因温度变化、混凝土的收缩和徐变所引起的伸缩量是设计时所要考虑的主要因素，其他影响因素以及因桥梁结构的形式、布设条件所产生的伸缩量，主要在设置变形富余量时予以考虑。

（1）因温度变化引起的伸缩量

通常，伸缩装置安装时的温度均在最高有效温度 $T_{\max}$ 和最低有效温度 $T_{\min}$ 之间，在温度的作用下伸缩装置会伸长或缩短，伸长量和缩短量可按下列公式计算：

$$\Delta l_{t}=(T_{\max}-T_{\min})\alpha l \tag{10.1}$$

$$\Delta l_{t}^{+}=(T_{\max}-T_{set})\alpha l \tag{10.2}$$

$$\Delta l_{t}^{-}=(T_{set}-T_{\min})\alpha l \tag{10.3}$$

式中 Δl_{t}——因温度变化引起的梁体伸缩量；

Δl_{t}^{+}——因温度上升引起的梁体伸长量；

Δl_{t}^{-}——因温度下降引起的梁体收缩量；

T_{set}——伸缩装置在安装时的温度；

α——材料的膨胀系数（混凝土材料 $\alpha=10\times10^{-6}$，钢结构 $\alpha=12\times10^{-6}$）；

l——所计算桥梁结构的梁体长度。

（2）因混凝土收缩和徐变引起的伸缩量

t_0 至 t 时间段内混凝土收缩所引起的梁体收缩量 Δl_{s} 可按下式计算：

$$\Delta l_{s}=\varepsilon(t,t_0)l \tag{10.4}$$

t_0 至 t 时间段内混凝土的收缩系数 ε（t，t_0）可按下式计算：

$$\varepsilon(t,t_0)=\varepsilon(t_{\infty},t_0)\beta \tag{10.5}$$

式中 ε（t_{∞}，t_0）——混凝土收缩徐变最终状态收缩系数；

β——混凝土收缩徐变递减系数。

t_0 至 t 时间段内因混凝土徐变所引起的梁体收缩，可按下式计算：

$$\Delta l_{c}=\frac{\sigma_{P}}{E_{c}}l\varphi(t,t_0) \tag{10.6}$$

式中 σ_{P}——有预应力等荷载引起的主梁截面轴向应力；

E_{c}——混凝土的弹性模量；

φ（t,t_0）——t_0 至 t 时间段内混凝土的徐变，可采用下式计算：$\varphi(t,t_0)=\varphi(t_{\infty},t_0)\beta$。

（3）安装时的情况与设计不相符时伸缩量的调整

通常，伸缩装置会随着桥梁结构的变位发生变形，在长期以及周期性的荷载作用下容易发生损坏。因此，在对伸缩装置进行设计时，应精确地计算其伸缩量并考虑一定的富余，以保证伸缩装置在运营过程中的工作性能。

在设计时要考虑到施工安装季节对伸缩装置的影响，不同的安装季节应设置不同的伸缩装置富余量。对于夏季安装的伸缩装置，在其他的三个季节中因温度相对降低伸缩装置呈收缩状态，其变形与混凝土的收缩徐变方向一致。若伸缩装置安装于冬季，则其他三个季节伸缩装置将会因温度的相对升高缩短，其与混凝土收缩徐变所引起的变位方向相反。当因混凝土的收缩徐变而发生的变位较小，因温度而引起的结构变位最大时，伸缩装置的收缩量达到最大。伸缩装置的最大伸缩变位为其最大收缩量与混凝土因收缩徐变所引起变位的绝对值之和。通常，安装季节对伸缩装置伸缩量的影响可在计算其初始预压量时予以考虑。

对于伸缩装置安装温度的影响，通常也以设计伸缩装置预压量的方式对其进行调整。当实际安装温度 T 高于设计施工温度 T_{set} 时，伸缩装置的初始预压量应减小，其减小量为：

$$\Delta l_{s}=(T-T_{set})\alpha l \tag{10.7}$$

当实际安装温度 T 低于设计假定温度 T_{set} 时，可考虑升温 10～15℃对其进行调整。

而对于混凝土龄期的影响，通常指的是混凝土的收缩徐变与设计值有所差异，一般不予考虑；若该值较大时，也通过伸缩装置的初始预压量进行调整。

(4) 伸缩装置伸缩量的简易计算方法

由上述分析可知，对伸缩装置进行设计时所需要考虑的因素较多，计算工作也相对复杂。为此，《公路桥梁伸缩装置实用手册》对伸缩装置伸缩量的计算提出了简易计算公式。其中，西北地区预应力混凝土桥的伸缩量计算公式按表 10-1 进行。

伸缩量简易计算公式 **表 10-1**

温度	温度变化范围 ΔT(℃)	-11.2～34.8
	膨胀系数 α	10×10^{-6}
	温度变化 $\Delta l_{t}=\alpha\Delta Tl$	$0.541l$
收缩	收缩系数 ε_{∞}	0.2
	收缩折减系数 β	0.4
	收缩变位 $\Delta l_{s}=\varepsilon_{\infty}\beta l$	$0.08l$
预应力	混凝土弹性模量 E_{c}(MPa)	34000
	混凝土平均预加应力 σ_{p}(MPa)	70
	徐变系数 φ_{∞}	2.0
	徐变折减系数 β	0.4
	徐变变位 $\Delta l_{c}=(\sigma_{p}/E_{c})\varphi_{\infty}\beta l$	$0.165l$
可变荷载引起的梁端截面转动量 R		$0.04l$
基本伸缩量 $\Delta l_{0}=\Delta l_{t}+\Delta l_{s}+\Delta l_{c}+R$		$0.826l$
富余量(基本伸缩量的 30%)$\Delta l'_{0}$		$0.248l$
设计伸缩量 $\Delta l=\Delta l_{0}+\Delta l'_{0}$		$1.074l$

只要伸缩装置的安装温度得以确定，便可按照表中的计算公式得到伸缩装置的伸缩量，据此还可求得伸缩装置的闭口量、伸缩装置的开口量以及伸缩装置的初始预压量。

因温度变化引起的伸缩装置闭口量（梁的伸缩量）为：

$$\Delta l^{+}=1.3(T_{\max}-T_{\mathrm{set}})\alpha l \tag{10.8}$$

式中，1.3是考虑了伸缩富余量后的提高系数。在《公路钢筋混凝土及预应力混凝土桥涵设计规范》JTG 3362—2018中，该系数的范围定义为1.2～1.4。

伸缩装置的开口量，也即梁的缩短量为：

$$\Delta l^{-}=\Delta l-\Delta l^{+} \tag{10.9}$$

伸缩装置的初始预压量 $\Delta l'$ 为：

$$(\Delta l^{-})'=\Delta l^{-}-l_{\min} \tag{10.10}$$

式中　$l_{\min}$——伸缩装置可承担的拉伸变形。

（5）考虑地震作用的伸缩装置设计

在《公路桥梁抗震设计细则》JTG/T B02-01—2008第9.5.3条中有关于伸缩装置的设计要求：选用梁端伸缩缝时，应考虑地震作用下的梁端位移。

在进行抗震设计时，为使伸缩装置不至于发生较大破坏，以 E_1 等级地震作用下的结构位移对伸缩装置的伸缩量进行设计较为合理，其设计伸缩量可按下式计算：

$$l_{\mathrm{B}}=u_{\mathrm{B}}+l_{\mathrm{A}} \tag{10.11}$$

式中　u_{B}——E_1 等级地震作用下的支座设计变位；

　　　l_{A}——考虑各种因素的伸缩装置富余量。

3. 伸缩装置的各项参数模拟

伸缩装置的变位用于调整因预加应力、混凝土徐变收缩、温度效应、汽车冲击力等荷载产生的结构变形。地震时，伸缩装置的设置可以使分离的两联桥梁按照各自的动力特性振动，也会因其存在而改变两联桥梁结构的动力响应。

（1）伸缩装置的相关研究结论

由于伸缩缝两侧的桥梁在地震作用下很容易出现梁体相对位移超出伸缩缝宽度的情况，针对伸缩装置的研究较多地出现在桥梁结构的碰撞分析中。Robert Jankowski等人研究了伸缩缝宽度对梁体碰撞的影响。研究指出，伸缩缝的宽度越大，两侧的梁体便可自由振动，地震对结构的影响较小[3]。Pantelides等人的分析表明，桥梁结构的碰撞会使桥梁结构的内力大幅增加[4]。Malhotra等人针对相邻两跨刚度相异（刚度之比为1.14）的桥梁进行了碰撞分析，结果表明桥面的碰撞反而会减小桥墩的内力。很多学者对该现象的解释为，正是由于上部结构的碰撞消耗了地震能量，才使得桥墩的地震响应减小[5]。郭维等人的研究表明，桥梁结构的碰撞既有增大结构地震响应的可能，也有降低结构地震响应的可能[6]。

朱晞与帅纲毅等人对16m铁路简支梁桥的碰撞效应做了分析，针对伸缩缝大小对碰撞效应的影响研究发现：当两联桥梁的间距非常小时（间距不大于1cm），两桥之间的碰撞次数较多，但碰撞力相对较小；随着梁间间距的增大，碰撞的次数有所减小，而随之碰撞力会增大，两桥间距大于13cm时碰撞不再发生。选择适合的伸缩缝宽度，能够较好地减小桥梁碰撞产生的破坏。伸缩缝过小，会影响结构的正常变位；过大的伸缩缝则会影响桥梁结构的行车平稳性与舒适性[7]。王统宁对公路桥梁减震伸缩装置的设计进行了研究，认为若伸缩缝宽度过小，梁体间隙小，引桥处便很容易发生落梁震害[8]。

(2) 伸缩装置的力学模型

为了对碰撞现象进行研究，许多学者也提出了桥梁碰撞的有限元模型，分析碰撞现象以及相关的影响因素。Desroches 等人针对桥梁碰撞建立了两种模型：一种是两自由度单面碰撞的非线性模型；另一种是将相邻结构均简化为单自由度体系，以冲击力恢复模型模拟碰撞[9]。Trochalakis 等人建立的碰撞模型是具体结构的简化模型，碰撞采用弹簧单元来模拟[10]。范立础和李建中用于研究桥梁碰撞的计算模型采用了美国加州大学的 Drain23-DX 程序，模型中桥梁结构采用弹性梁单元。伸缩缝采用接触单元模拟，考虑其初始伸缩量[11]，如图 10-1 所示。

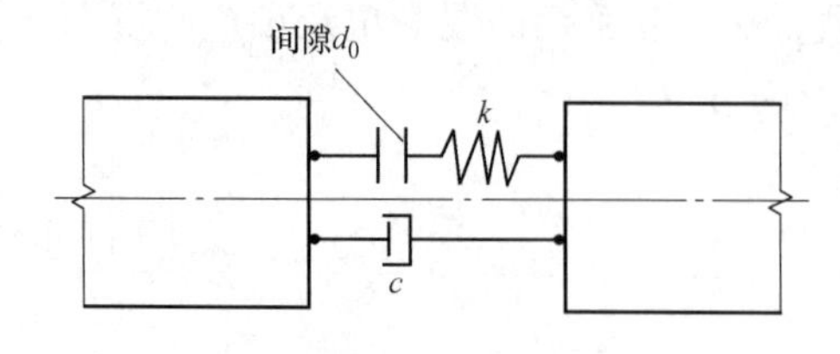

图 10-1　伸缩装置的有限元模型

d_0——伸缩缝的伸缩量；

k——伸缩装置模型的弹簧刚度；

c——伸缩装置模型的弹簧阻尼

对于碰撞弹簧刚度的取值，许多学者建议采用梁的轴向刚度[12]。

碰撞过程中，伸缩装置接触后也会对输入结构的地震能量有一定的耗损，伸缩装置的阻尼系数与阻尼比通过下式计算：

阻尼系数：

$$c=2.0\xi\sqrt{k\frac{m_1m_2}{m_1+m_2}} \tag{10.12}$$

阻尼比：

$$\xi=\frac{-\ln r}{\sqrt{(\ln r)^2+\pi^2}} \tag{10.13}$$

式中　k——碰撞的弹簧刚度；

m_1、m_2——相邻两跨桥梁结构的梁体质量；

r——恢复力系数，其计算公式为 $r=(v_2-v_1)/v_0$，即梁体碰撞后的分离速度与碰撞前的接近速度之比。完全弹性碰撞的情况下，恢复力系数为 0，完全塑性碰撞时则为 1。对于混凝土结构，试验推荐恢复系数取值为 0.65，阻尼比取为 0.05[13]。

(3) 伸缩装置的各项参数计算

1) 伸缩装置伸缩量的常规设计

采用表 10-1 中伸缩量的简易计算公式对伸缩装置进行设计。本章所用算例地处西北地区，为预应力混凝土梁桥，则一侧伸缩装置位移量的伸缩梁长为 $l=75$m，根据表中的公式其设计伸缩量 $\Delta l=1.074l=80.55$mm。

假设伸缩装置安装时的温度为 $T_{set}=10$℃，则其因温度变化引起的伸缩装置闭口量（梁的伸缩量）为：

$$\Delta l^{+}=1.3(T_{max}-T_{set})\alpha l==1.3\times(32.6-10)\times10\times10^{-6}\times75\times10^{3}=22.035\text{mm}$$

伸缩装置的开口量，也即梁的缩短量为：

$$\Delta l^{-}=\Delta l-\Delta l^{+}=80.55-22.035=58.515\text{mm}$$

本章选用伸缩量为 80mm 的 GQF-MZL 型伸缩装置，且其自身所能承担的拉伸变形

l_{min}=20mm，则伸缩装置的初期压缩量为 $(\Delta l)'$=58.515−20=38.515mm。

2）伸缩装置其他参数的计算

有限元模型中碰撞单元的刚度 k 采用梁的轴向刚度，对本章的算例模型进行分析，得到其刚度取值为 5.32×10^9 N/m。

因本算例考虑相邻桥梁与本桥结构形式相同，则碰撞单元的阻尼系数 $c=2.0\xi\sqrt{k\dfrac{m_1m_2}{m_1+m_2}}=2.0\times0.05\times\sqrt{5.32\times10^9\times0.5}=5157.52\text{N}\cdot\text{s/m}$。

4. 伸缩装置的地震响应分析

采用支座参数的计算模型在相邻两联桥之间建立伸缩装置的模拟单元，其伸缩量为 80mm、碰撞单元刚度为 5.32×10^9 N/m，阻尼系数为 5157.52N·s/m。

分别采用小震、中震以及大震各三条时程波进行动态时程分析，在此列出响应最大的小震时程 WT1636、中震时程 WT1106 以及大震时程 WT1025 的分析结果，如表 10-2～表 10-4 所示。

小震 WT1636 作用下结构地震响应　　表 10-2

工况		主梁位移(cm)	墩顶位移(cm)	上、下部结构相对位移(cm)	墩底弯矩(kN·m)
原桥	边墩	3.92	0.21	3.71	1374
	中墩	3.92	0.91	3.01	5373
考虑 80mm 伸缩装置	边墩	3.90	0.21	3.69	1374
	中墩	3.88	0.90	2.98	5341

中震 WT1106 作用下结构地震响应　　表 10-3

工况		主梁位移(cm)	墩顶位移(cm)	上、下部结构相对位移(cm)	墩底弯矩(kN·m)
原桥	边墩	14.99	0.59	14.40	3858
	中墩	14.99	3.25	11.74	19108
考虑 80mm 伸缩装置	边墩	11.36	0.59	10.77	3858
	中墩	11.32	3.23	8.09	15152

大震 WT1025 作用下结构地震响应　　表 10-4

工况		主梁位移(cm)	墩顶位移(cm)	上、下部结构相对位移(cm)	墩底弯矩(kN·m)
原桥	边墩	19.12	0.78	18.34	5099
	中墩	19.12	4.28	14.84	25258
考虑 80mm 伸缩装置	边墩	20.36	0.78	19.58	5099
	中墩	20.30	4.60	15.70	27254

从以上各表中的数据可见：在小震时程 WT1636、中震时程 WT1106 激励下，设置了伸缩装置的算例所得到的结构地震响应普遍较不考虑伸缩装置的模型有所减小，其主梁

位移、墩顶位移、上下部结构相对位移均有所减小，边墩墩底弯矩较原结构没有变化，中墩墩底弯矩有所减小。而大震时程 WT1025 作用下，设置了伸缩装置的算例模型所得到的结构地震响应普遍较不考虑伸缩装置的模型大，主梁位移、墩顶位移、上下部结构相对位移均有所增大，边墩墩底弯矩较原结构没有变化，中墩墩底弯矩则有所增大。

采用小震、中震和大震地震各三条地震波对设置伸缩装置的算例进行动态时程分析的结果有相同的规律：小震及中震作用下结构的地震响应普遍减小，而大震作用下结构的响应均有所增大。分析其原因，是相邻桥梁的碰撞效应导致结构的地震响应有所增大，这与 Pantelides 以及郭维等人的研究结论相同。

图 10-2～图 10-7 表示出伸缩装置在地震作用下的内力及位移响应时程。

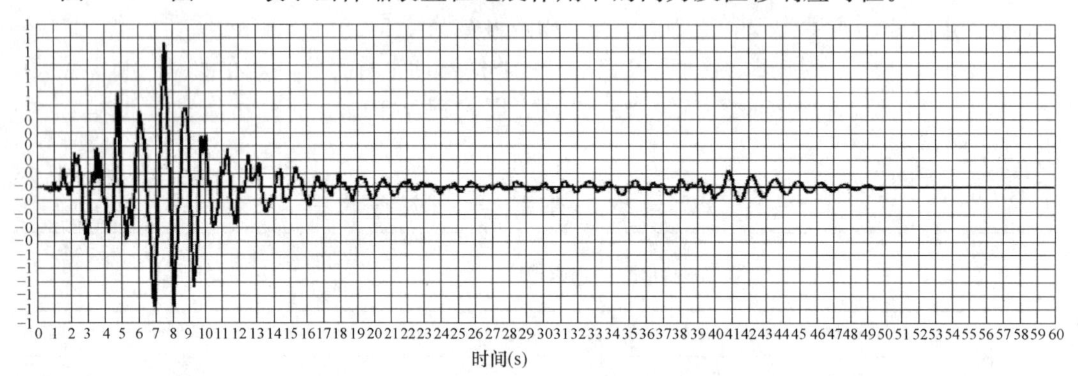

图 10-2　小震 WT1636 作用下伸缩装置内力时程（单位：kN）

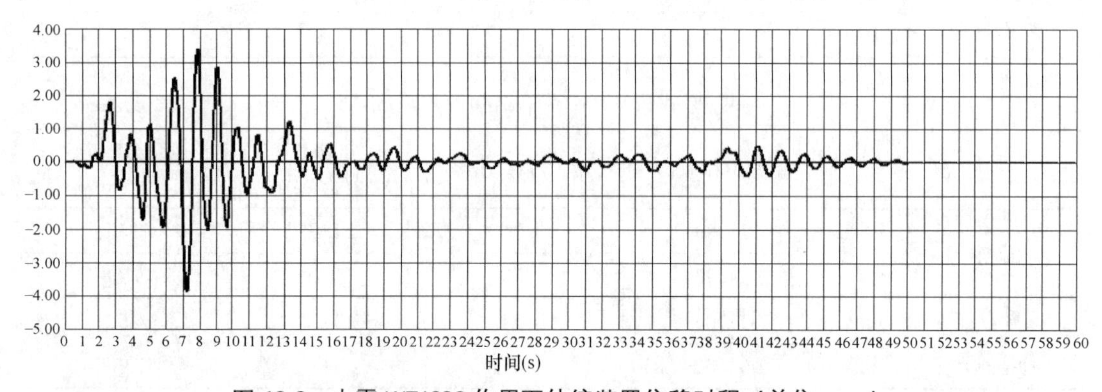

图 10-3　小震 WT1636 作用下伸缩装置位移时程（单位：cm）

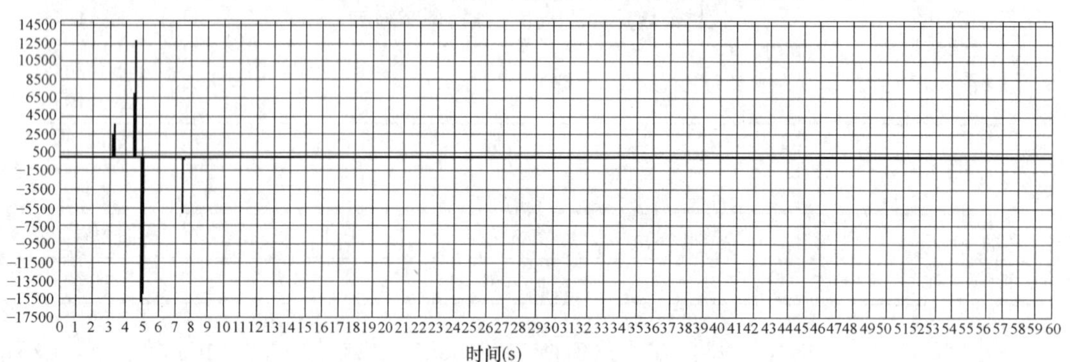

图 10-4　中震 WT1106 作用下伸缩装置内力时程（单位：kN）

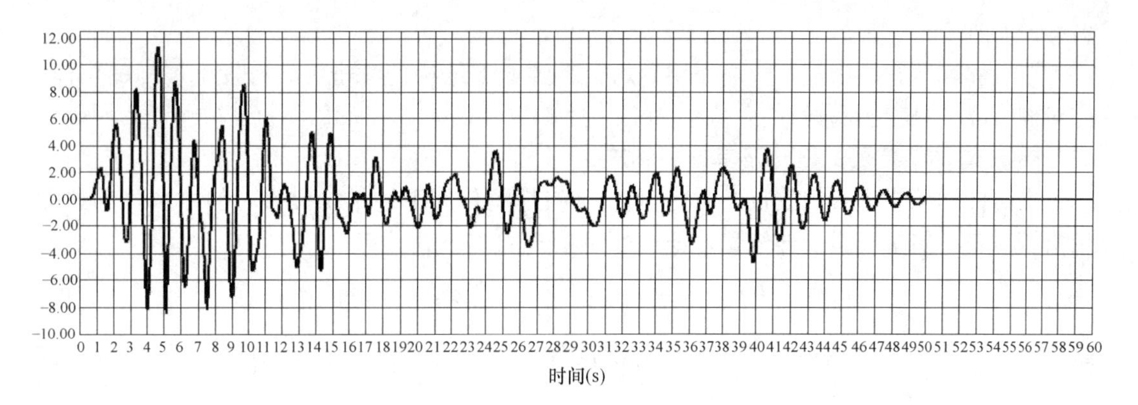

图 10-5 中震 WT1106 作用下伸缩装置位移时程（单位：cm）

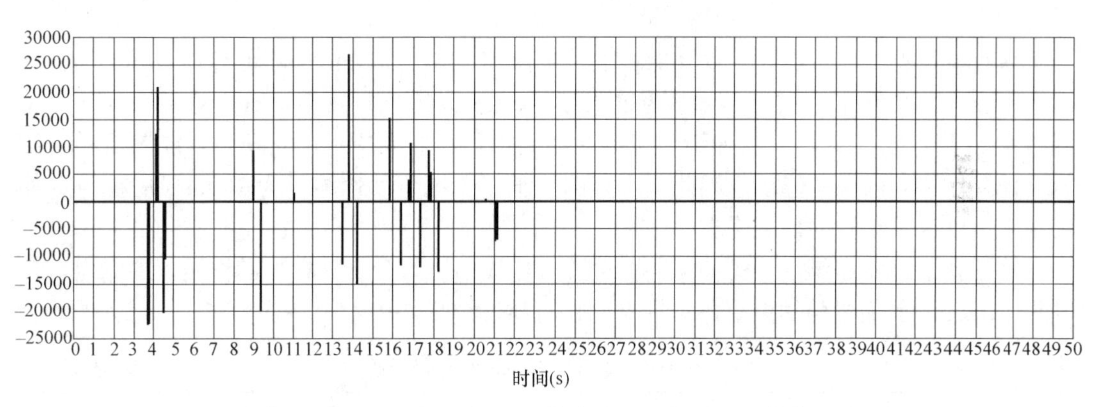

图 10-6 大震 WT1025 作用下伸缩装置内力时程（单位：kN）

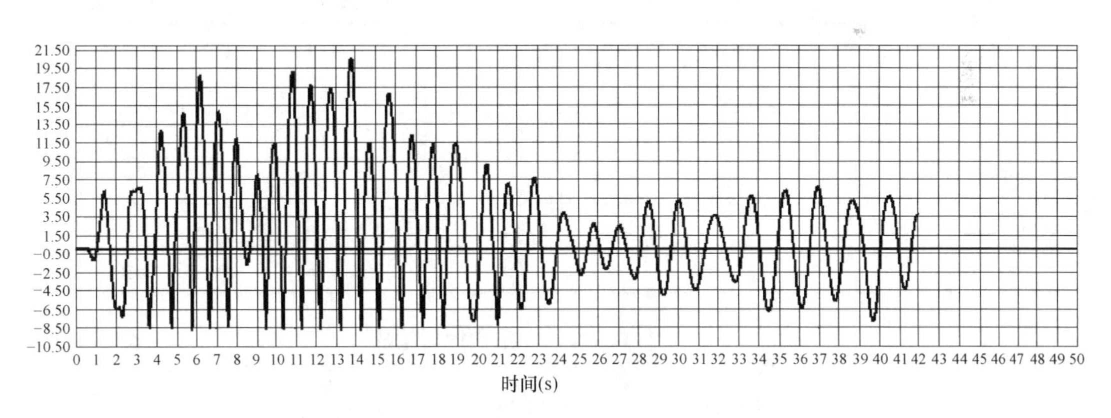

图 10-7 大震 WT1025 作用下伸缩装置位移时程（单位：cm）

从伸缩装置在各等级地震下的内力与位移响应时程可以看出：在小震作用下，伸缩装置几乎不受力，相邻结构在伸缩缝处产生的位移大多小于 40mm，未超过伸缩装置的设计伸缩量 80mm；在中震作用下，伸缩装置在较短的几秒内受到了一定的冲击力，在伸缩缝处产生的结构位移也有数秒超过了伸缩装置的设计伸缩量 80mm，这两种情况出现的时间相互对应；在大震作用下，伸缩装置受到梁间冲击力的情况出现较多，伸缩缝处的结构相对位移最大达到近 200mm，已远超出伸缩装置的设计伸缩量，说明伸缩装置已经发生了破坏。

鉴于伸缩装置在中震及大震作用下均会受到上部结构的冲击力，有发生破坏的可能，应对伸缩装置进行抗震设计。

5. 抗震伸缩装置的设计及其地震响应

在对伸缩装置进行抗震设计时，以 E_1 等级地震作用下的结构位移对伸缩装置的伸缩量进行修正，其抗震设计伸缩量，即初始间隙 d_0 可按下式计算：

$$l_B = u_B + l_A = 37.1 + 24.165 = 61.265\text{mm} < 80\text{mm} \tag{10.14}$$

式中　u_B——E_1 等级地震作用下的支座设计变位，从上节中的计算中可以得到该值为 3.71cm；

l_A——考虑各种因素的伸缩装置富余量，为伸缩装置基本伸缩量（由上节计算得为 80.55mm）的 30%，即为 24.165mm。

由计算可见，以抗震原则设计的伸缩装置伸缩量 61.265mm 小于原伸缩量 80mm。

然而，在文献［8］中对于此类桥梁减震伸缩装置的分析发现，对于跨径为 30m、桥墩为 10m 高的桥梁结构，其伸缩装置的初始间隙需设在 120～150mm，方能满足桥梁结构在地震作用下的位移需求。因此，本算例偏于安全地采用伸缩量为 160mm 的梳齿形伸缩装置，以满足结构的抗震需求。

将重新进行伸缩量设计的伸缩装置设置于桥梁结构，分析其在地震作用下的响应，并与设置 80mm 伸缩量伸缩装置的结构响应相对比，结果如表 10-5～表 10-7 所示。

小震 WT1636 作用下结构地震响应　　表 10-5

工况		主梁位移(cm)	墩顶位移(cm)	上、下部结构相对位移(cm)	墩底弯矩(kN·m)
原桥	边墩	3.92	0.21	3.71	1374
	中墩	3.92	0.91	3.01	5373
考虑 80mm 伸缩装置	边墩	3.90	0.21	3.69	1374
	中墩	3.88	0.90	2.98	5341
考虑 160mm 伸缩装置	边墩	3.87	0.21	3.66	1374
	中墩	3.87	0.90	2.96	5309

中震 WT1106 作用下结构地震响应　　表 10-6

工况		主梁位移(cm)	墩顶位移(cm)	上、下部结构相对位移(cm)	墩底弯矩(kN·m)
原桥	边墩	14.99	0.59	14.40	3858
	中墩	14.99	3.25	11.74	19108
考虑 80mm 伸缩装置	边墩	11.36	0.59	10.77	3858
	中墩	11.32	3.23	8.09	15152
考虑 160mm 伸缩装置	边墩	14.78	0.59	14.21	3858
	中墩	14.78	3.21	11.54	18832

大震 WT1025 作用下结构地震响应　　表 10-7

工况		主梁位移(cm)	墩顶位移(cm)	上、下部结构相对位移(cm)	墩底弯矩(kN·m)
原桥	边墩	19.12	0.78	18.34	5099
	中墩	19.12	4.28	14.84	25258
考虑 80mm 伸缩装置	边墩	20.36	0.78	19.58	5099
	中墩	20.30	4.60	15.70	27254
考虑 160mm 伸缩装置	边墩	16.60	0.78	15.93	5099
	中墩	16.60	4.27	12.39	25681

从以上对比分析可见：在小震时程 WT1636 作用下重新设置了伸缩量为 160mm 伸缩装置的算例所得到的结构地震响应与设置伸缩量为 80mm 伸缩装置的结构响应相比相对减小；在中震时程 WT1106 激励下，设置了伸缩量为 160mm 伸缩装置的结构地震响应相对 80mm 的较大，相对于原结构的内力及位移响应减小幅度较小，说明采用 80mm 伸缩装置的结构在中震作用下的碰撞过程中地震能量有所耗散；在大震时程 WT1025 作用下，设置了伸缩量为 160mm 伸缩装置的结构地震响应相较 80mm 的结构减小较多，说明伸缩装置处的碰撞使得结构受到的地震能量有部分耗散。也就是说，相邻桥梁梁端间隙的差异会导致碰撞引发的结构响应有所不同。

鉴于本章所关注的是伸缩装置在地震作用下的响应，碰撞对结构的影响效果不是主要的研究内容，因此仅针对伸缩装置的地震响应进行分析。下面计算出重新设置的设计伸缩量为 160mm 的伸缩装置在地震作用下的内力及位移响应时程，如图 10-8～图 10-13 所示。

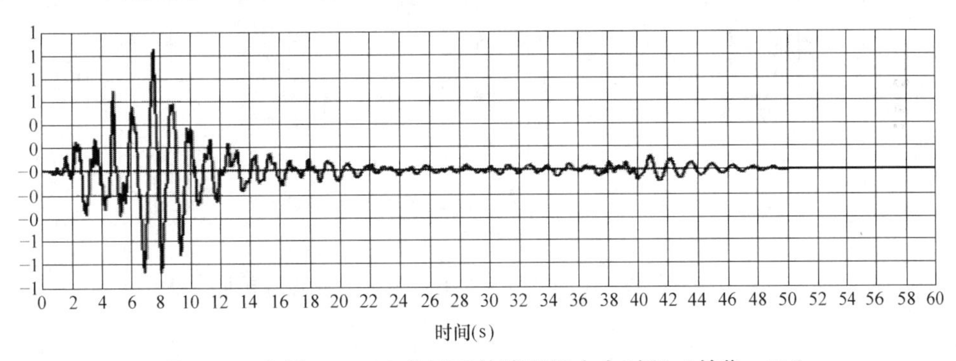

图 10-8　小震 WT1636 作用下伸缩装置内力时程（单位：kN）

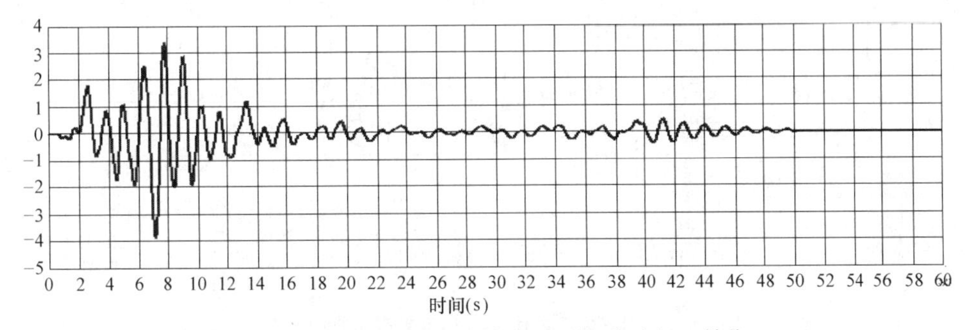

图 10-9　小震 WT1636 作用下伸缩装置位移时程（单位：cm）

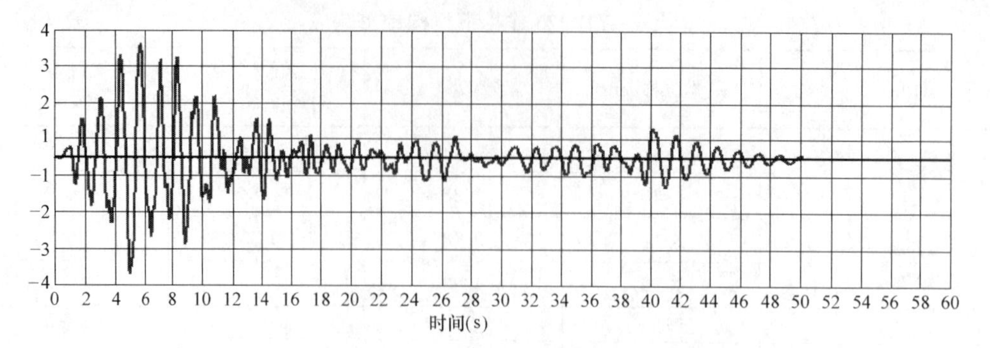

图 10-10　中震 WT1106 作用下伸缩装置内力时程（单位：kN）

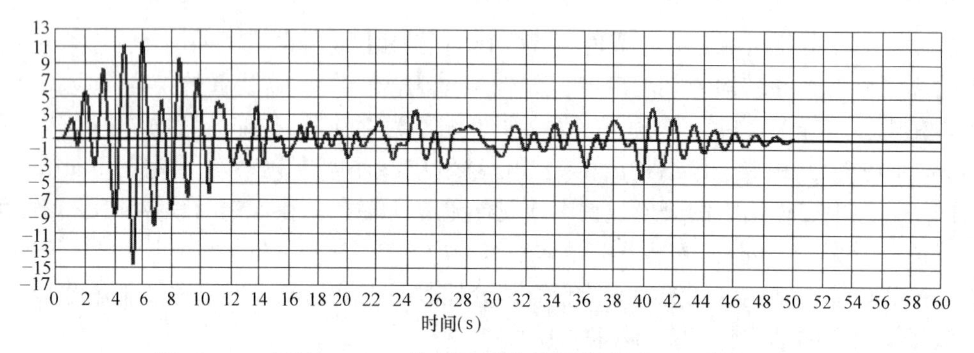

图 10-11　中震 WT1106 作用下伸缩装置位移时程（单位：cm）

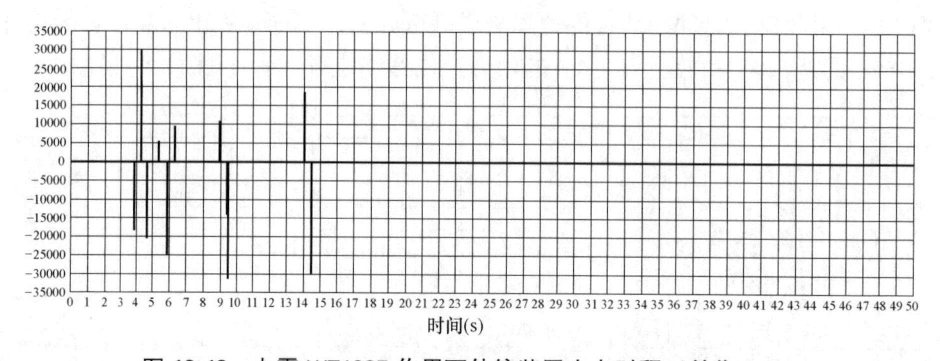

图 10-12　大震 WT1025 作用下伸缩装置内力时程（单位：kN）

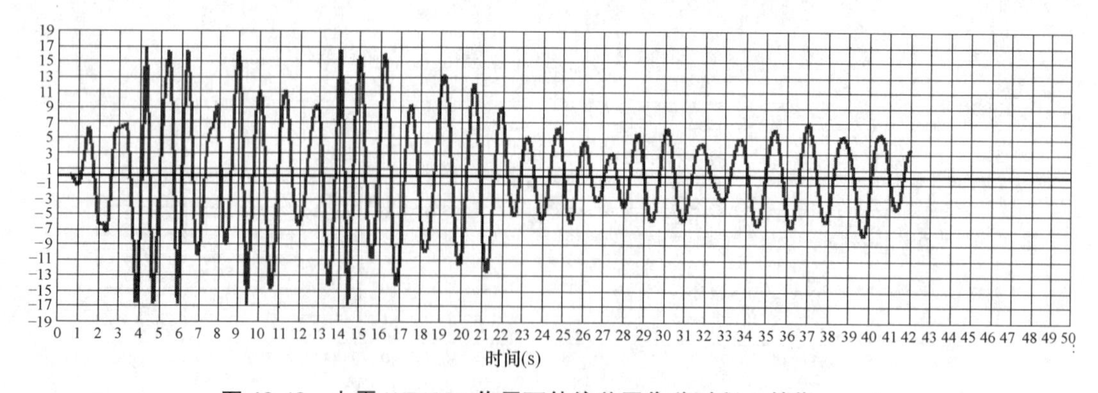

图 10-13　大震 WT1025 作用下伸缩装置位移时程（单位：cm）

从上面所给重新设计的伸缩装置在各等级地震下的内力与位移响应时程可以看出：在小震和中震作用下伸缩装置几乎不受力，伸缩装置仅受到较小的摩擦力。相邻结构在伸缩缝处产生的位移在小震时小于 40mm，在中震时小于 160mm，均未超过伸缩装置的设计伸缩量 160mm；在大震作用下，伸缩装置在较少的情况下受到了一定的冲击力，相邻结构在伸缩缝处产生的位移也有部分时刻超过了伸缩装置的设计伸缩量，最大达到近 170mm，超出了伸缩装置的设计伸缩量，伸缩装置发生破坏。

结构在中震 WT1106、大震 WT1025 激励下支座的位移已超过其允许剪切变形量，伸缩装置在大震时会因桥梁产生碰撞导致的过大位移受到一定的冲击荷载，应对结构采取一定的抗震措施，以减小其在地震中的破坏。

10.2.2 限位装置的设计与防灾效果分析

大量的桥梁震害表明，在地震作用下因梁体位移过大所引起的相邻结构的梁间碰撞、主梁与桥台之间的碰撞是较常出现的震害，而碰撞所造成的伸缩缝挤压破坏、支座失效、主梁落梁等震害将会造成更为巨大的地震损失。

限位装置是限制桥梁遭遇地震作用后在支座及伸缩缝处产生过大位移、防止碰撞及上部结构落座而采用的抗震措施，其在桥梁加固与抗震设计中应用较广。

1. 限位装置的类型及性能特征

限位装置的种类相对较多，而不同的限位装置具有不同的构造特征与性能。

（1）锚固钢棒式限位装置[14]

锚固钢棒式的限位装置采用钢棒连接上、下部结构，通常钢棒埋设于下部结构的顶部，在上部结构侧的钢箍中安装橡胶等缓冲材料，其限位功能是通过钢棒与缓冲材料的恢复力得以实现的。限位装置的初始间隙以及施工间隙，通过在钢棒与缓冲材料之间填入海绵得以保证。其构造如图 10-14 所示。

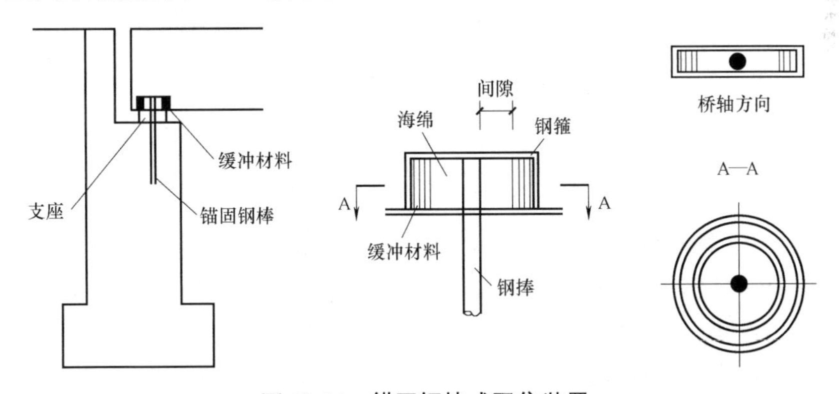

图 10-14 锚固钢棒式限位装置

（2）挡块式限位装置

挡块的设置也同样可以防止桥梁结构在地震中发生落梁，在一定程度上亦能避免支座发生较大的破坏。挡块分为纵向挡块和横向挡块，通常在设计时便予以考虑，挡块式限位装置如图 10-15 所示。

纵向挡块通常设置在台帽之上，在梁端与桥台或胸墙之间可以填充缓冲材料，起到限

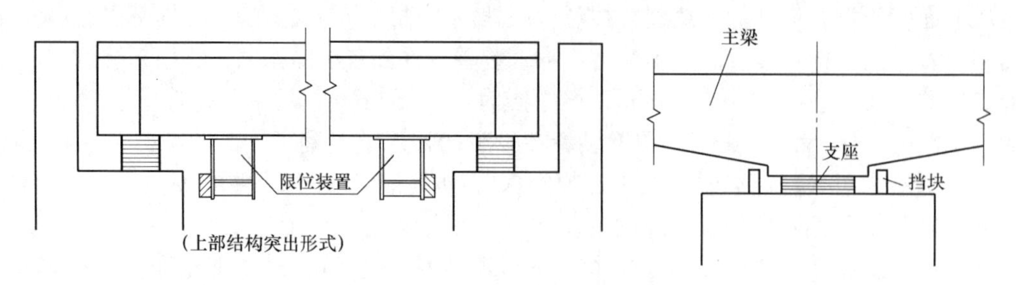

图 10-15　挡块式限位装置

制桥梁纵向位移的作用。横向挡块通常可以设置在桥墩上，挡在边梁的外侧，防止主梁在横桥向发生较大的变位。

(3) 带有撑架的横桥向限位装置

此类限位装置在国内并不多见，日本名古屋的高速公路上有部分桥墩上采用了此类限位装置。由于桥墩在横桥向的宽度较窄，若在地震中支座发生破坏，则很可能发生坍塌，因此需要在横桥向设置限位装置。为不破坏桥梁的景观效果，还能使其在地震作用下起到一定的吸收地震能量、防止结构失稳的作用，便产生了这种限位装置。其构造形式如图 10-16 所示。

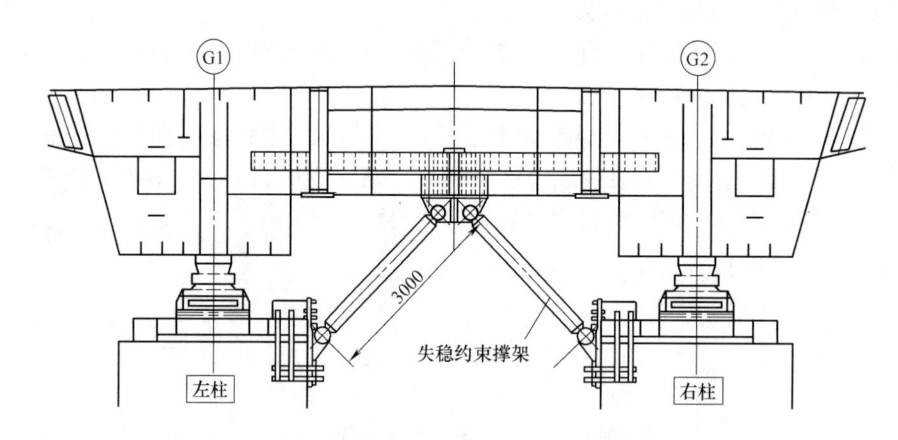

图 10-16　撑架式限位装置

此类限位装置的构造是在上层横梁之间的空间设置两个斜撑连接桥梁的上、下部结构，斜撑与上部结构采用横梁固结。其设置可以减少支座在地震作用下承受的水平作用力，亦可以吸收地震所产生的能量，从而降低了桥墩的损伤、起到抗震的作用。

(4) 剪切板型限位装置[15]

桥梁结构中减震支座以及板式橡胶支座的应用会起到延长结构的周期、隔震以及分散水平力的作用，与此同时也会使得伸缩缝处的位移增大，为减小桥梁上部结构的移动量，剪切板型限位装置得以开发。限位装置中的钢材采用低屈服点钢材，装置的耗能作用是通过钢板的剪切变形来实现的，其构造图如图 10-17 所示。

剪切板型限位装置在常时以及 E_1 地震作用下的状态，如图 10-17 左侧所示；当遭遇 E_2 等级地震作用时，则会发生剪切变形，见图 10-17 右侧。

此类限位装置具有高阻尼性，可以大幅度减小桥梁上、下部结构的相对变位，抗震性

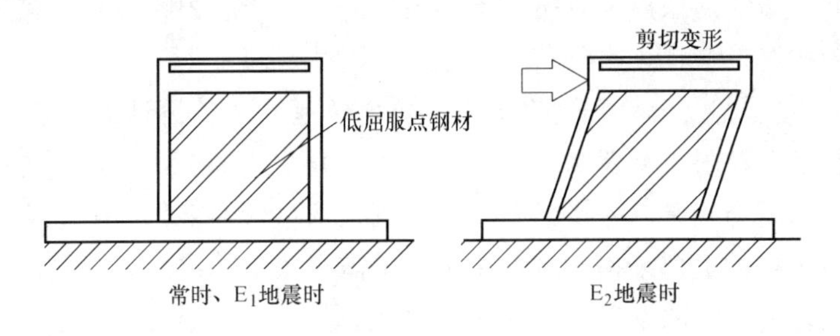

图 10-17 剪切板型限位装置

能较好；其所采用的材料为钢板，与支座可共同形成功能分离型支座，因此成本较低，应用较为广泛。

（5）其他限位装置

其他较为常用的限位装置中有具耗能作用的阻尼器，阻尼器主要是提供阻尼，如铅阻尼器、软钢阻尼器、摩擦阻尼器和黏滞阻尼器等，如图 10-18 所示。

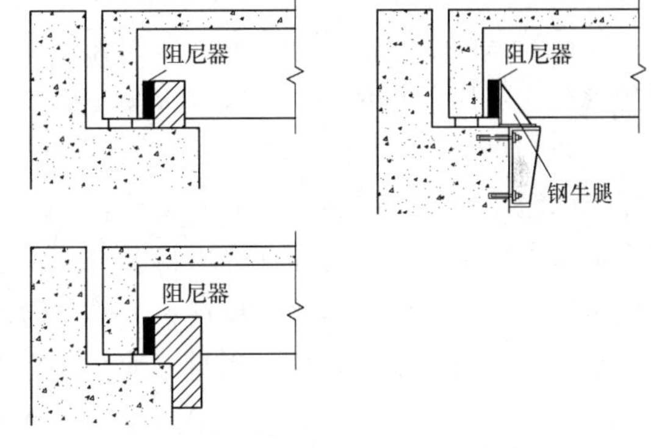

图 10-18 带有阻尼器的限位装置

2. 限位装置的相关规定及研究结论

限位装置是防落梁系统的第一级保护措施，可以用来补充地震作用下支座抗震能力的不足，与支座共同抵抗地震作用对桥梁结构产生的地震作用，用以防止支座及伸缩缝处产生的过大位移导致的碰撞或上部结构落座。尤其对于采用了隔震设计的桥梁结构，限位装置能够较好的起到限制桥梁上、下部结构较大变位的作用。

（1）各国规范中规定的限位装置设计方法

各国桥梁设计规范均对限位装置有相应的规定。《公路工程抗震设计规范》JTJ 004—1989 规定，应在相邻两桥主梁之间或梁与桥台之间增设橡胶垫等缓冲材料，以缓和因地震作用所造成的冲击作用并限制结构的过大位移。对于简支梁桥、挂梁等桥面不连续的结构，应设置横纵桥向的挡块、锚栓连接等防止落梁的措施。对于连续梁桥以及桥面连续的简支梁桥，应采用防止横桥向产生较大变位的限位措施。《公路桥梁抗震设计细则》JTG/T B02-01—2008 第 9.5 条关于抗震措施的规定中提到，对中小跨度桥梁可能因相对位移过大而发生落梁震害的情况，应选择适当的防落梁措施；在 11.4.3 条中提及 8 度区的桥梁结构，应采用合理的限位装置防止结构相邻构件发生较大的相对位移；但对其设计方法并没有详细的规定。

美国、日本、新西兰等国的规范中都有限位器设计方法的相关规定，通常都采用静力分析法做弹性设计，较为简单。Caltrans（美国加州运输部规范）中的计算方法假定支座完全失效，整个结构的刚度仅存限位装置的刚度，计算采用单自由度体系进行设计。通过弹性谱分析法求出不受限制的桥梁上部结构最大位移发现，简支梁桥的墩顶加速度与地面峰值加速度相同。该法的缺点是忽略了支座的作用，对于动力特性相差较远的两个相邻结构，计算所得的相对位移较小[16]。

AASHTO（美国各州公路和运输工作者协会规范）中的设计方法主要是针对新建结构，仅从搁置长度以及限位装置两个方面考虑防落梁系统的作用。限位装置的设计地震作用为设计地震加速度与相邻两跨桥梁中较轻一侧结构重量的乘积。限位装置设置于地震中易发生较大相对位移的上部结构末端，在装置中需要预留一定的间隙，使其在设计位移未被超出时不发挥作用。该法是基于力的设计方法，然而限位装置的设计目标是位移控制。该法的缺点是未曾考虑限位装置的刚度，在设计过程中仅考虑较轻一侧结构的影响，未能考虑相邻桥梁结构的相互影响。

1992 年，由美国学者 Saiidi 及 1998 年 Reginald DesRoches 所提出的两种限位装置的设计方法，比起以往的设计方法有较大的改进。Saiidi 方法需要桥梁结构的许多特性参数，稍显复杂，通过大量的研究计算发现其所得结果与实际响应相关性较好。以此为基本思想的有相对比较复杂的 $W/2$ 法、Modcaltrans 法和等效静力法等，研究发现 $W/2$ 法和 AASHTO 法适合于带有墩帽的预应力混凝土简支梁桥，因其固有的支承长度有助于防止落梁；而对于窄支承的钢墩帽简支梁桥，Modcaltrans 法比较适合。其中，$W/2$ 法允许主梁在地震中发生落座，但在此之后将会由限位装置阻挡其继续增加的位移，不允许上部结构发生落梁震害。限位装置的设计力为梁重的 1/2，主要考虑到多种影响因素的作用将会减小结构所受的冲击力，如梁底与下部结构之间的摩擦以及另一侧梁端的分配效应。该法的计算相对简单，但没有考虑主梁落座时的动力效应，偏于保守。

1996 年，Priestiey 根据能力设计思想提出了一种限位装置的设计方法。该法基于结构的动力响应分析，认为因限位装置的设置，连接在一起的相邻两框架具有相同的最大响应且为同向。这个方法的缺点是忽略了上部结构惯性作用，没有考虑到相邻结构在地震中有出现反向振动的可能。

日本是一个多地震国家，在灾害经验与教训方面的积累使日本的抗震设计理念更为成熟。其抗震设计采用双重保险的设计方法，兼顾限位装置与连梁装置的作用，使其在罕遇地震下也不至于发生落梁震害。1972 年颁布的《道路桥耐震设计指针・同解说》中已加入了防落梁的规定，规定要求各种桥型的梁体端头需设置一定的搁置长度或增设限位装置。限位装置的设计移动间隙需满足结构在小震或正常使用状态下的变形量，即大于支座在 E_1 等级下的变形量。限位装置的设计抗拉力为 $H=3K_hR_d$。其中，K_h 为 E_1 等级下的设计水平地震系数，R_d 为支座所承受的恒载反力。

本章选择 $W/2$ 法对限位装置的设计力进行计算。

（2）限位装置的相关研究结论

王军文等所做的关于限位装置的研究是在考虑支座非线性和墩柱弹塑性及相邻梁体间碰撞计算模型的基础上的，研究针对伸缩缝处设置的受拉连梁装置、流体黏滞阻尼器以及墩梁连接的限位装置的限位效果进行了分析。研究结果表明在伸缩缝处安装墩梁连接的受拉限位装置可有效减小伸缩缝处梁体间或墩梁间的相对位移，但对伸缩缝处桥墩的位移延性需求有所增加。若在伸缩缝处相邻梁间联合采用受拉连梁装置与橡胶缓冲垫或仅设置流体黏滞阻尼器，均可有效减小伸缩缝处相邻梁体间或墩梁间的相对位移和因地震产生的最大碰撞力，而对伸缩缝处桥墩的位移延性需求增加并不明显。相比较而言，具有阻尼特性的限位装置防灾效果更好[17]。

王常峰博士针对限位装置的研究发现，限位装置可较好地起到限制梁体位移、降低固定墩内力响应、均衡各墩间地震作用。通过改变限位装置的设计参数发现，随着限位装置初始间距的增大，设置活动支座的桥墩内力减小，设有固定支座的桥墩弯矩和曲率与输入地震动的频谱特性和结构特性有关。通过研究限位装置刚度对桥梁弹塑性地震反应的影响发现，随着限位装置刚度的增加，梁体的位移有所减小，承受地震引起的水平推力的桥墩墩底内力与曲率逐渐加大，而设置固定支座的桥墩墩底曲率则是随着限位装置刚度的增加而降低[18]。

3. 限位装置的模拟及参数设计

（1）限位装置的有限元模拟

限位装置是用来补充地震作用下支座抗震能力的不足，与支座共同抵抗地震作用对桥梁结构产生的地震作用，用以限制结构在伸缩缝以及支座处产生过大位移的装置。

限位装置的设计移动间隙需满足结构在小震或正常使用状态下的支座变形量。此外，限位装置的安装不应妨碍到连梁装置的安装及功能，但也要防止桥梁上、下部结构相对位移过大而发生落座。因此，限位装置的设计移动量应满足下式：

$$\text{橡胶支座的常时变位} < S_{Fi} \leqslant \text{橡胶支座的允许剪切变位量} \tag{10.15}$$

式中　S_{Fi}——限位装置开始发挥作用的启动量。支座的允许最大剪切变形可取为 γH（当支座形式为板式橡胶支座时，γ 取 1.5；铅销橡胶支座则取 2.0），H 为支座的橡胶层总厚度。

当桥梁结构在地震作用下的上、下部结构相对位移小于该启动量时，限位装置不起作用；当相对位移大于该启动量时，限位装置便会开始发挥作用。根据其定义宜选择具有位移控制功能的单元对其进行模拟，如图10-19所示。

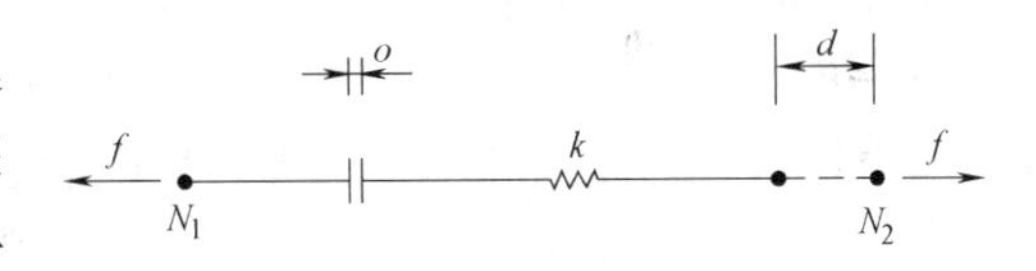

图 10-19　限位装置的有限元模型

图中　o——限位装置的初始间隙，它与限位装置的设计初始间隙 S_{Fi} 满足同样的取值条件，即橡胶支座的常时变位＜o≤橡胶支座的允许剪切变位量。

d——限位装置处桥梁结构的相对位移；

k——限位装置的刚度；

f——限位装置装置作用力，$f=\begin{cases} k(d-o) & (d-o\geqslant 0) \\ 0 & (d-o\leqslant 0) \end{cases}$。

在地震荷载作用时，若结构在限位装置处所产生的相对位移没有超过初始间隙 o，限位装置不会发挥作用；当该处的相对位移 d 超过了其设计初始间隙 o，限位装置便开始启动，所产生的作用力为 $f=k(d-o)$，直到相对位移小于其初始间隙。

（2）限位装置的参数设计

为排除耗能功能对构件防灾效果的干扰，选择无阻尼型限位装置进行研究，在桥梁结构两端设置顺桥向的限位装置。限位装置抗震性能的影响因素有其初始间隙及自身刚度，因此改变限位装置的初始间隙以及刚度，分析设计参数对限位装置防灾效果的影响。

对于初始间隙的选择，因板式支座在计入制动力时在顺桥向产生的最大位移量为33.6mm，单向滑板支座的顺桥向最大位移量为 50mm，在 E_1 地震作用下的支座变位为37mm，因此限位装置初始间隙的最小值应不使支座发生破坏，应小于 33.6mm，本章的限位装置初始间隙最小值定为 32mm。限位装置初始间隙的最大值为支座的允许剪切变形量，即 1.5 倍的橡胶层厚度（53mm），为 79.5mm。限位装置的初始间隙取值范围为32～80mm，增幅为 8mm。限位装置的初始刚度选择较具代表性的数值范围 10^2～10^6 kN/m，增幅为 10kN/m。其参数选择范围见表 10-8。

限位装置的参数选择　　表 10-8

参数	变化范围	增量
初始间隙	3.2～8.0cm	0.8cm
限位装置的刚度	10^2～10^6 kN/m	10kN/m

在分析设计参数的影响效果时，仅采用大震时程 WT1025 进行激励，为摒弃其他构件对参数分析的影响，作为对比的计算模型均不考虑设置伸缩装置，原结构则不考虑设置伸缩装置及限位装置，将其分析结果进行对比。

由于上、下部结构的相对位移是限位装置限位效果的直观反映，同时为得到限位装置对结构内力响应的影响效果，在参数分析中列出桥梁上、下部结构相对位移以及墩底弯矩在设置不同参数限位装置之后的变化情况，其结果如下：

1）限位装置初始间隙的变化对梁墩相对位移的影响

由图 10-20 可知，桥梁上、下部结构相对位移的减小比例随着限位装置初始间隙的增大呈增大趋势，初始间隙越小限位装置限制位移的效果越好。由相对位移的减小比例曲线趋势来看，随着限位装置初始间隙的增大，其对梁墩相对位移的减小效果减小。在初始间隙量大于 6.4cm 之后，其限位效果便不太明显了。

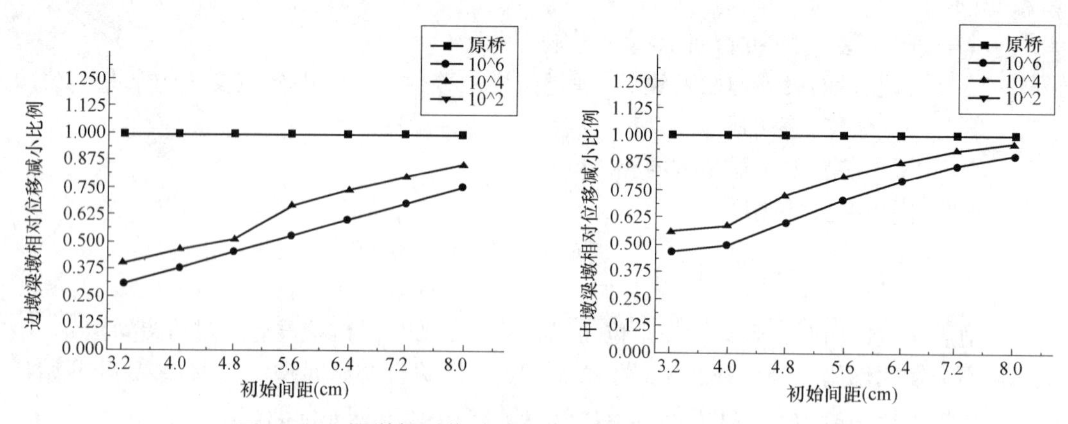

图 10-20　梁墩相对位移随限位装置初始间隙的变化规律

2）限位装置刚度的变化对梁墩相对位移的影响

由图 10-21 可见，随着限位装置刚度的不断增大，梁墩相对位移的减小比例越大，也就是说刚度较大的限位装置限位效果较好。当限位装置的刚度为 10^2 时，几乎不起作用；刚度为 10^3 时，梁墩相对位移的减小程度也较小，说明限位装置的刚度较小时基本没有限位功能。在限位装置的刚度大于 10^4 后，梁墩相对位移的减小比例均较大；在刚度由 10^3 增加到 10^5 之间时，梁墩相对位移减小比例的变化幅度较大。

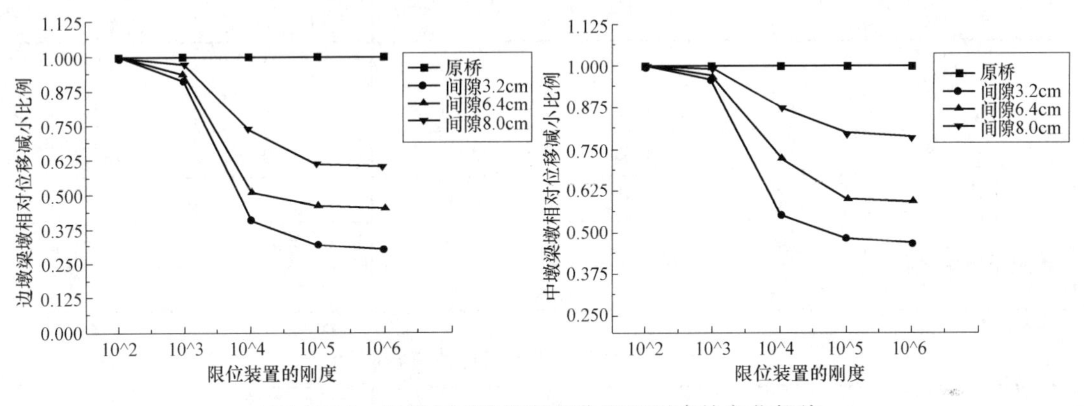

图 10-21　梁墩相对位移随限位装置刚度的变化规律

3）设计参数的变化对墩底弯矩的影响

由墩底弯矩随限位装置设计参数的变化曲线可见，边墩的弯矩随限位装置刚度的增大弯矩有所增加，而中墩的墩底弯矩则随着限位装置刚度的增大呈先增大后减小的趋势。限位装置初始间隙的变化对边墩墩底弯矩发展趋势影响不大，但间隙的增大对中墩墩底弯矩的减小效果逐渐变小如图 10-22 所示。

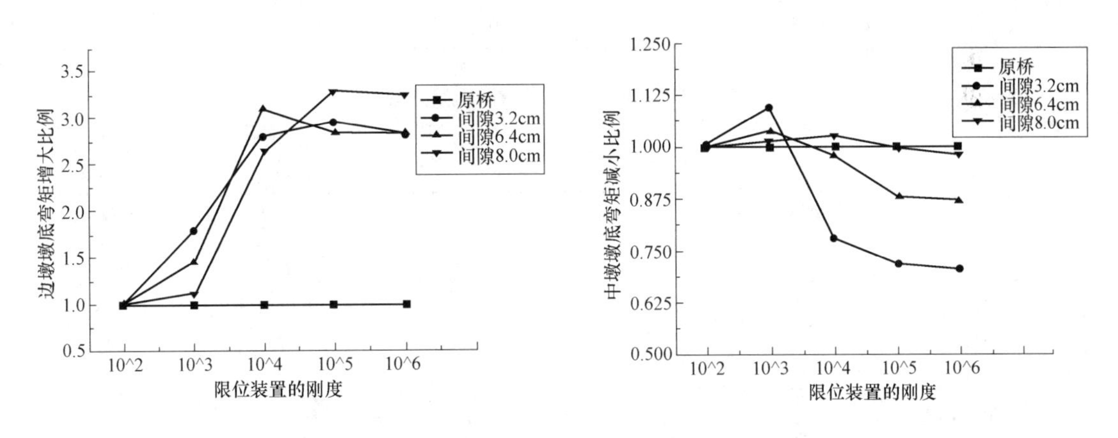

图 10-22　墩底弯矩随限位装置设计参数的变化规律

综上可见，限位装置的初始间隙越小、刚度越大其限位效果越好，限位装置的采用使得结构的整体性增加，影响了桥墩的受力情况。因此，初始间隙较小、刚度适中、对墩底弯矩影响不太大的限位装置应为较好的选择，本章推荐初始间隙为 3.2cm、刚度为 10^4 的限位装置，作为本书算例采用的限位装置。

4）限位装置的地震响应及作动规律

对原结构设置推荐的限位装置，分别采用小震、中震以及大震各三条时程波进行动态时程分析，在此列出响应最大的小震时程 WT1636、中震时程 WT1106 以及大震时程 WT1025 的分析结果如表 10-9～表 10-11 所示，分析限位装置对结构地震响应的影响效果及其在地震作用下的作动过程。

小震 WT1636 作用下结构地震响应 **表 10-9**

工况		主梁位移(cm)	墩顶位移(cm)	上、下部结构相对位移(cm)	墩底弯矩(kN·m)
原桥	边墩	3.92	0.21	3.71	1374
	中墩	3.92	0.91	3.01	5373
设置推荐限位装置	边墩	3.83	0.21	3.62	1375
	中墩	3.83	0.89	2.93	5297
结构响应变化系数	边墩	0.98	1.00	0.98	1.00
	中墩	0.98	0.98	0.97	0.99

中震 WT1106 作用下结构地震响应 **表 10-10**

工况		主梁位移(cm)	墩顶位移(cm)	上、下部结构相对位移(cm)	墩底弯矩(kN·m)
原桥	边墩	14.99	0.59	14.40	3858
	中墩	14.99	3.25	11.74	19108
设置推荐限位装置	边墩	10.33	1.45	8.86	8765
	中墩	10.32	2.50	7.81	14956
结构响应变化系数	边墩	0.69	2.46	0.62	2.27
	中墩	0.69	0.77	0.67	0.78

大震 WT1025 作用下结构地震响应 **表 10-11**

工况		主梁位移(cm)	墩顶位移(cm)	上、下部结构相对位移(cm)	墩底弯矩(kN·m)
原桥	边墩	19.12	0.78	18.34	5099
	中墩	19.12	4.28	14.84	25258
设置推荐限位装置	边墩	16.82	2.96	13.94	17950
	中墩	16.82	4.33	12.59	25969
结构响应变化系数	边墩	0.88	3.79	0.76	3.52
	中墩	0.88	1.01	0.85	1.03

从以上各表中原结构的地震响应与设置限位装置后的结构地震响应对比值可见，限位装置的设置能够有效减小结构在地震作用下的主梁位移以及上、下部结构相对位移，中墩的墩顶位移及墩底弯矩在小震及中震作用下均有所减小，但在大震作用下会有少许增大。在中震及大震作用下，边墩的墩顶位移及墩底弯矩均有所增大。

说明限位装置可起到限制桥梁上、下部结构相对位移的作用，且因限位装置的设置使得结构的整体性增强，原本因设置滑板支座承受地震荷载较小的边墩亦开始分担地震作用，使地震作用在边墩与中墩之间较为均衡地分布。

以下列出算例桥梁在各级地震作用下的边墩与中墩处上、下部结构相对位移的变化时程，如图 10-23～图 10-28 所示。

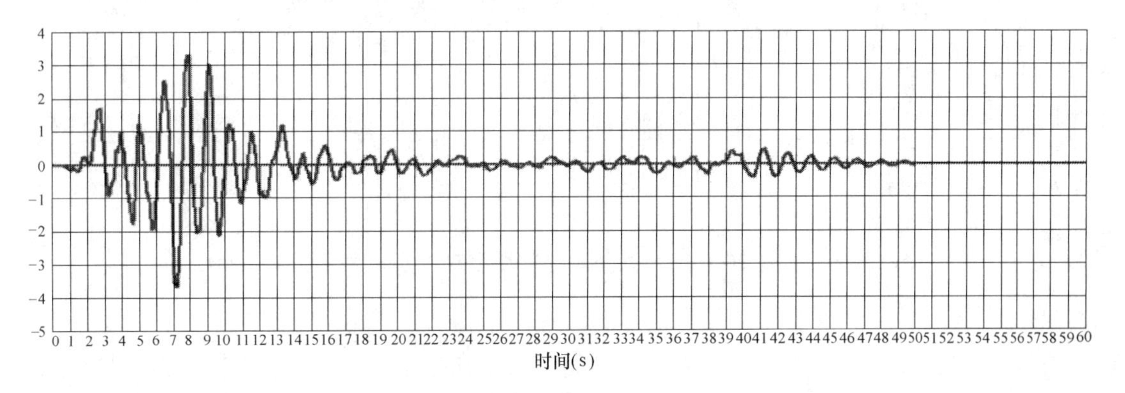

图 10-23　小震 WT1636 作用下边墩梁墩相对位移时程（单位：cm）

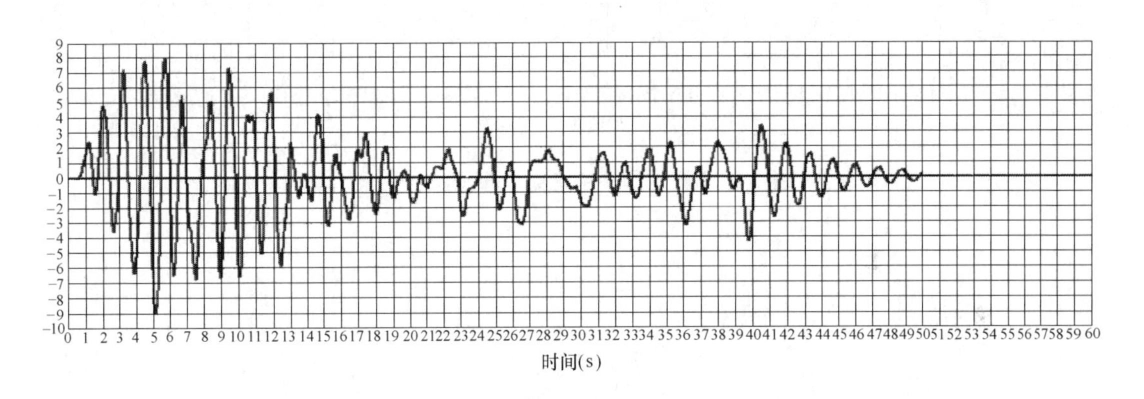

图 10-24　中震 WT1106 作用下边墩梁墩相对位移时程（单位：cm）

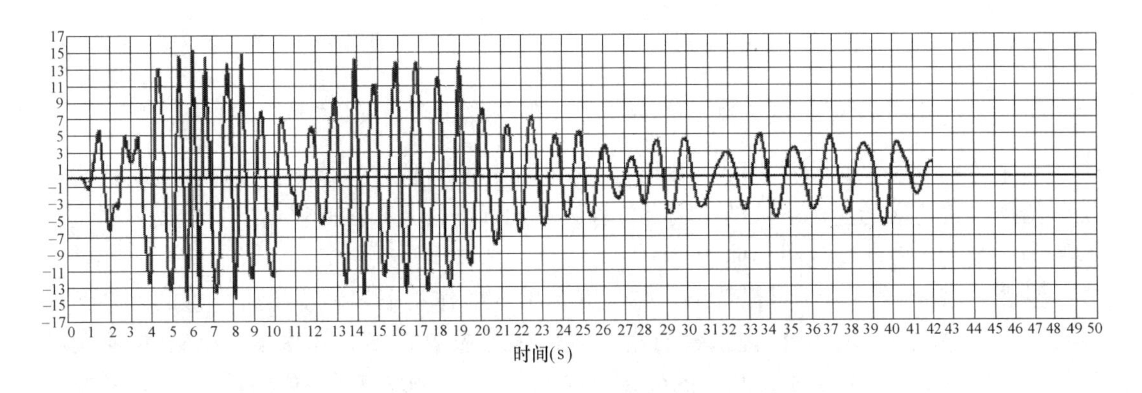

图 10-25　大震 WT1025 作用下边墩梁墩相对位移时程（单位：cm）

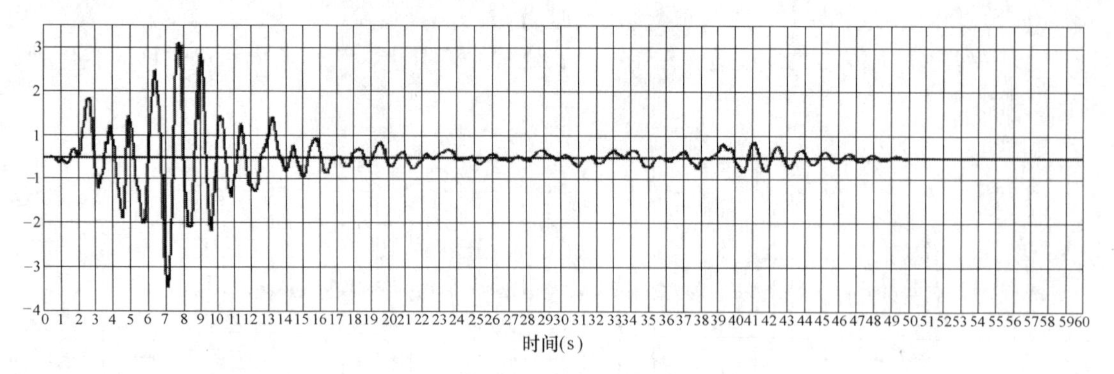

图 10-26　小震 WT1636 作用下中墩梁墩相对位移时程（单位：cm）

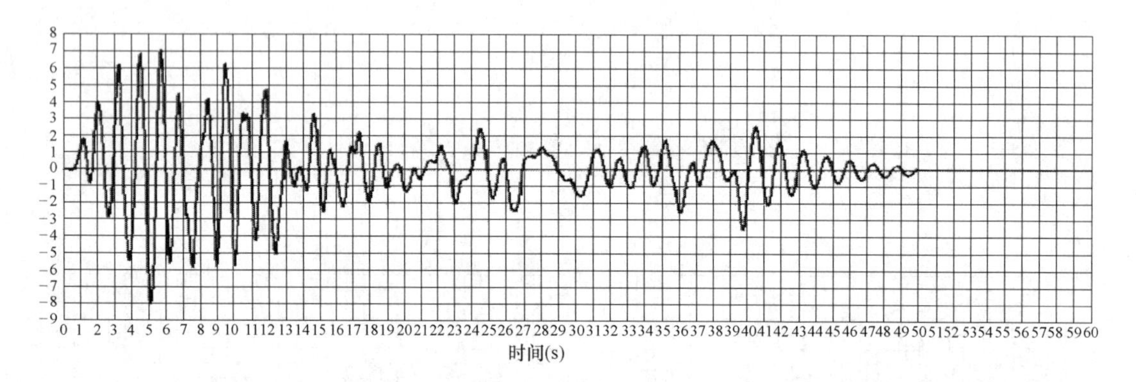

图 10-27　中震 WT1106 作用下中墩梁墩相对位移时程（单位：cm）

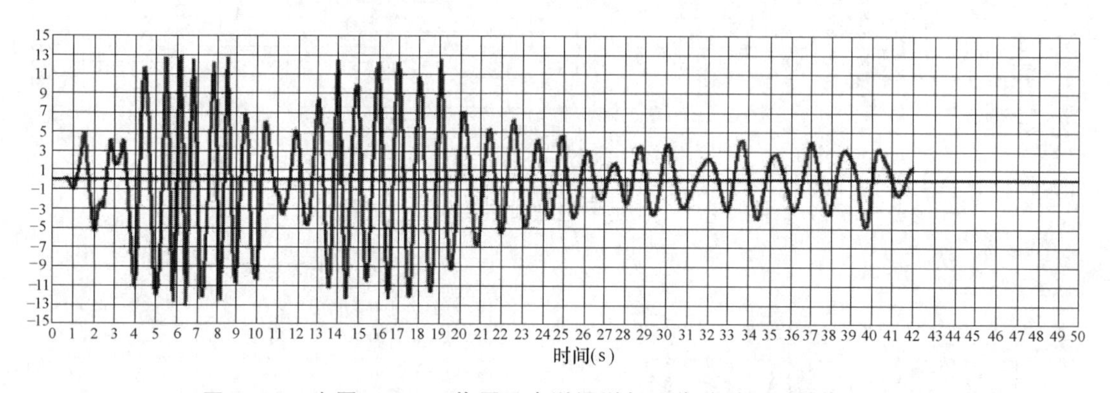

图 10-28　大震 WT1025 作用下中墩梁墩相对位移时程（单位：cm）

为了分析设置限位装置之后，桥梁上、下部结构相对位移的减小幅度，将其对比时程曲线给出。因边墩的上、下部结构相对位移减小的幅度较大，在此仅列出其在设置限位装置后与原结构的对比变化时程曲线。

从图 10-29～图 10-31 可以看出，在小震 WT1636 作用下，因桥梁所产生的上、下部结构相对位移较小，限位装置未曾启动，因此位移没有改变。在中震 WT1106 及大震 WT1025 作用下，设置了限位装置的桥梁结构上、下部结构相对位移均有所减小，较好地起到了限制桥梁结构在地震作用下发生较大位移的效果。

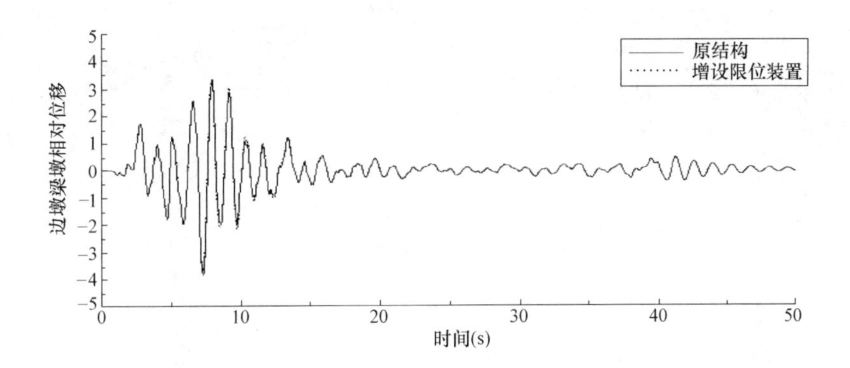

图 10-29 小震 WT1636 作用下边墩处的梁墩相对位移减小幅度（单位：cm）

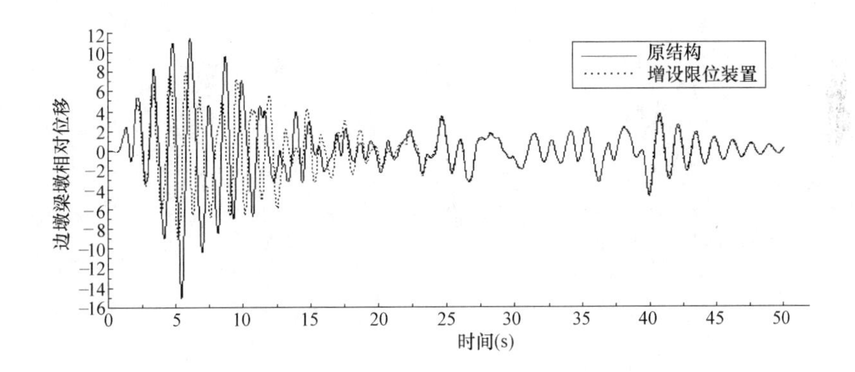

图 10-30 中震 WT1106 作用下边墩处的梁墩相对位移减小幅度（单位：cm）

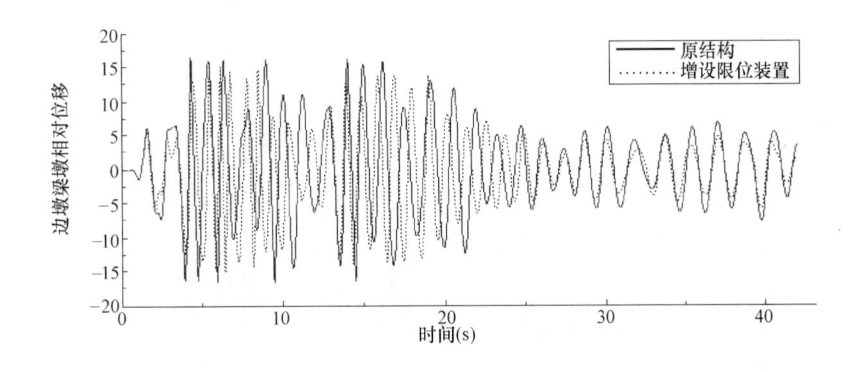

图 10-31 大震 WT1025 作用下边墩处的梁墩相对位移减小幅度（单位：cm）

下面列出伸缩缝处的位移在设置限位装置后的变化情况以及伸缩装置在各级地震作用下的内力响应时程，如图 10-32～图 10-37 所示。

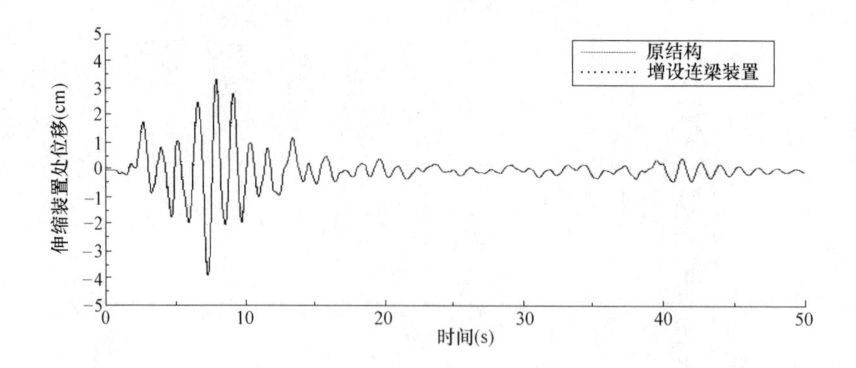

图 10-32　小震 WT1636 作用下伸缩缝处的位移减小幅度（单位：cm）

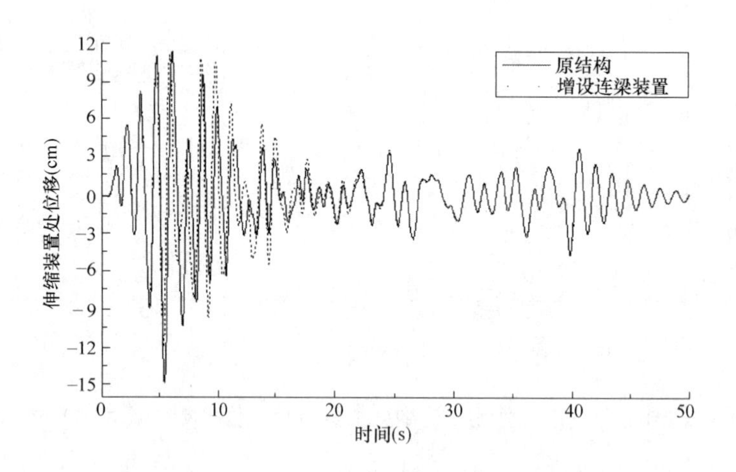

图 10-33　中震 WT1106 作用下伸缩缝处的位移减小幅度（单位：cm）

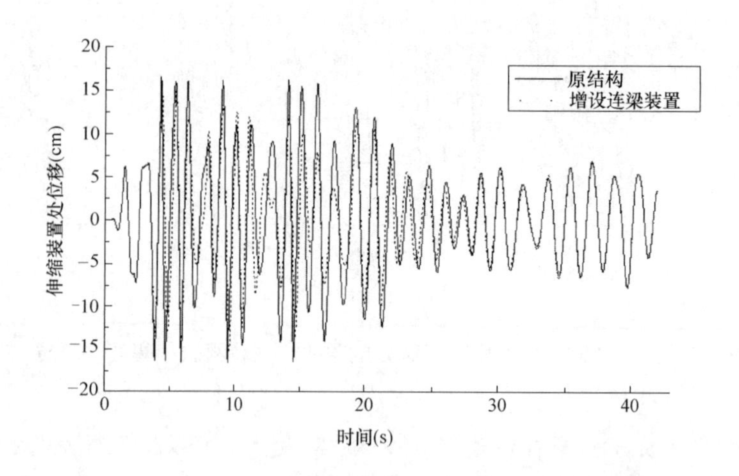

图 10-34　大震 WT1025 作用下伸缩缝处的位移减小幅度（单位：cm）

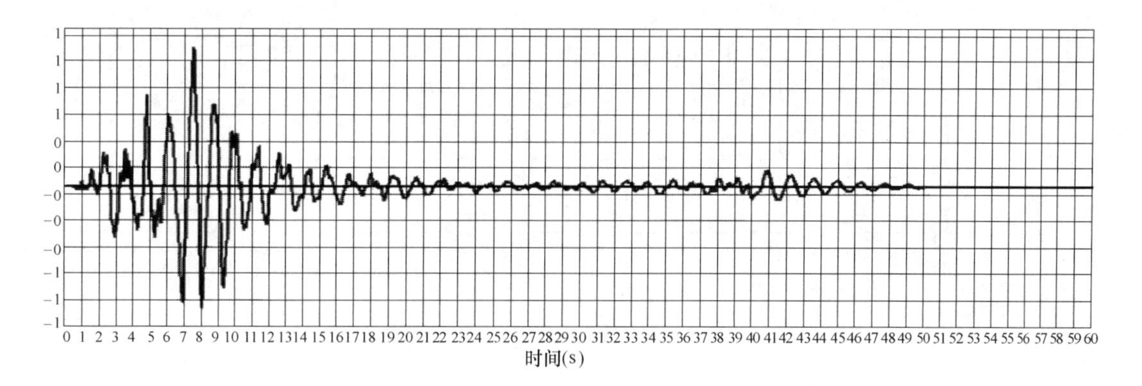

图 10-35 小震 WT1636 作用下伸缩装置内力时程（单位：kN）

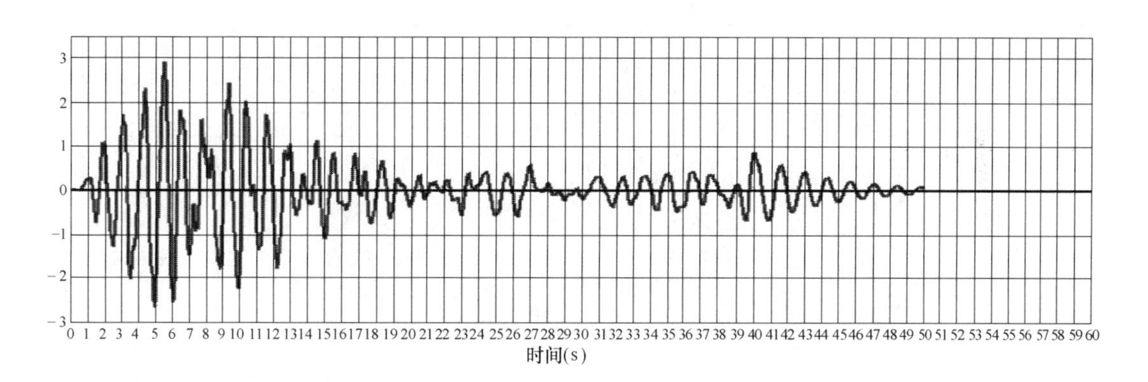

图 10-36 中震 WT1106 作用下伸缩装置内力时程（单位：kN）

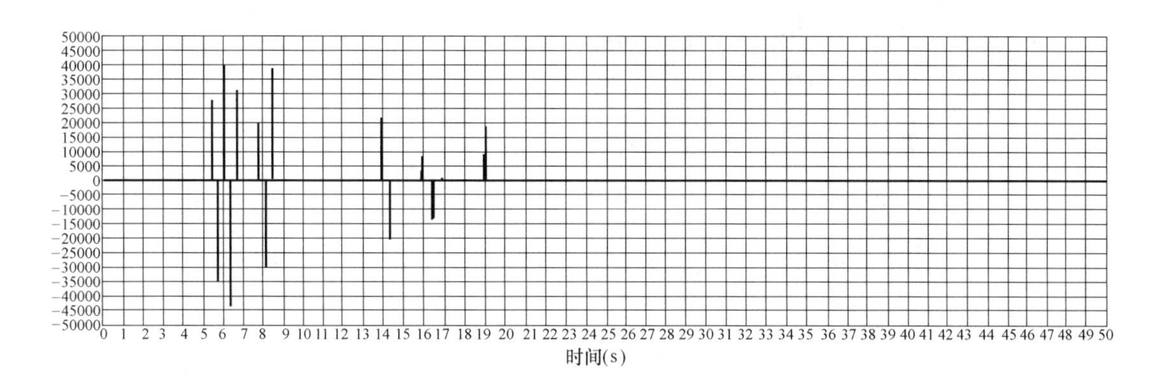

图 10-37 大震 WT1025 作用下伸缩装置内力时程（单位：kN）

由图 10-32～图 10-37 伸缩装置的位移及内力时程可见，设置限位装置后，伸缩缝处的位移在中震作用下有明显减小。小震时因结构整体的位移量较小，限位装置不发挥作用，伸缩装置的位移量几乎没有减小；大震时伸缩缝处位移量变化也较小，伸缩装置受到结构大位移引起的冲击荷载的作用。

下面给出限位装置的内力以及内力随变位的变化时程，如图 10-38～图 10-43 所示。

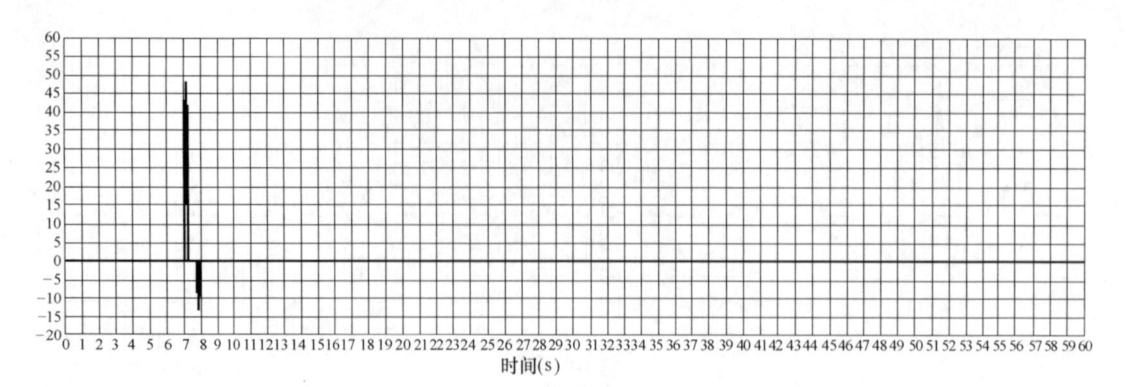

图 10-38　小震 WT1636 作用下限位装置内力时程（单位：kN）

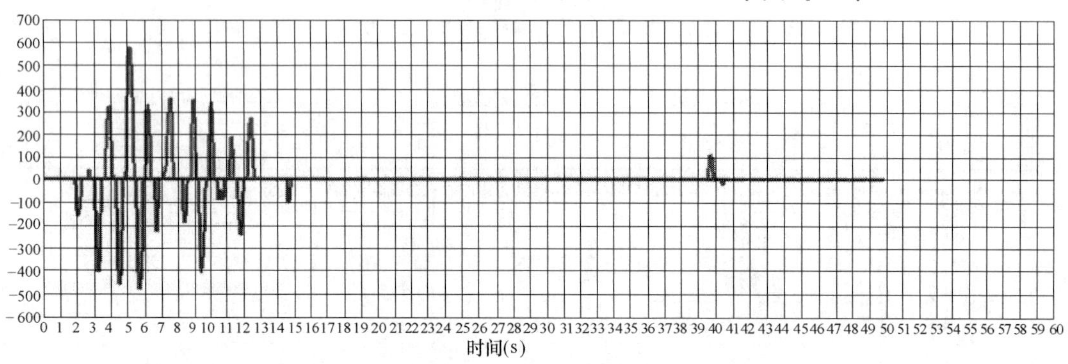

图 10-39　中震 WT1106 作用下限位装置内力时程（单位：kN）

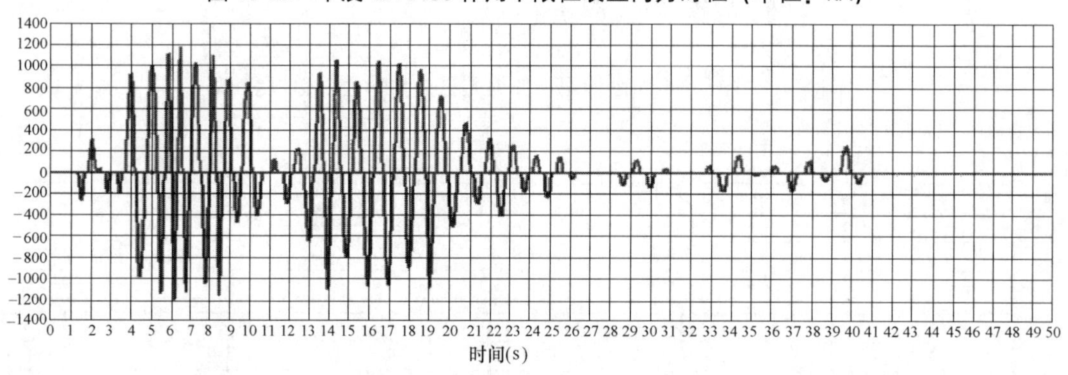

图 10-40　大震 WT1025 作用下限位装置内力时程（单位：kN）

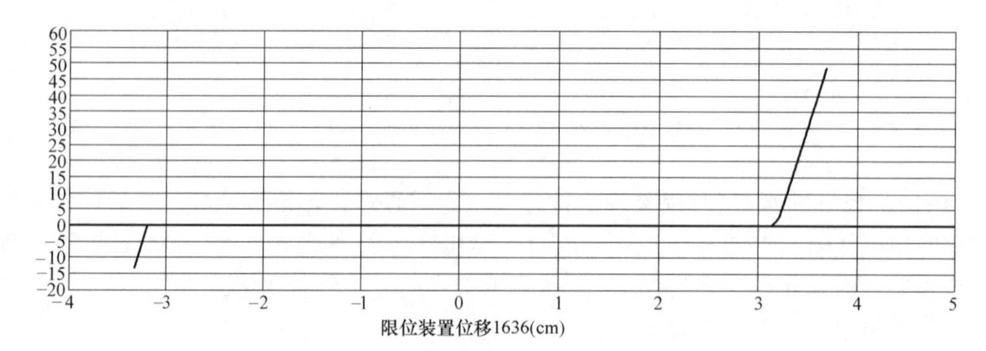

图 10-41　小震 WT1636 作用下限位装置内力随位移变化时程（单位：kN，cm）

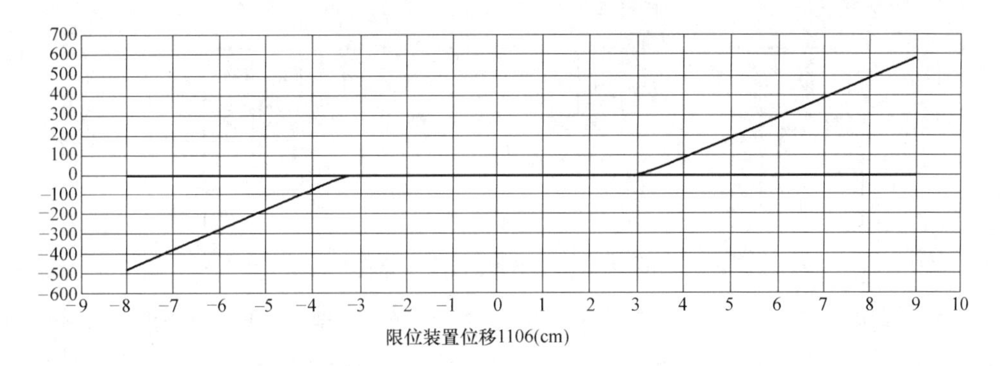

图 10-42 中震 WT1106 作用下限位装置内力随位移变化时程（单位：kN，cm）

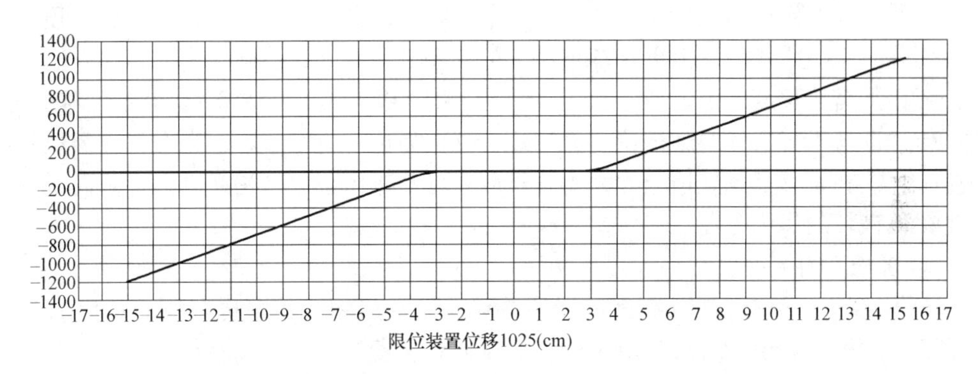

图 10-43 大震 WT1025 作用下限位装置内力随位移变化时程（单位：kN，cm）

由图 10-38～图 10-43 可以看出，限位装置的内力随着地震荷载的加剧有所增大，在小震时限位装置的作用时间较少，大震时几乎在地震作用过程中均发挥作用，且因为所选限位装置为无阻尼型混凝土挡块，其内力随变位的变化呈线性规律，但内力未超过其破坏荷载 1685kN（本章采用 $W/2$ 作为限位装置的设计力）。

综上，限位装置有较好的减小结构在地震作用下主梁及上下部结构相对位移的效果，同时亦可增大结构的整体性，使地震作用在各墩间平均分配。虽然在中震及大震作用下，支座的变位大于其允许剪切变形量，但其位移量减小较多。为此需结合其他抗震措施，对过大的结构相对位移进行控制。

10.2.3 搁置长度的功能与设计

1. 搁置长度的定义与功能

分析桥梁震害后发现，地震作用下桥梁上、下部结构的相对位移若是超过了下部结构的支承长度时，便会发生落梁震害。梁搁置长度的不足是预期地震作用下桥梁结构发生落梁的主要原因，而落梁震害势必会造成交通运输线的中断，使得震后的救灾与修复难度增大。为防止此类破坏的发生，防落梁系统的设置非常必要，而作为防落梁系统中的组成部分，搁置长度的增大对结构设计而言相对简单。

梁搁置长度指的是在地震作用下，当结构不采用限位装置或限位措施失效时，防止上部结构从下部结构顶部脱落所需要的梁端到下部结构支承边缘的距离，如图 10-44 所示。

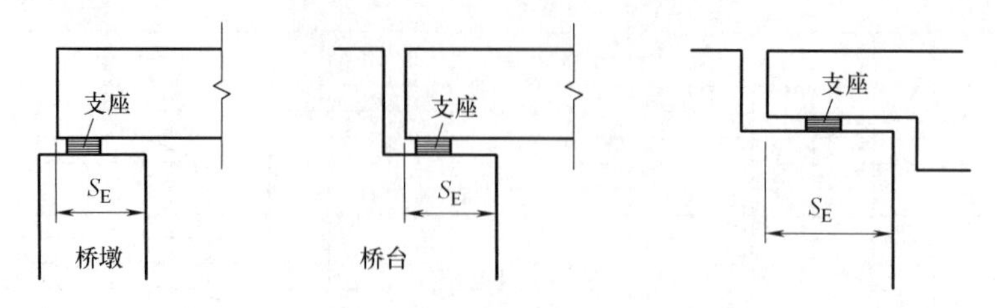

图 10-44　梁搁置长度示意图

针对不采用挡块、限位装置等措施的桥梁结构以及采用弹性设计理论进行设计的桥梁结构，更易在支承节点处出现搁置长度不足的情况，在地震作用下相邻桥梁会发生碰撞并导致落梁。斜桥、曲线桥、高墩桥梁以及场地土为软土地基的桥梁也容易出现上、下部结构相对位移较大的情况，极易发生碰撞以及落梁震害。针对此类情况，增加墩台顶部的搁置长度便是防止桥梁发生碰撞以及落梁震害的既经济又有效的措施。

需要增加搭接长度的位置还有采用牛腿连接的桥梁结构，牛腿部位通常承受的是上部结构所传递的剪力，因此牛腿部位不能过短，支撑面也不应太窄，否则极易在荷载的作用下发生破坏。在桥梁节点处适当增大搁置长度还可以起到避免结构在纵向、竖向地震作用下发生梁体破坏的作用[19]。

2. 搁置长度的相关规定

许多国家的桥梁抗震规范中都涉及防落梁系统的应用，其中也有搁置长度的相关规定。鉴于各国的抗震设计思想有所不同，对于搁置长度的规定也颇不相同[20]。

(1) 美国规范中关于搁置长度的设计方法

AASHTO 规范中对防落梁系统的设计主要从两方面着手：一是考虑梁搁置长度的设计；另一个便是限位装置的设计。通常，当桥梁结构的搁置长度小于经验搁置长度的数值时，就需要设置限位装置。而经验搁置长度的计算公式为：

$$N=300+2.5L+10H \tag{10.16}$$

式中　N——垂直于桥梁结构支座中心线量出的最小搁置长度（mm）；

L——桥梁沿线相邻伸缩缝间的桥面长度（mm）；

H——桥梁相邻伸缩缝间下部结构的平均高度（mm）。

该法考虑的因素有结构发生温度变形以及墩柱发生漂移的情况。

Caltrans 规范中对所规定的梁搁置长度的计算公式为：

$$N=(300+2.5L+6.7H)(S^2/8000) \tag{10.17}$$

式中　S——桥梁的支承斜交角（°）。该法计算时考虑的因素有结构发生温度变形、柱体漂移以及伸缩缝具有一定斜度的情况。

其余各参数与式（10.16）中含义相同。

(2) 日本规范中关于搁置长度的规定

日本 1972 年颁发的《道路桥耐震设计指针・同解说》规定，在所有梁的末端需提供一个较大的搁置长度或是限位装置，即便是设置了固定支座的桥梁结构也不例外。也就是说，要求结构提供最低限度的防落梁保护措施以防固定支座在无法预料的强烈地震中失效，而对于尤其重要的桥梁结构，需要在满足最小搁置长度要求的同时安装限位装置。规范对支座的长度以及梁搁置长度均作了最小长度要求的规定。

2002年颁布的《道路桥示方书・同解说・耐震设计篇》中提及，当结构遭遇大震时，其最大相对位移必须小于搁置长度。

搁置长度的计算公式如下：

$$S_E = \mu_G + \mu_R \geqslant S_{EM} \tag{10.18}$$

$$S_{EM} = 0.7 + 0.005l \tag{10.19}$$

$$\mu_G = \varepsilon_G L' \tag{10.20}$$

式中 S_E——梁的搁置长度（m）；

μ_R——大震作用下的桥梁上、下部结构相对位移；

μ_G——地震变形所引起的地基相对变位；

L——搁置长度对应的影响支承长度的下部构造之间的距离；

l——上部结构的跨度，当相邻结构的跨度不同时取较大值。

（3）我国规范中的相关规定

《公路桥梁抗震设计细则》JTG/T B02-01—2008在抗震措施的相关规定中，对搁置长度的计算方法进行了说明。

规范规定梁端至墩、台帽或盖梁边缘应有一定的距离，最小距离 a（cm）应按照下式计算，其简图如图10-45所示：

$$a \geqslant 70 + 0.5L \tag{10.21}$$

式中 L——梁的计算跨径（m）。

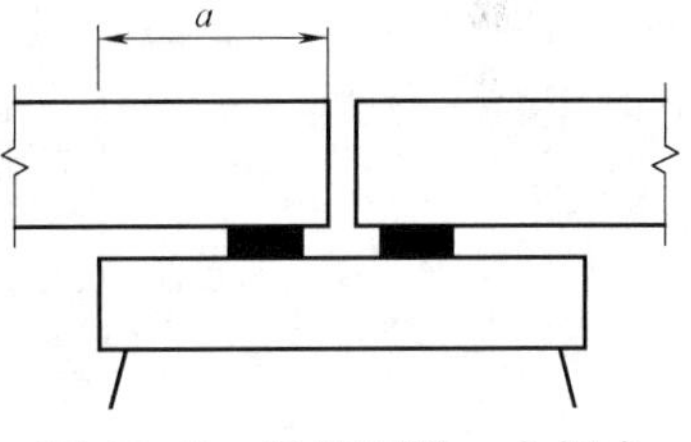

图10-45 梁端至墩、台帽或盖梁的最小距离

（4）已有研究成果对梁搁置长度的建议[21]

交通部公路司课题《公路桥梁减震装置及设计方法研究》对防落梁系统做了相关研究，报告提出：为了防止地震时桥梁结构发生落梁，从桥梁梁端至下部结构顶部边缘的搭接梁长度 S_E（cm）应从式（10.20）和式（10.21）中取计算的最大值。

$$S_E = 70 + u_B \tag{10.22}$$

式中 u_B——大震下桥墩、台上支座的设计变位（cm）。

对于实桥中搁置长度的条件不满足式（10.21）和式（10.22）的情况，需要延长梁搁置长度。

3. 搁置长度的计算

本章所选算例根据《公路桥梁抗震设计细则》JTG/T B02-01—2008及《公路桥梁减震装置及设计方法研究》的成果进行计算。

$$a \geqslant 70 + 0.5L = 70 + 0.5 \times 30 = 85\text{cm}$$

$$S_E = 70 + u_B = 70 + 18.34 = 88.34\text{cm}$$

取两者的较大值，即本桥的搁置长度为88.34cm。

10.2.4 连梁装置的设计与防灾效果分析

1. 连梁装置的定义与功能

连梁装置亦称为防落梁装置，是防落梁系统中的最后一道防线[22]。它是桥梁结构遭遇地震作用后，当支座丧失支承功能，上、下部结构之间产生的相对位移较大，限位装置不足以起到限制结构过大位移的作用时，使位移不至于超过结构搁置长度、防止落梁震害发生的抗震措施。

连梁装置的设计遵循以下原则：在桥梁结构正常工作状态下或遭遇小震时，连梁装置不发挥作用，上部结构可在常时荷载的作用下自由伸缩或振动；当遭遇灾害性地震、支座有发生破坏的可能时，连梁装置开始发挥作用，以使桥梁上、下部结构的相对位移不致超过桥梁的搁置长度。有些连梁装置还具有耗能作用，能够在限制结构变位的同时耗散地震能量。

2. 连梁装置的类型及功能特征

应用于桥梁工程的连梁装置类型较多，从连接形式的角度，可将其总体分为连接型和阻挡型两种。

（1）连接型连梁装置

连接型连梁装置还可根据其性能的实现方式，分为如下几类：

连接板、连接杆以及拉索连接形式的连梁装置：这三种连梁装置可起到防止结构在纵向发生落梁的作用，主要用于现有桥梁加固，通常采用外部施工，如图 10-46～图 10-48 所示。

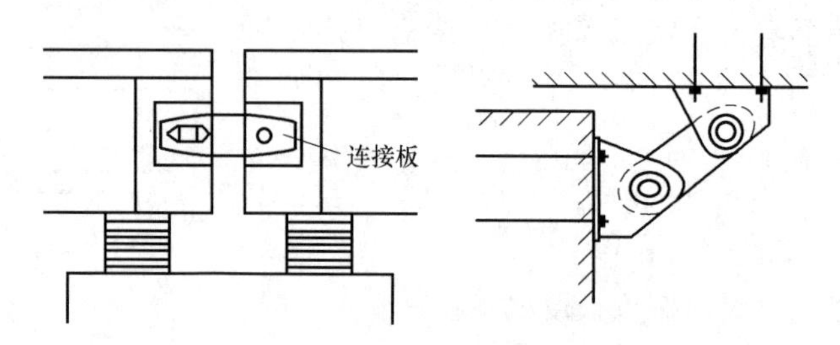

图 10-46　连接板式连梁装置

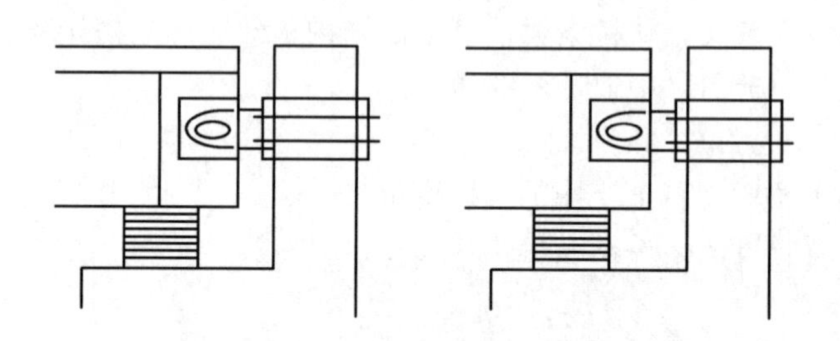

图 10-47　连接杆式连梁装置

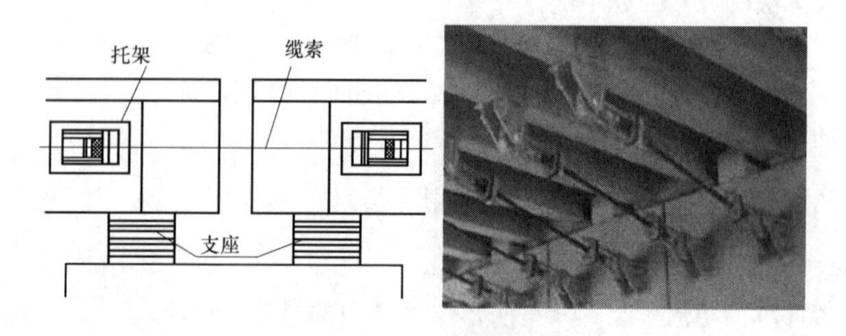

图 10-48　拉索式连梁装置

预应力钢棒式的连梁装置多为梁与梁之间的连接形式，广泛应用于多跨简支梁桥中，能起到防止结构纵向落梁的作用，如图 10-49 所示。

预应力钢绞线式连梁装置：这是一种新形式的连梁装置，该类装置的缓冲性能较好，具有较强的耐久性，柔性也相对较大；其最大的优点是可以根据弹簧的变形，推测出由地震引起的桥梁上、下部构造间的相对位移量，可防止纵桥向落梁震害的发生，如图 10-50 所示。

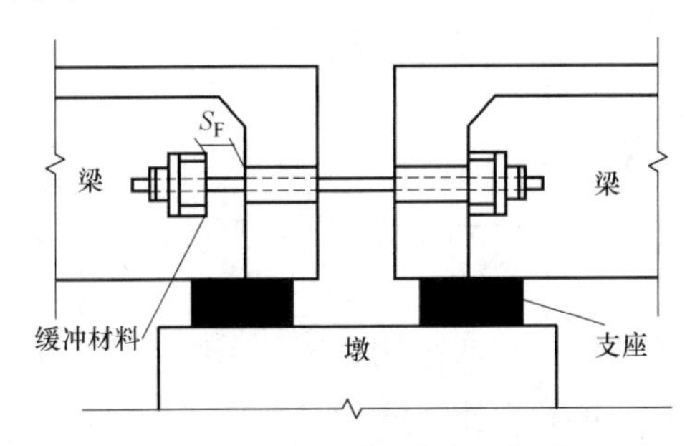

图 10-49　预应力钢棒式连梁装置

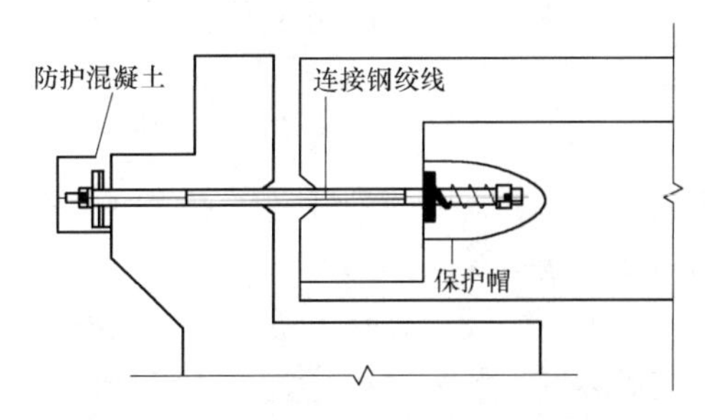

图 10-50　预应力钢绞线式连梁装置

耗能型连梁装置：此类连梁装置将限位与耗能功能集于一身，它们在限制梁体位移的同时利用滞回阻尼器或黏性阻尼器等装置耗散地震能量，能够在提高桥梁结构阻尼的同时，达到减小地震作用的目的，如图 10-51 所示。

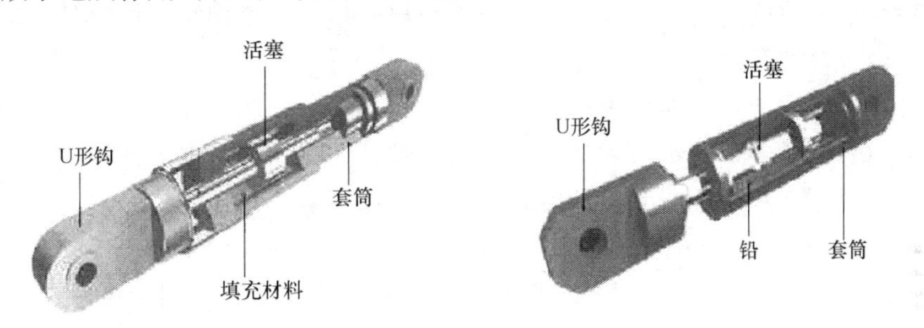

图 10-51　耗能型连梁装置

(2) 阻挡型连梁装置

钢托架式连梁装置：主要用于防止桥梁结构的纵向落梁，由于施工方式的影响，该形式被大量用在钢桥上，钢筋混凝土桥中应用得较少，如图 10-52 所示。

挡块式连梁装置：该类连梁装置可起到防止桥梁结构发生纵、横向落梁的作用，桥轴方向的挡块与连接型连梁装置的功能基本相同，垂直于桥轴方向的挡块则用于横桥向发生过大的位移而落梁，其形式如图 10-53 所示。该连梁装置施工方便，应用较广。

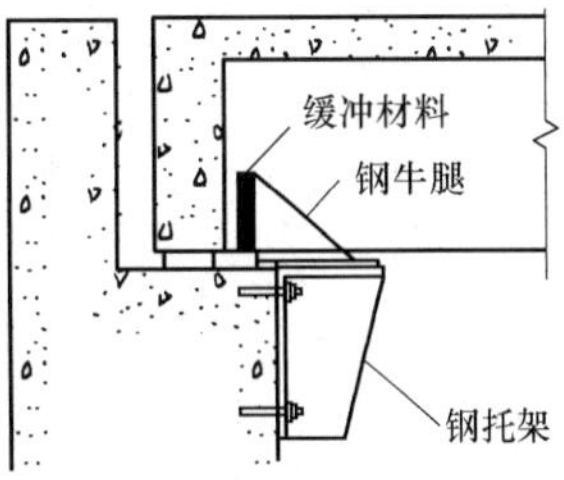

缓冲材料
钢牛腿
钢托架

图 10-52　钢托架式连梁装置

3. 连梁装置的选用与性能比较

(1) 连梁装置的选择

连梁装置在实际工程中的应用，需要考虑到其施工难易性、防落梁效果的发挥等因素。通常，对于桥轴向的梁间连梁装置，若在横桥向可能产生相对位移，则推荐选择拉索

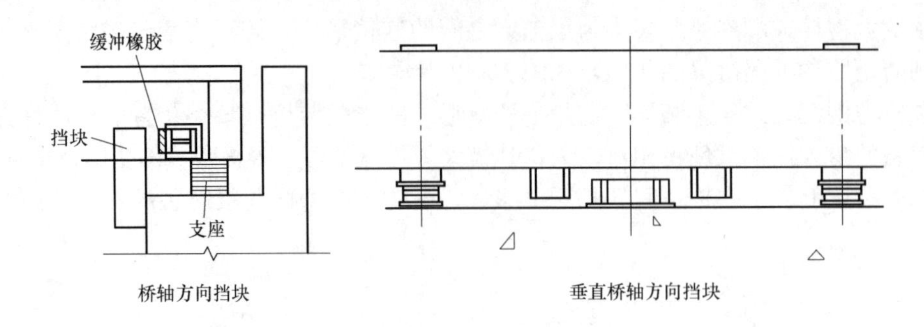

图 10-53　挡块式连梁装置

式连梁装置。在采用钢板连接式连梁装置时，需要考虑落梁后主梁悬吊状态的情况，钢板的强度需能承受梁体的重量。

对于不能设置梁间连梁装置的情况，应选择桥轴向挡块或采用梁与下部结构连接形式的连梁装置。此类连梁装置需能承受桥梁结构的竖向地震作用，采用该类连梁装置的桥梁结构也无须设置其他防止桥梁竖向变位的构造措施。对于相邻桥梁的上部结构形式、规模相差较大的情况，通常会因固有周期和相位差的影响出现较大的相对位移。此时，应避免选择梁间连梁装置，宜在桥轴方向设立挡块或采用梁与下部结构连接的连梁装置。

当桥梁的下部结构为 PC 构造且设置桥轴方向挡块或梁与下部结构连接相对困难时，同时考虑到拉索式连梁装置可能导致出现较大的移动量，宜采用梁间连接的连梁装置与锚固钢棒式限位装置共同使用。

（2）常用连梁装置的性能比较

较为常用的连梁装置有钢棒式和拉索式，通常这两种连梁装置的选择比较随意，但在实际工程应用中还需考虑连梁装置的安装位置、结构周期、连接部位的强度等因素[23]。

拉索式连梁装置相较钢棒式连梁装置具有较好的柔软性，可适用于不同形式的上部结构，应用范围较广。举例来讲：简支结构的桥梁，可以将拉索锚固于梁端有凸缘的托架上，并将在墩帽上缠绕，固定于伸缩缝另一侧的锚固点上或是托架上，如图 10-54 所示。

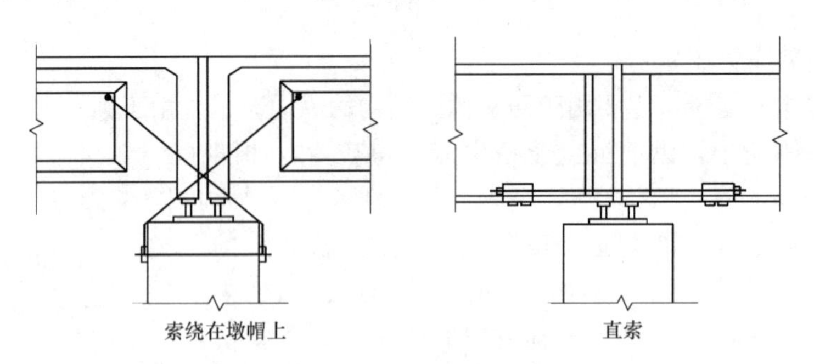

图 10-54　拉索式连梁装置的应用

直索形式连梁装置通常用于墩帽宽度较大或垂直空间受限的结构，与将拉索缠绕于桥墩的形式相比，采用直索式连梁装置的结构受力更为有利，而拉索的缠绕会使桥墩在较低的变位下便开始发生失效。此外，拉索的长度可根据其锚固位置的设计情况进行设定，具有较大的变化空间。除了可以锚固于伸缩缝另一侧的横隔板或墩帽上以外，还可以固定于梁体上。拉索的长度应适宜，过长的拉索会使连梁装置的刚度减小，对应的下部结构支撑宽度也需要加大；若拉索的长度过短则连梁装置的刚度较大，可能会缩短结构的周期，也会增加对相邻桥联的影响。

连接板式连梁装置是除了拉索式连梁装置外同样适用于简支钢梁桥的另一种连梁装置，但该类连梁装置通常只适用于较为规则的直桥，其对相邻结构在垂直桥轴方向相对位移的适应性较差，在使用时较为局限。

鉴于拉索式连梁装置具有以上诸多优点，本章选择适用性较好、可控制位移量的拉索式连梁装置作为研究对象。

4. 拉索式连梁装置的类型及规格

(1) 拉索式连梁装置的类型

连梁装置通常布设于桥联边跨的梁端，按连接元件分为梁间连接、主梁与桥墩连接、主梁与桥台的形式。

梁间拉索式连梁装置的安装通常需要贯穿相邻桥联的端横梁，锚固端固定于主梁的腹板侧，其安装位置通常在主梁的中轴线附近。若所加固的结构已有梁间连接装置，则应使其设置位置错开。梁间拉索式连梁装置的一般构造及示意如图 10-55 所示。

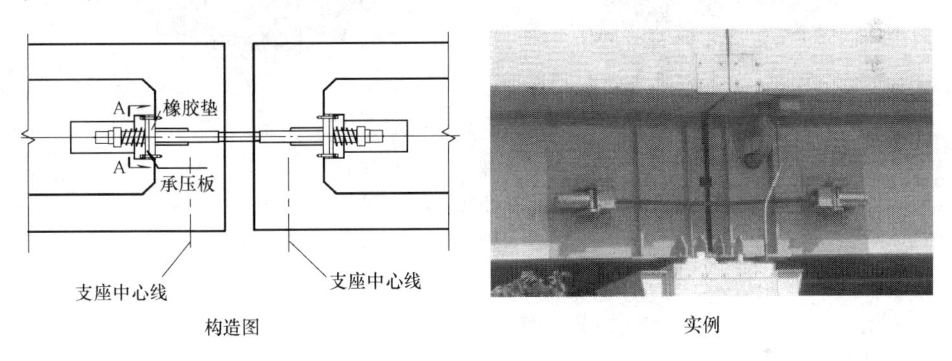

图 10-55　梁间连接型拉索式连梁装置

梁与下部结构连接形式的连梁装置一段锚固于主梁腹板侧或底板上，另一端锚固于桥墩或桥台上，其示意图如图 10-56 所示。

图 10-56　梁与下部结构连接型拉索式连梁装置

(2) 拉索式连梁装置的规格

1) 拉索的选用

拉索式连梁装置中的拉索材料可选平行钢丝束或无粘结预应力钢绞线，平行钢丝束的主要技术参数参照《斜拉桥用热挤聚乙烯高强钢丝拉索》GB/T 18365—2018，无粘结预应力钢绞线的各项技术参数参照《无粘结预应力钢绞线》JG/T 161—2016 和《无粘结预应力混凝土结构技术规程》JGJ 92—2016。拉索的材料选定为平行钢丝束和无粘结预应力钢绞线的主要原因是其便于标准化，同时易于对拉索进行防锈、更换以及维修养护。

2）拉索的规格

拉索是由成束的平行高强钢丝裸索通过塑料挤出机将高密度聚乙烯护套覆于其上的结构。钢丝束的断面通常呈正六边形或缺角的正六边形，其外沿索长连续缠绕螺旋的细钢丝，外侧为聚乙烯护套。拉索的断面如图 10-57 所示。

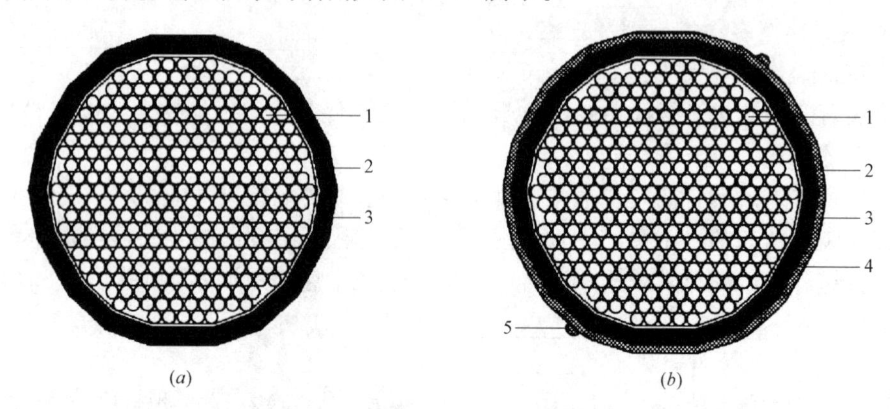

图 10-57　拉索的断面示意图

(*a*) 单层护套；(*b*) 双层护套

1—高强度钢丝；2—高强聚酯纤维带；3—黑色高密度聚乙烯护套；

4—彩色高密度聚乙烯护套；5—抗风雨振螺旋线

高强平行钢丝拉索的规格型号表示为：

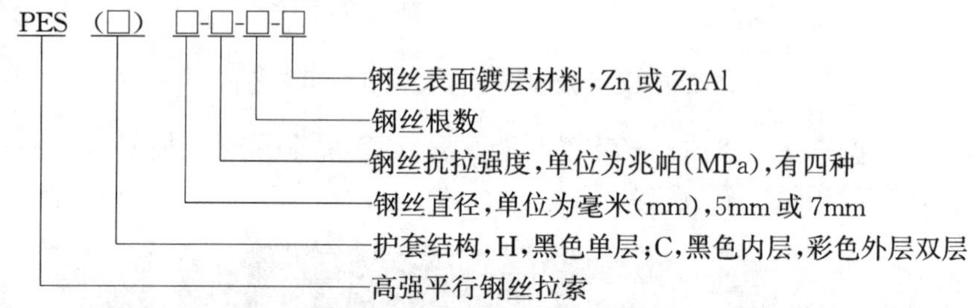

各项技术参数详见《斜拉桥用热挤聚乙烯高强钢丝拉索》GB/T 18365—2018 附录 A。

无粘结预应力钢绞线采用防腐油脂和护套进行涂包，其规格的表示方式如下：

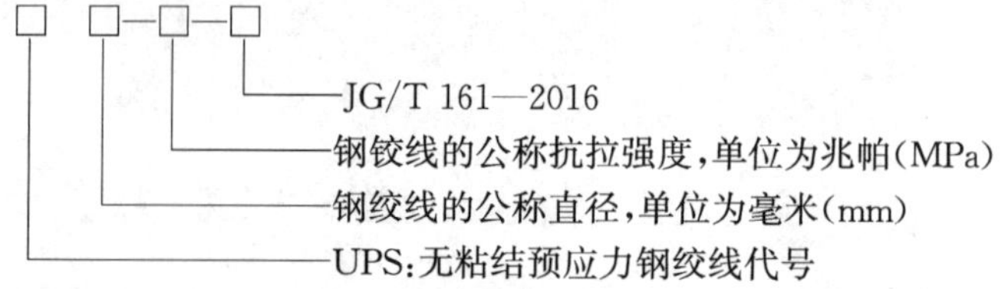

各项技术参数见《无粘结预应力钢绞线》JG/T 161—2016 及《无粘结预应力混凝土结构技术规程》JGJ 92—2016。

5. 拉索式连梁装置的相关规定及已有研究成果

(1) 各国连梁装置的设计方法

日本和美国是防落梁系统的设计与应用较为成熟的国家，对连梁装置的设计方法和设计理念均有较为系统的研究，实际工程中连梁装置的应用也极为广泛，其防落梁效果在历次大震中也得到了较好的验证。

美国 AASHTO 规范提出，连梁装置的设计荷载是梁体重量的一半。该法没有考虑到桥梁结构在地震作用下的动力响应，且美国规范中对连梁装置与限位装置的使用界限并没有较为明确的规定。

应日本 2002 年 3 月颁布的《道路桥示方书・同解说・耐震设计篇》中将支座和连梁装置作为主要结构构件进行设计的要求，连梁装置在日本的桥梁结构中已成为必须采用的结构构件。规范对连梁装置的设计做了说明，规定连梁装置的设计抗拉力等于支座反力的 1.5 倍（以下简称 1.5 倍恒载反力法）。

《公路桥梁抗震设计细则》JTG/T B02-01—2008 明确要求，桥梁结构的设计过程应引入连梁装置，然而对其设计方法并没有详细的规定。

（2）已有的相关研究成果

日本的相关学者对连梁装置的防落梁效果做了大量的研究。研究的初期阶段，Saiidi 等人提出连梁装置的设计力等于梁体重量的一半（即 $W/2$ 法）。该法的设计理念是桥梁结构不发生落梁，仅从支座顶部脱落，连梁装置起到悬吊主梁的作用。设计方法较为简单，将主梁落座后连梁装置的受力过程简化为静载，可用于粗略估算连梁装置的刚度。由于后续发生的数次地震中，不少桥梁出现了结构位移过大而发生落梁的震害，其中连梁装置的破坏通常是由于地震的冲击作用所导致。因此许多研究者对连梁装置的 $W/2$ 设计方法提出质疑，并着手研究带有缓冲能力及耗能能力的连梁装置，随后便提出了 1.5 倍恒载反力法。松原胜己等通过研究减震桥梁采用连梁装置后的效果发现，连梁装置从开始启用到上部结构运动终止需要 10～20cm 的作用距离，且随着连梁装置刚度的增加桥墩的内力会相应增大，研究建议将连梁装置的刚度设为减震支座刚度的 2～3 倍，并通过动力时程分析法对其进行验证[24]。梶田幸秀等针对钢索式连梁装置的防碰撞以及防落梁效果进行了分析，研究认为钢索对结构产生的较大相对位移有较好的限制作用，也能起到较好的防碰撞、防落梁效果，但钢索的采用会增大桥墩所承受的地震荷载，在桥梁设计过程中需要注意桥墩的屈服力以及钢索移动间隙的设计[25]。

国内针对连梁装置设计方法及理念的研究较少。部分研究项目中使用了 $W/2$ 法对连梁装置进行设计，假设结构在地震过程中发生脱座后，由预应力钢绞线或钢棒将上部结构悬吊起来。连梁装置此时所受到的荷载为桥跨一半的重量，亦即该处支座所承受的恒载反力 R_d。将上部结构的落梁过程视为静力过程处理，忽略了地震荷载作用时的动力冲击作用。朱文正博士在对连梁装置进行系统的研究后认为，连梁装置的设计地震作用应大于 E_2 等级的水平地震作用。考虑到地震荷载的随机性及冲击性，提出采用动力放大系数 2 的方法，保证其能够在超预期地震下发挥作用[26]。连梁装置的设计力则取 E_2 等级的水平地震作用的 2 倍以及支座恒载反力的较大值[27]。笔者在硕士研究生阶段针对采用 1.5 倍恒载反力法设计的连梁装置进行了一系列的研究发现，对结构设置连梁装置之后，结构的梁体位移以及结构相对位移均有减小，而结构的整体抗震性能以及抗推刚度均有所增加，但桥墩所承受的地震荷载也有所增大。

本章推荐采用日本规范中的 1.5 倍恒载反力法对连梁装置进行设计。

6. 拉索式连梁装置的模拟及参数设计

（1）拉索式连梁装置的有限元模拟

1）连梁装置的设计位移量 S_F

连梁装置是防止桥梁结构发生落梁震害的最终安全保障，其功能应满足以下要求：当结构在正常使用以及小震作用时，可满足因温度及常时荷载所引起的结构变位或振动，连梁装置不发挥作用；当结构遭遇较大地震或超预期的地震作用后支座可能失效时，连梁装置开始发挥作用，以防止桥梁的上、下部结构相对位移超过梁的搁置长度。此外，连梁装置的设置不应影响其他防落梁措施的使用效果。

因此连梁装置的设计移动量 S_F 应防止支座发生失效，同时在小于梁的搁置长度的前提下尽量减轻结构的破坏程度。其设计位移量应满足下式：

$$\text{橡胶支座的允许剪切变位量} < S_F \leqslant C_F S_E \tag{10.23}$$

式中　S_F——连梁装置的设计移动量；

S_E——梁的搁置长度，取式（4.25）和式（4.26）计算值的较大值；

C_F——连梁装置的设计移动系数，通常取为 0.75，当 S_E 比较大或连梁装置的变位可能妨碍结构的维修养护或影响其支承功能时，可小于 0.75。橡胶支座的允许剪切变形量计算方法与式（4.19）中相同。

连梁装置的有限元模型亦为具有位移控制功能的单元，如图 10-58 所示。

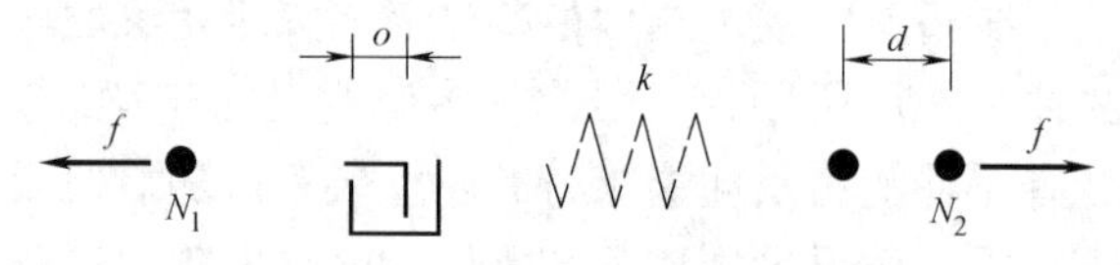

图 10-58　连梁装置有限元模型

式中　o——连梁装置的初始间隙，它与连梁装置的设计初始间隙 S_F 满足同样的限制条件，即橡胶支座的允许剪切变位量$< o \leqslant C_F S_E$。

d——连梁装置处桥梁结构产生的相对位移；

k——连梁装置的刚度；

f——连梁装置的作用力，$f=\begin{cases} k(d-o) & (d-o \geqslant 0) \\ 0 & (d-o \leqslant 0) \end{cases}$。

由计算模型可见，在地震荷载作用时，若结构在连梁装置处所产生的相对位移没有超过初始间隙 o，连梁装置便不会发挥作用；当该处的相对位移 d 超过了其设计初始间隙 o，连梁装置便开始启动，所产生的作用力为 $f=k(d-o)$，直到相对位移小于其初始间隙。其原理如图 10-59所示。

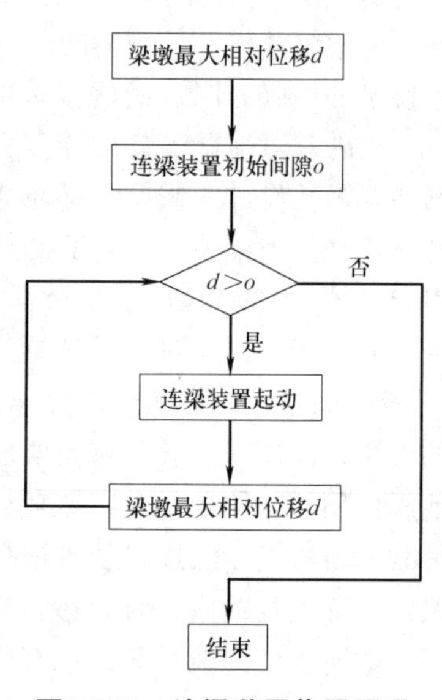

图 10-59　连梁装置作用原理

2）设置连梁装置的结构计算模型

日本桥梁建设协会颁布的《落桥防止系统设计手册》中针对设置了连梁装置的桥梁结构进行了计算简化，在计算过程中仅考虑可能受连梁装置影响的桥跨部分，即连梁装置设计振动单位。

通常，连梁装置均布置于桥联端部，其形式有梁台连接形式、梁墩连接形式和梁间连接形式，这三种连梁装置的设计振动单位如图 10-60 所示，其有限元简化模型如图 10-61 所示。本章选择减小上、下部结构相对位移较明显的梁墩连接型连梁装置作为研究对象。

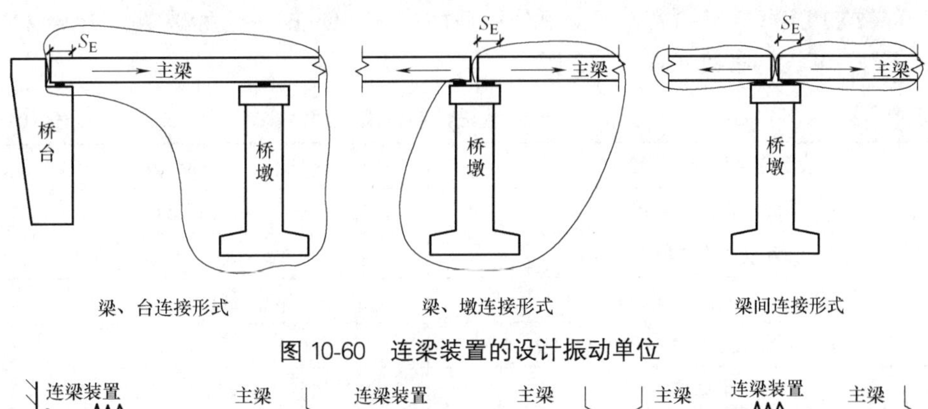

图 10-60　连梁装置的设计振动单位

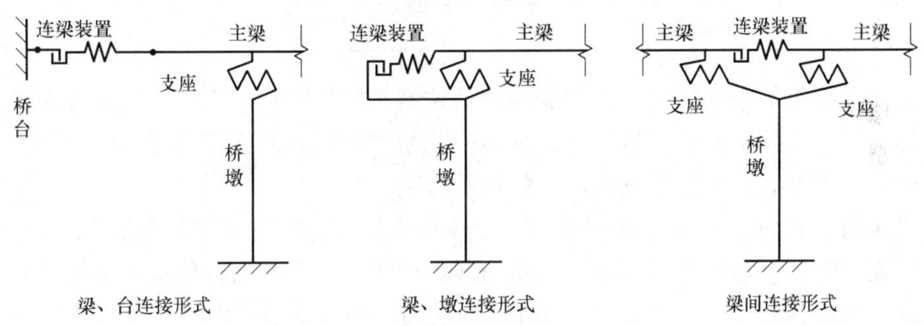

图 10-61　连梁装置设计振动单位有限元模型

3）拉索的设计

拉索的容许拉力 P_a 根据《斜拉桥用热挤聚乙烯高强钢丝拉索》GB/T 18365—2018、《无粘结预应力钢绞线》JG/T 161—2016 和《无粘结预应力混凝土结构技术规程》JGJ 92—2016 中的相关规定进行计算。

$$P_a = P_y \tag{10.24}$$

式中　P_y——拉索的屈服拉力。

设计时假定结构所采用的连梁装置平均分担设计地震荷载，则单根拉索所承受的地震荷载应满足：

$$P = H_F / n \leqslant P_a \tag{10.25}$$

式中　P——每根拉索承受的设计地震荷载；

n——桥梁结构单侧所采用的连梁装置组数；

H_F——结构单侧所有连梁装置的总设计地震作用。

（2）连梁装置的参数设计

从限位装置的分析结论可见，在中震及大震作用下支座的变位大于其允许剪切位移量，支座的失效使结构有发生落梁的可能，连梁装置的设置很是必要。

连梁装置的设计移动量 S_F 满足橡胶支座的允许剪切变位量 $< S_F \leqslant C_F S_E$，根据支座的相关参数及公式中的说明可求得：7.95cm $< S_F \leqslant$ 66.255cm。

根据 1.5 倍恒载反力法计算连梁装置的设计承载力，支座支撑反力 R_d = 1684.27kN，因此连梁装置的设计承载力为 $H_F=1.5R_d=2526.40$kN。假设桥跨边墩设两道连梁装置，则每道连梁装置的设计承载力为 $P=H_F/2=1263.20$kN。根据《斜拉桥用热挤聚乙烯高强钢丝拉索》GB/T 18365—2018，选择抗拉设计强度 $\sigma_b=1670$MPa 的拉索，型号为 PES（H）5-061 或 PES（C）5-061，钢丝束公称截面积 11.98cm²，公称破断力 $P_a=2000$kN，满足 $P<P_a$。其设计参数如表 10-12 所示。

连梁装置设计参数表　　　　**表 10-12**

边墩支撑反力 R_d(kN)	1684.27
梁搁置长度 S_E(cm)	88.34
连梁装置设计移动量 S_F(cm)	7.95cm$<S_F\leqslant$66.255cm
单道连梁装置的设计承载力(kN)	1263.20
单根连梁装置公称截面积(cm²)	11.98
拉索规格	$\sigma_b=1670$MPa,PES(H/C)5-061

连梁装置的防落梁效果受到其初始间隙及拉索刚度的影响，而拉索的刚度在其规格型号已定的情况下与拉索的长度呈反比关系。因此，改变拉索式连梁装置的初始间隙及拉索长度，分析各项参数对连梁装置防落梁效果的影响。

连梁装置初始间隙的选择范围为 7.95～66.255cm，本书中初始间隙从 8cm 开始选取，直到连梁装置不再发挥作用为止，初始间隙增幅为 1cm；拉索长度在常规长度范围内进行选择，范围为 0.8～2.2m，以 0.1m 作为增幅。其参数选择范围如表 10-13 所示。

连梁装置的参数变化范围　　　　**表 10-13**

参数	变化范围	增量
初始间隙	8cm～不再启动	1cm
拉索长度	0.8～2.2m	0.1m

（3）连梁装置的参数影响规律

在分析设计参数的影响效果时，仅采用大震时程 WT1025 进行激励，为摒弃其他构件对参数分析的影响，作为对比的计算模型均不考虑设置伸缩装置及限位装置，仅设置连梁装置，原结构模型则仅考虑支座的作用，将其分析结果进行对比。

由于上、下部结构的相对位移是连梁装置应用效果的直观反映，根据已有的研究成果可知，连梁装置的设置会对桥墩的内力产生影响，因此在参数分析中列出桥梁上、下部结构相对位移以及墩底弯矩在设置不同参数连梁装置之后的变化情况，其结果如下：

1）连梁装置初始间隙的变化对梁墩相对位移的影响

连梁装置的变形与桥梁上、下部结构的相对位移直接相关，当连梁装置开始发挥作用之后，其内力与变形亦线性相关，连梁装置的变形越大，其内力越大。

由图 10-62 可见，结构边墩梁墩相对位移的减小幅度随连梁装置初始间隙的增大有所减小，连梁装置的初始间隙越小梁墩相对位移减小越多。连梁装置初始间隙为 8cm 时，梁墩的相对位移减至原结构的 35%，其对桥梁上、下部结构相对位移的减小效果最好。

当连梁装置的初始间隙在 8～12cm 范围内时，中墩的梁墩相对位移减小幅度与初始

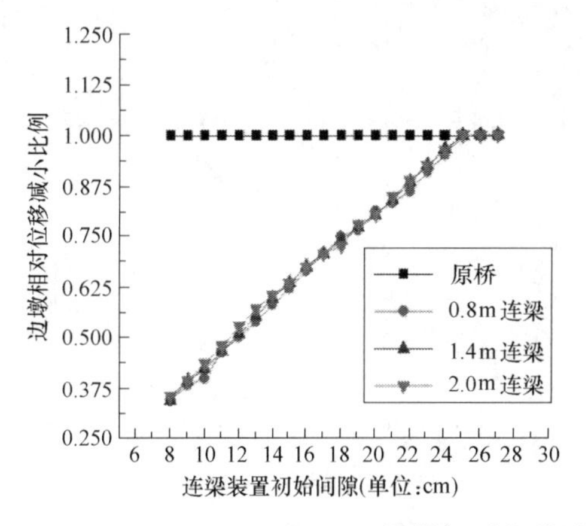

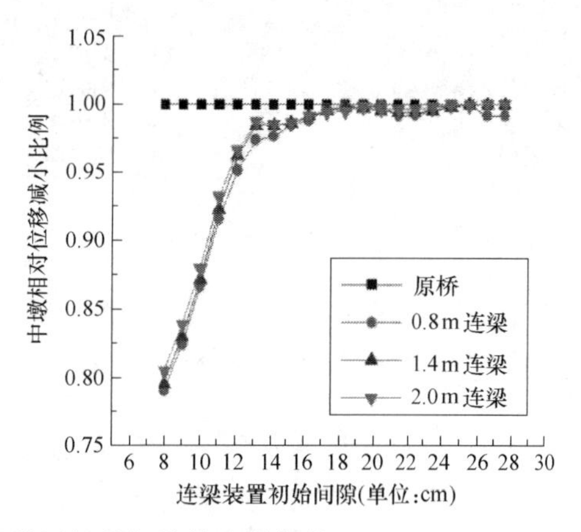

图 10-62 梁墩相对位移随连梁装置初始间隙的变化规律

间隙的增长呈线性关系。但当达到 13cm 后，其减小趋势变缓，连梁装置对原结构上、下部相对位移的减少作用减弱。中墩上、下部结构的相对位移在连梁装置的初始间隙为 8cm 时降到最小，为原结构的 80%。

2）连梁装置拉索长度的变化对梁墩相对位移的影响

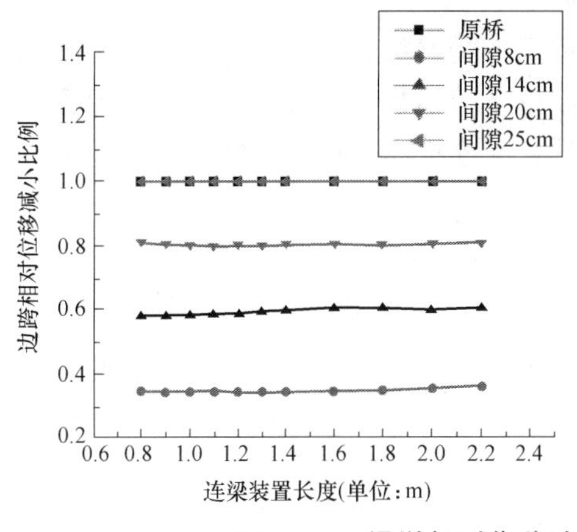

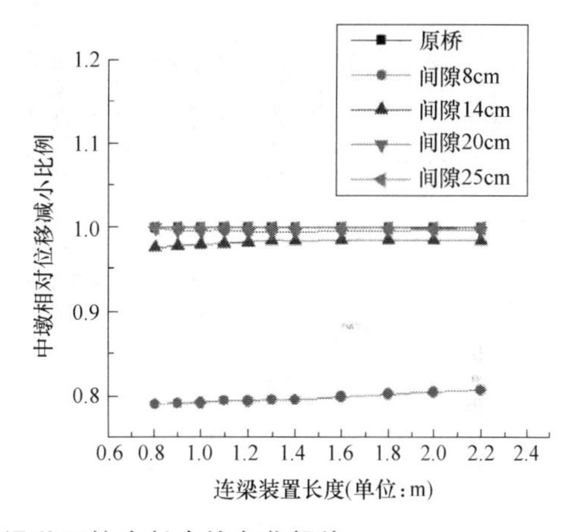

图 10-63 梁墩相对位移随连梁装置拉索长度的变化规律

由图 10-63 可见，桥梁结构采用了连梁装置之后其上、下部结构的相对位移均有所减小，但其减小幅度随连梁装置拉索长度的增加变化幅度很小。同时可见，连梁装置的初始间隙越小，桥梁上、下部结构相对位移的减小幅度越大；由中墩上、下部结构的相对位移的变化图可见，当连梁装置的初始间隙大于 14cm 后，其相对位移的减小幅度很小。

3）连梁装置设计参数的变化对墩底弯矩的影响

由于桥梁结构的原设计方案在边墩采用滑板支座，因此，在地震激励下边墩所分担的地震荷载较小。当结构设置连梁装置后，随着连梁装置的启动，梁墩之间的联系变得紧密，使得结构的整体性增加，边墩开始较多地参与分担地震荷载，从而使得中墩承受的地震荷载较原结构有所减小。

由图 10-64 可见，桥梁结构设置了连梁装置后，边墩墩底的弯矩明显增大，且连梁装置的初始间隙越小其增大幅度越大。最大值的增幅出现在连梁装置的初始间隙为 12cm、

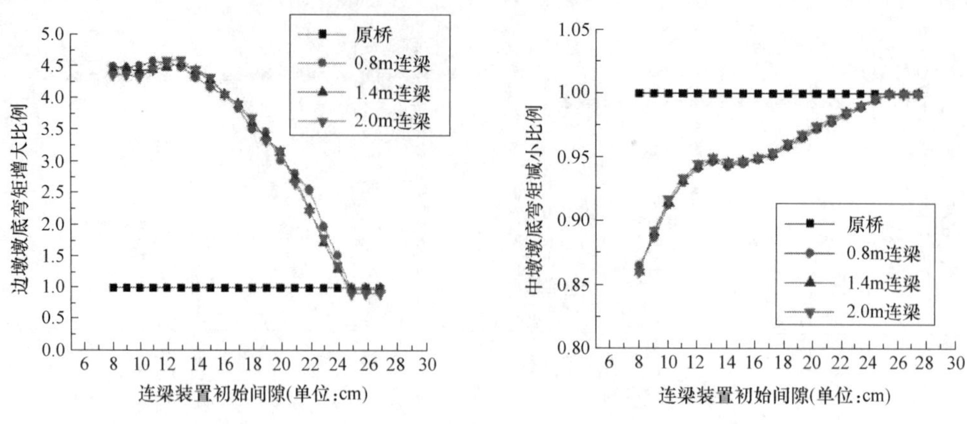

图 10-64　墩底弯矩随连梁装置初始间隙的变化规律

13cm 时，可达原结构墩底弯矩的 4.8 倍。在此初始间隙区间之后，边墩墩顶弯矩的增幅随连梁装置初始间隙的增大有所减小。

中墩的墩底弯矩在结构设置了连梁装置之后则有所减小，初始间隙越小中墩墩底弯矩的减幅越大，在连梁装置的初始间隙超过 12cm、13cm 后，中墩墩底弯矩的减小幅度有所减缓。

由以上规律可见，连梁装置设置一方面增加了桥梁结构的整体性、减小了梁体的位移和支座变位，但设置连梁装置的边墩所承受的地震负荷也势必增加。因此，设置了连梁装置的桥梁应对边跨桥墩进行较为完善的延性设计，以便提高其抗震性能。

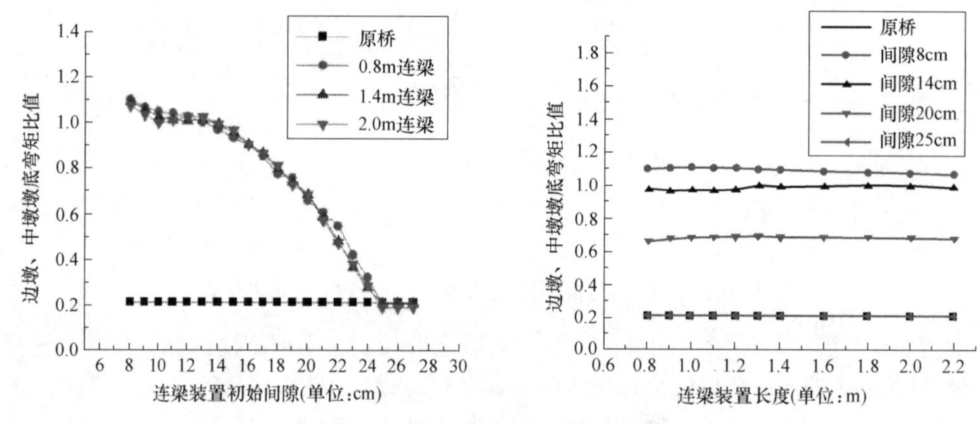

图 10-65　设置连梁装置后结构边墩与中墩墩底弯矩比值

由图 10-65 对设置连梁装置后桥梁结构边、中墩墩底弯矩的对比分析可见，连梁装置的初始间隙在 8～16cm 区间时，桥梁结构的边、中墩墩底弯矩大致相等。换而言之，此时结构所遭受的地震荷载在各墩间近乎平均分配。连梁装置拉索长度的变化对其影响仍然很小，墩底弯矩几乎没有变化趋势。换而言之，连梁装置的刚度对于墩底弯矩的影响不大。

4）连梁装置设计参数对连梁装置内力的影响

连梁装置的内力与其启动之后的变形直接相关。变形越大，连梁装置的内力越大，连梁装置的内力随设计参数的变化趋势如下。

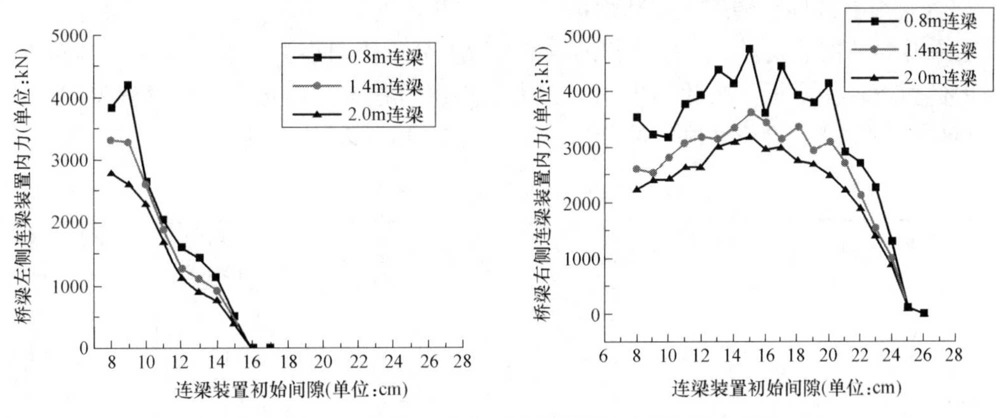

图 10-66 连梁装置内力随连梁装置初始间隙的变化

由图 10-66 可见，桥梁左侧的连梁装置内力随初始间隙的增大逐渐减小，当初始间隙超过 16cm 后，连梁装置在大震 WT1025 的激励下不再发挥作用。桥梁右侧连梁装置的内力随初始间隙的增大呈现先增大后减小的趋势，在初始间隙值为 15cm 左右时，连梁装置的内力达到最大；当初始间隙超过 26cm 后，连梁装置不再发挥作用。

从图 10-66 中还可以看出，桥梁两侧 0.8m 的连梁装置均出现了内力超出拉索的屈服拉力的情况（单侧连梁装置总的屈服拉力为 4000kN）。也就是说，在地震作用下发生了破断。桥梁左侧连梁装置的破断出现在初始间隙为 9cm 时，右侧连梁装置的破断出现在初始间隙为 13～20cm 时。

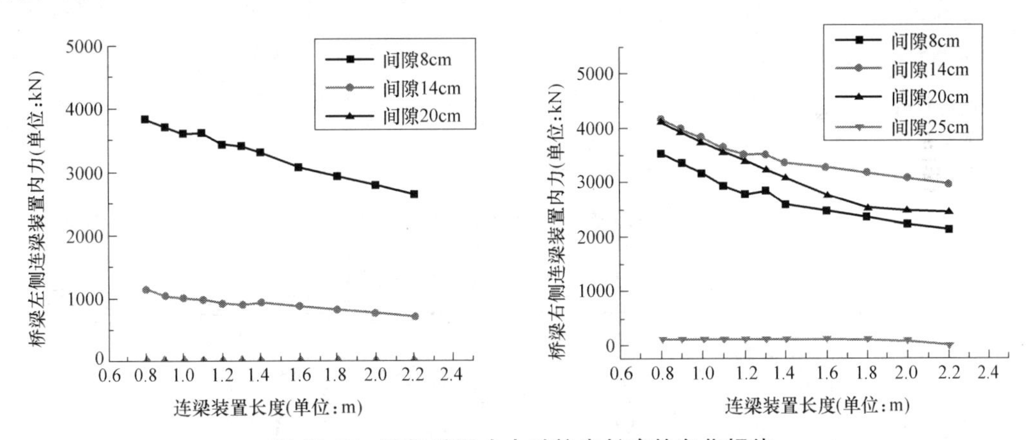

图 10-67 连梁装置内力随拉索长度的变化规律

由图 10-67 可见，连梁装置的内力随拉索长度的增大有所减小。拉索长度为 0.8m 时，初始间隙为 8cm、14cm 及 20cm 的连梁装置发生了破断情况。

鉴于以上对比情况，拉索长度的变化对结构的内力响应、梁墩相对位移以及连梁装置的防落梁效果影响较小，为保证连梁装置在地震激励下不发生破断，宜选择拉索较长的连梁装置。因连梁装置的防落梁效果受初始间隙的影响较大，初始间隙越小，连梁装置防落梁效果越好。并且，初始间隙较小时，边墩与中墩墩底弯矩的大小较为接近，连梁装置的内力也不至过大。因此，选择初始间隙为 8cm、拉索长度为 2m 的连梁装置作为推荐方案。

7. 连梁装置的地震响应及作动规律

在原桥梁结构上设置上节中推荐的连梁装置，分别采用小震、中震以及大震各三条时程波进行动态时程分析，在此列出相对较大的小震时程 WT1636、中震时程 WT1106 以及大震时程 WT1025 进行激励时的分析结果如表 10-14～表 10-16 所示。

小震 WT1636 作用下结构地震响应　　表 10-14

工况		主梁位移(cm)	墩顶位移(cm)	上、下部结构相对位移(cm)	墩底弯矩(kN·m)
原桥	边墩	3.92	0.21	3.71	1374
	中墩	3.92	0.91	3.01	5373
设置推荐连梁装置	边墩	3.35	0.16	3.66	1375
	中墩	3.35	0.75	2.96	5310
结构响应变化系数	边墩	0.85	0.76	0.99	1.00
	中墩	0.85	0.82	0.98	0.99

中震 WT1106 作用下结构地震响应　　表 10-15

工况		主梁位移(cm)	墩顶位移(cm)	上、下部结构相对位移(cm)	墩底弯矩(kN·m)
原桥	边墩	14.99	0.59	14.4	3858
	中墩	14.99	3.25	11.74	19108
设置推荐连梁装置	边墩	11.95	2.81	8.48	16775
	中墩	11.95	2.79	8.55	16607
结构响应变化系数	边墩	0.80	4.76	0.59	4.35
	中墩	0.80	0.86	0.73	0.87

大震 WT1025 作用下结构地震响应　　表 10-16

工况		主梁位移(cm)	墩顶位移(cm)	上、下部结构相对位移(cm)	墩底弯矩(kN·m)
原桥	边墩	19.12	0.78	18.34	5099
	中墩	19.12	4.28	14.84	25258
设置推荐连梁装置	边墩	15.41	6.24	9.03	30729
	中墩	15.41	3.85	10.94	20586
结构响应变化系数	边墩	0.81	8.00	0.49	6.03
	中墩	0.81	0.90	0.74	0.82

从以上各表中原结构的地震响应与设置连梁装置后结构的地震响应对比值可见，连梁装置的设置能够有效减小结构在地震作用下的主梁位移以及上、下部结构相对位移，在各级地震作用下均能减小中墩的墩顶位移及墩底弯矩，但在大震作用下会使边墩的墩顶位移及墩底弯矩有较为明显的增大。

说明连梁装置可起到减小上、下部结构相对位移的作用，并且由于连梁装置的设置，使得结构的整体性增强，原本因设置滑板支座承受地震荷载较小的边墩亦开始分担地震作用。边墩的墩底弯矩与墩顶位移在大震作用下增幅较大，因此设置连梁装置的桥梁结构需着重注意设置装置处桥墩的延性设计。

以下列出算例桥梁在各级地震作用下的边墩与中墩处上、下部结构相对位移的变化时程，如图 10-68～图 10-73 所示。

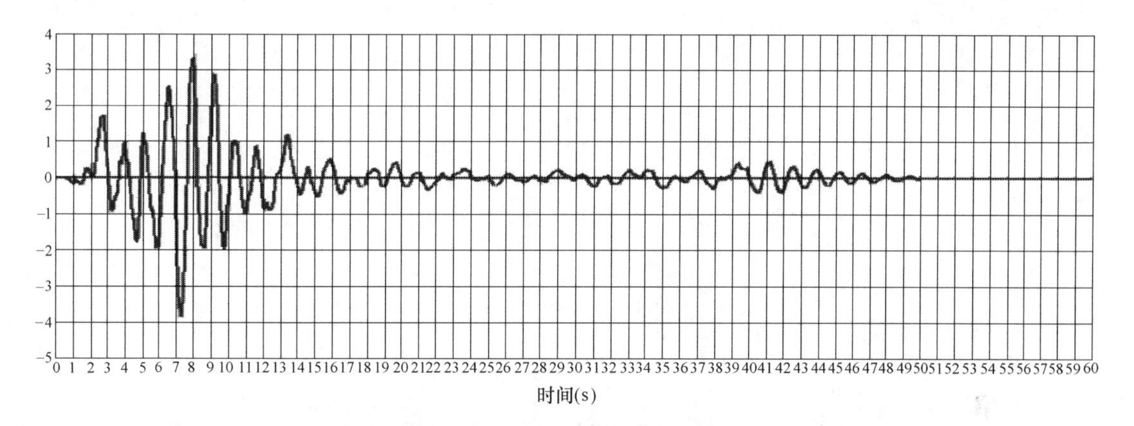

图 10-68　小震 WT1636 作用下边墩梁墩相对位移时程（单位：cm）

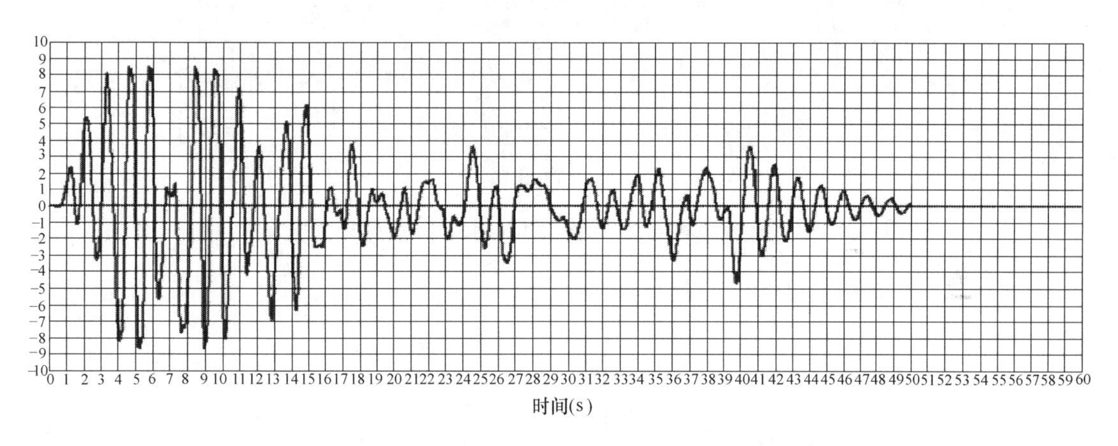

图 10-69　中震 WT1106 作用下边墩梁墩相对位移时程（单位：cm）

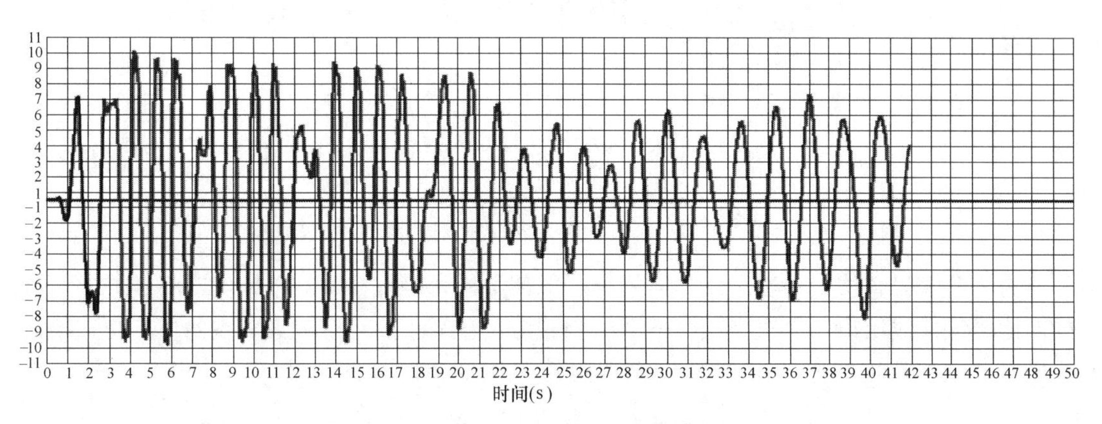

图 10-70　大震 WT1025 作用下边墩梁墩相对位移时程（单位：cm）

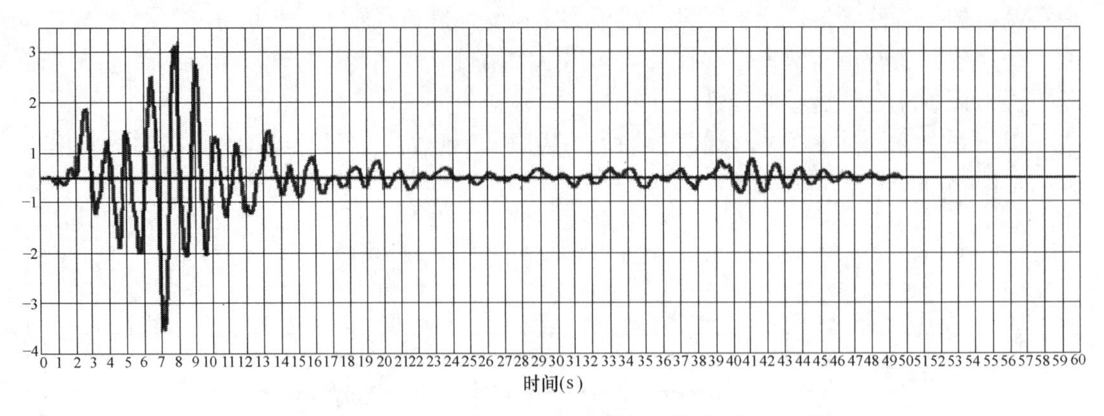

图 10-71　小震 WT1636 作用下中墩梁墩相对位移时程（单位：cm）

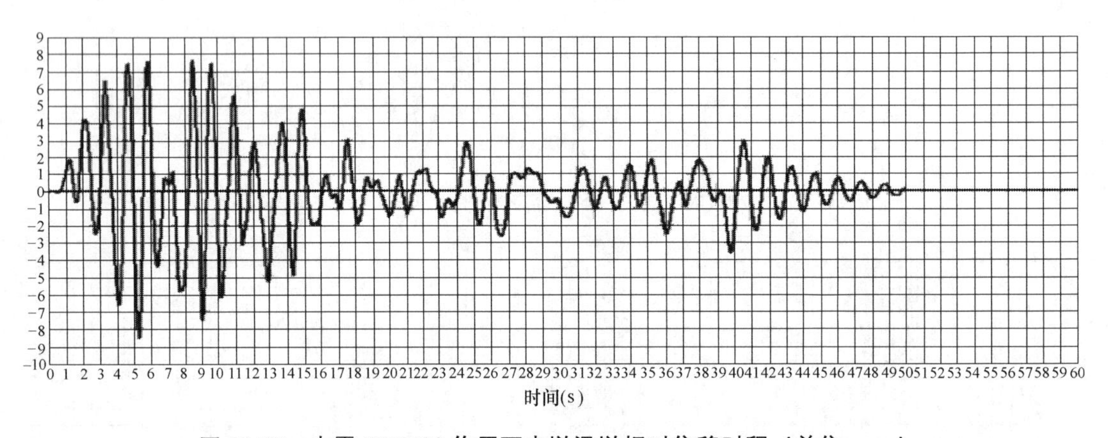

图 10-72　中震 WT1106 作用下中墩梁墩相对位移时程（单位：cm）

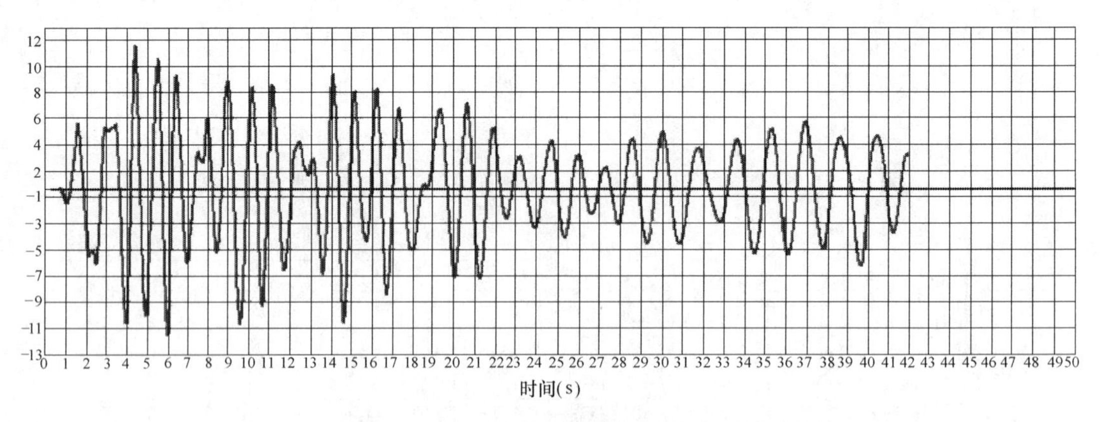

图 10-73　大震 WT1025 作用下中墩梁墩相对位移时程（单位：cm）

为了分析设置连梁装置之后，桥梁上、下部结构相对位移的减小幅度，将其与原结构的对比时程曲线给出。因边墩上、下部结构相对位移减小的幅度较大，在此仅列出边墩的梁墩相对位移在设置限位装置后与原结构的对比变化时程曲线，如图 10-74～图 10-76 所示。

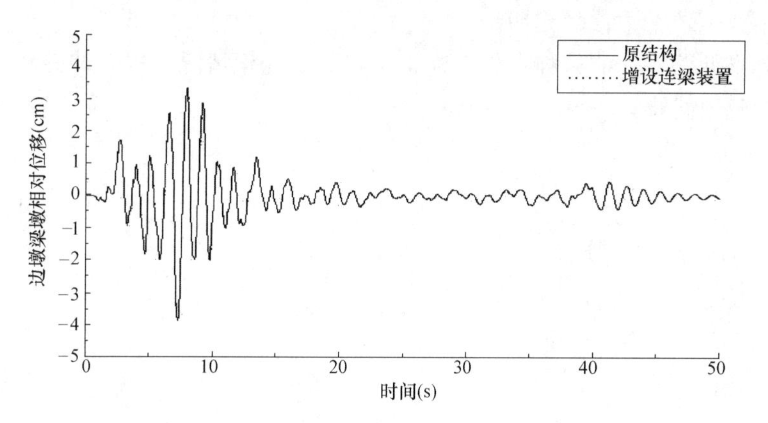

图 10-74　小震 WT1636 作用下边墩处的梁墩相对位移减小幅度（单位：cm）

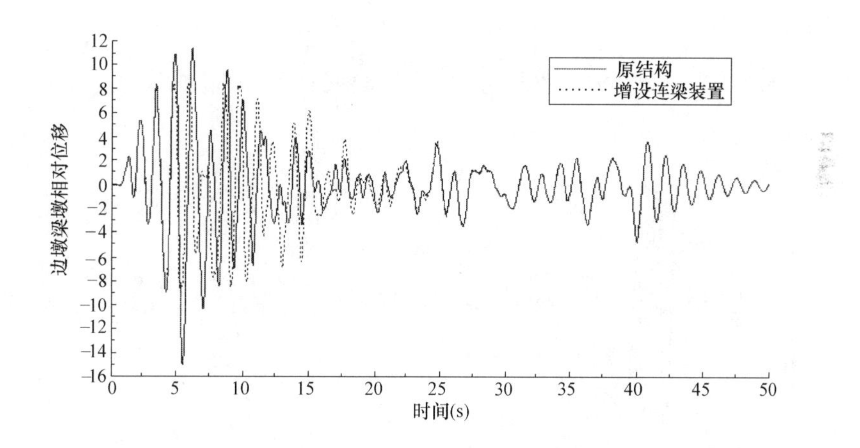

图 10-75　中震 WT1106 作用下边墩处的梁墩相对位移减小幅度（单位：cm）

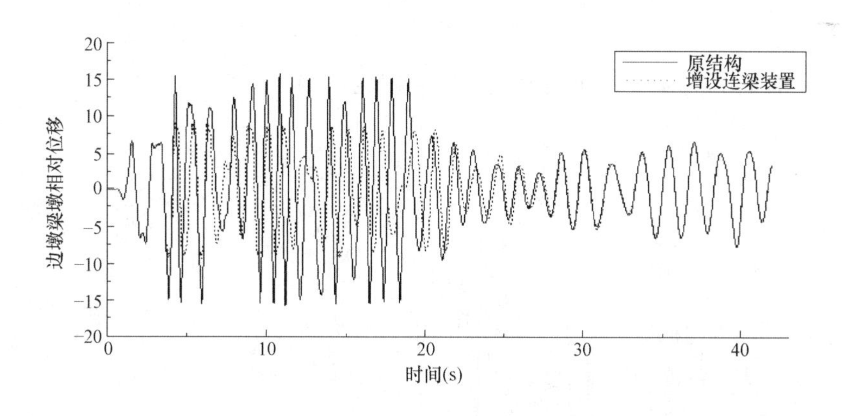

图 10-76　大震 WT1025 作用下边墩处的梁墩相对位移减小幅度（单位：cm）

从图 10-74～图 10-76 可以看出，在小震 WT1636 作用下，因桥梁所产生的上、下部结构相对位移均小于 4cm，连梁装置未曾启动，因此相对位移在量值上没有改变。在中震 WT1106 与大震 WT1025 作用下，设置了连梁装置的桥梁结构上、下部结构相对位移均有所减小，相对位移值大致控制在 10cm 之内，说明连梁装置较好地起到了限制桥梁结构在地震作用下产生较大位移的作用。

下面将列出伸缩缝处的位移在设置连梁装置后的变化情况，以及伸缩装置在各级地震作用下的内力响应时程。

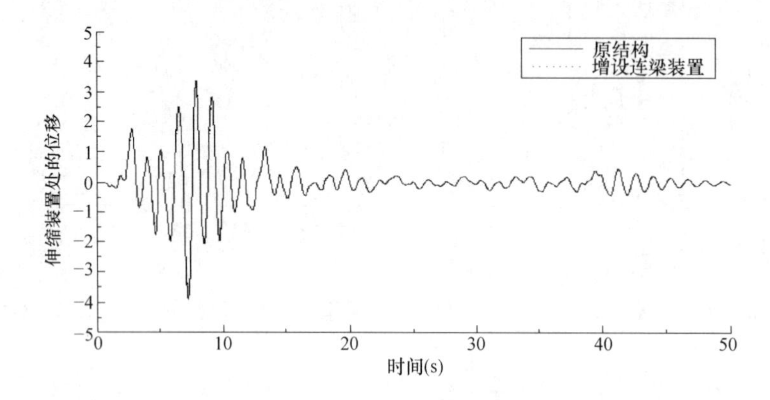

图 10-77　小震 WT1636 作用下伸缩缝处的位移减小幅度（单位：cm）

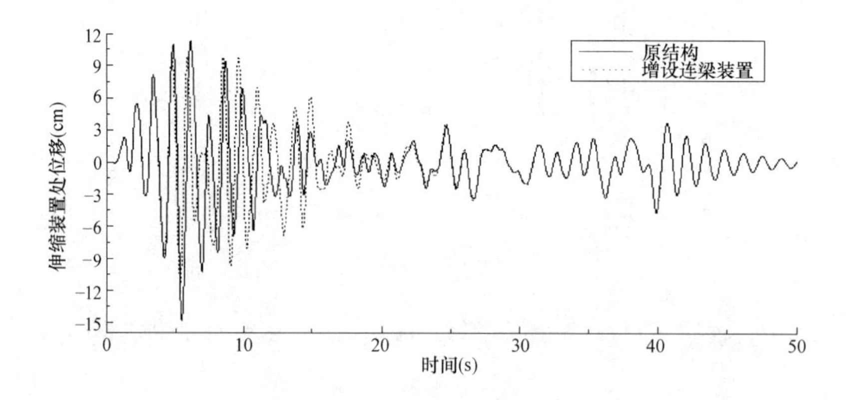

图 10-78　中震 WT1106 作用下伸缩缝处的位移减小幅度（单位：cm）

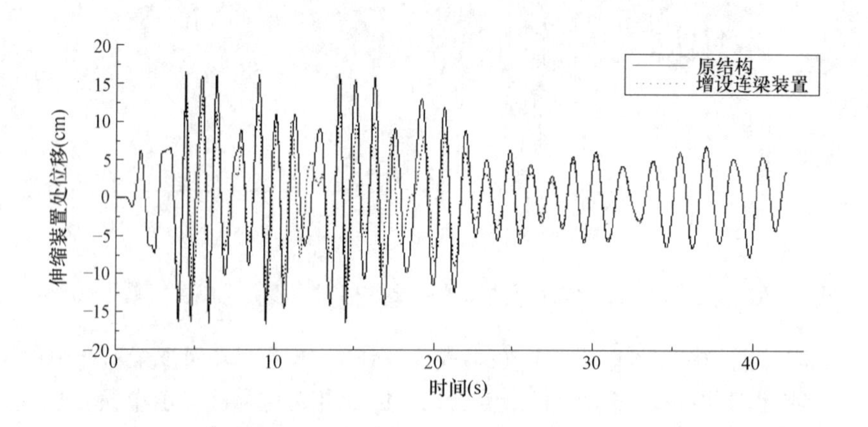

图 10-79　大震 WT1025 作用下伸缩缝处的位移减小幅度（单位：cm）

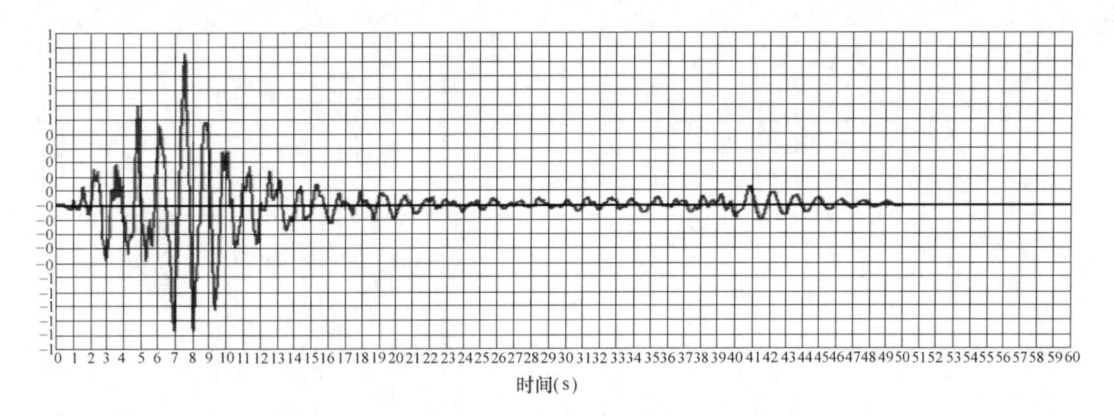

图 10-80 小震 WT1636 作用下伸缩装置内力时程（单位：kN）

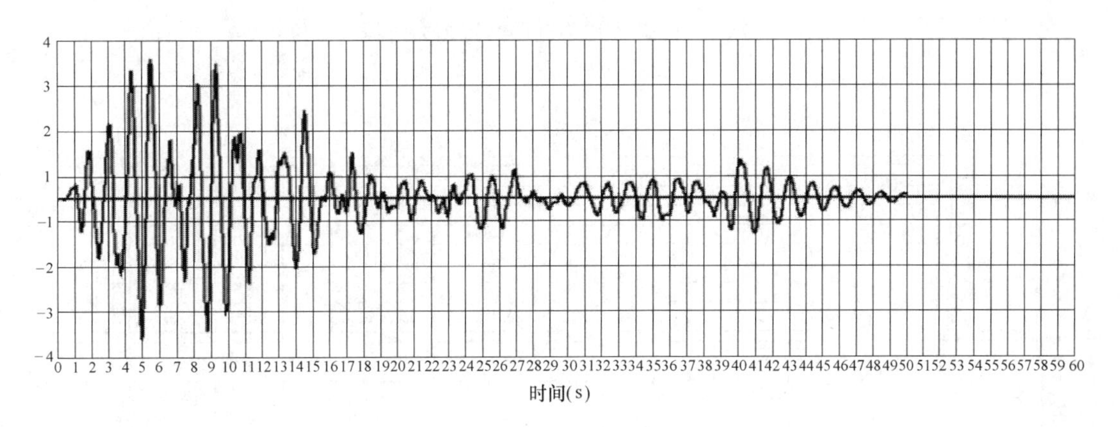

图 10-81 中震 WT1106 作用下伸缩装置内力时程（单位：kN）

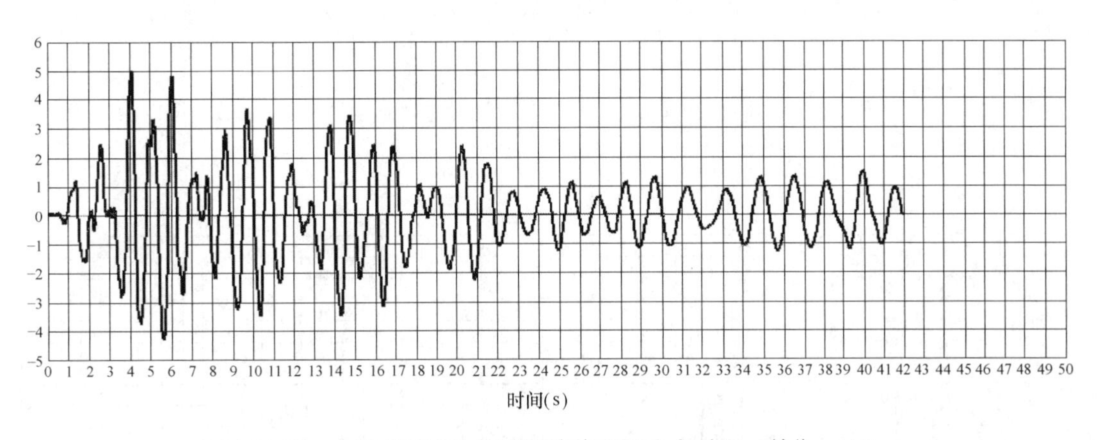

图 10-82 大震 WT1025 作用下伸缩装置内力时程（单位：kN）

由以上伸缩装置的位移内力时程（图 10-77～图 10-82）可见，设置连梁装置后，伸缩缝处的位移在各级地震作用下有明显的减小，并且伸缩装置不再受到因地震引起的冲击力的作用。大震时，伸缩缝处的最大位移大多数情况下控制在 15cm 以内，均在伸缩装置的设计伸缩量之内。

下面给出连梁装置的内力以及其随变位的变化时程。

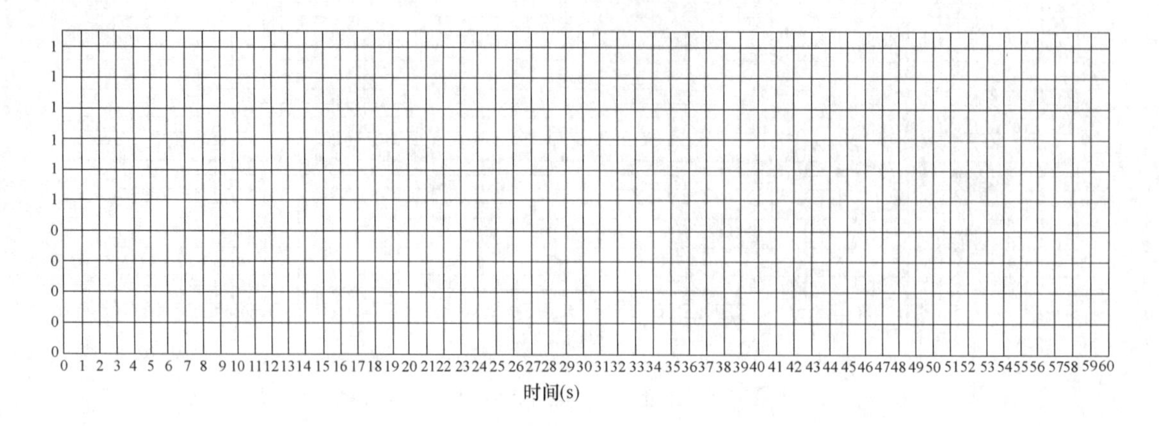

图 10-83 小震 WT1636 作用下连梁装置内力时程（单位：kN）

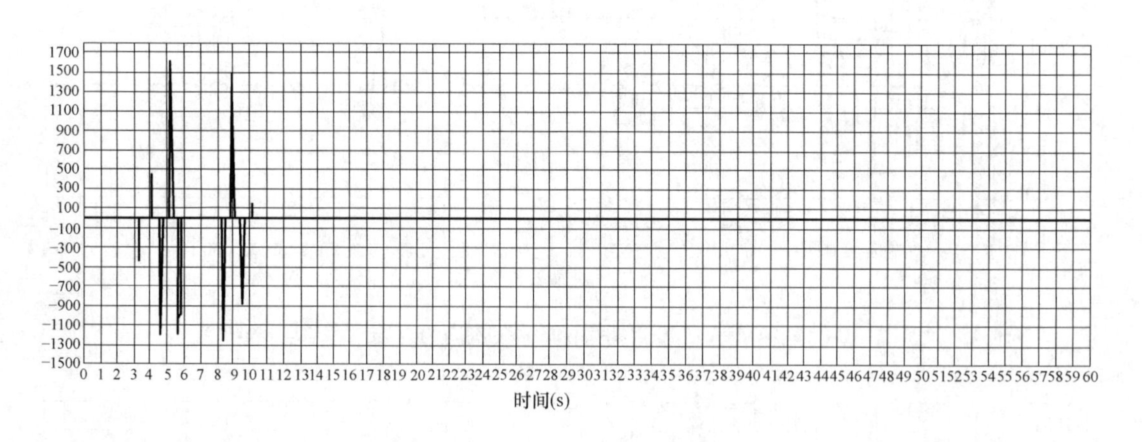

图 10-84 中震 WT1106 作用下连梁装置内力时程（单位：kN）

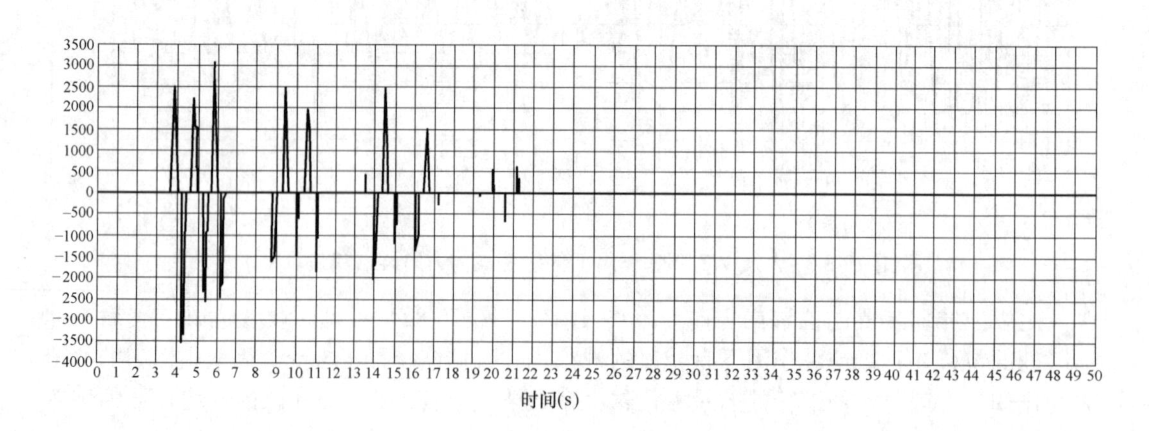

图 10-85 大震 WT1025 作用下连梁装置内力时程（单位：kN）

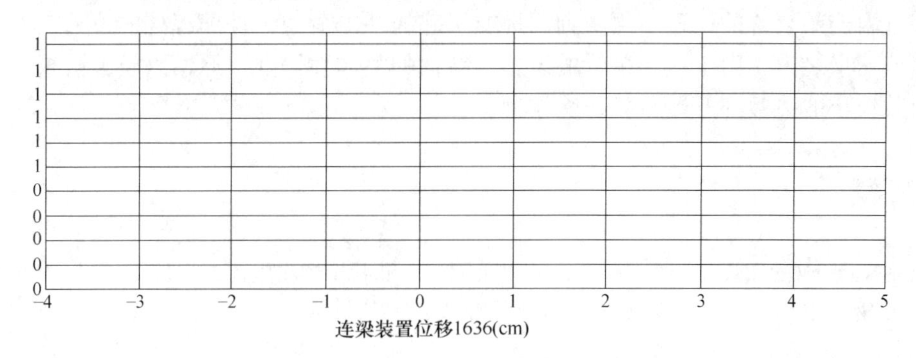

图 10-86　小震 WT1636 作用下连梁装置内力随位移变化时程（单位：kN，cm）

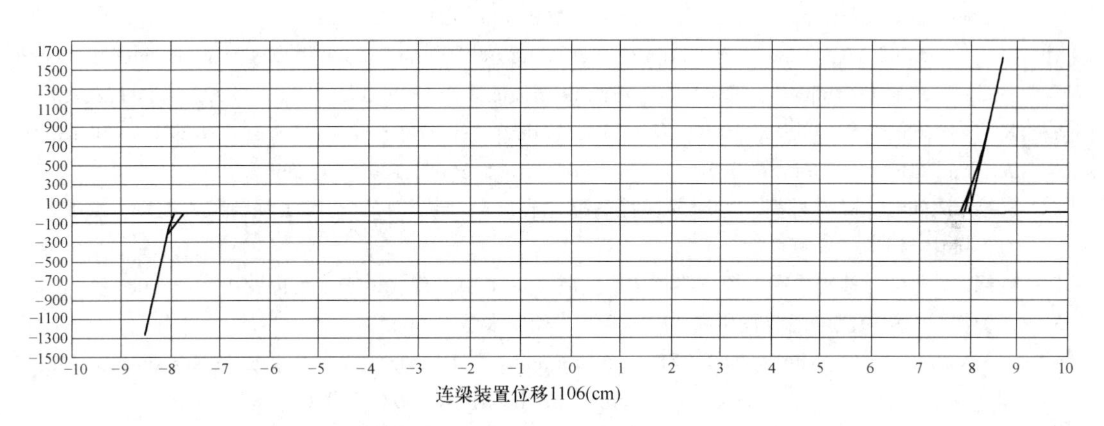

图 10-87　中震 WT1106 作用下连梁装置内力随位移变化时程（单位：kN，cm）

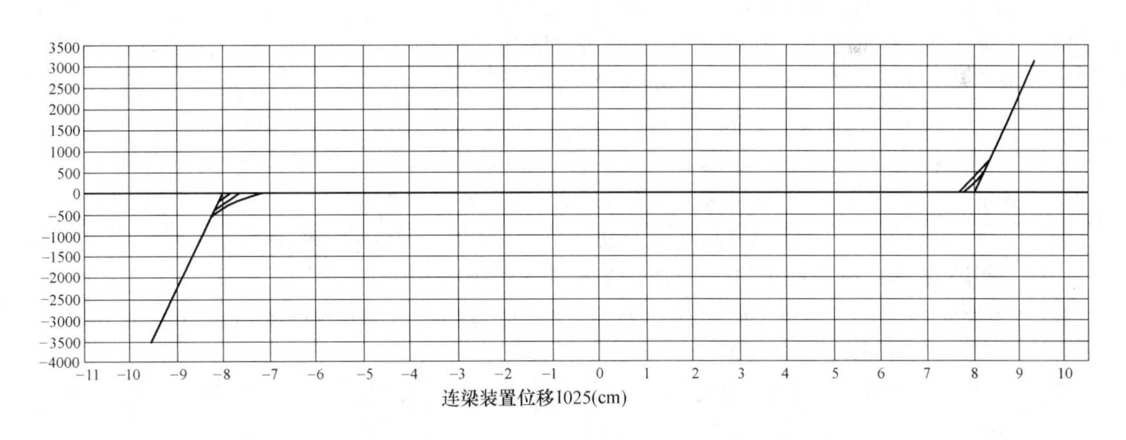

图 10-88　大震 WT1025 作用下连梁装置内力随位移变化时程（单位：kN，cm）

由图 10-83～图 10-88 可以看出，连梁装置在小震作用下不启动，在中震及大震作用下因支座处的变位均超过了其剪切变形量，落梁装置便开始发挥作用，中震时连梁装置启动的情况较少，大震时较多。并且，其内力随着地震荷载的加剧有所增大，但都没有超过连梁装置的破断力。

综上所述，连梁装置具有较好的防落梁效果，能有效降低主梁、桥梁上下部结构的相对位移，虽然支座在中震及大震作用下仍有发生破坏的情况，但结构不会发生落梁现象。

伸缩装置因连梁装置的设置不再受到因地震引起的冲击荷载，伸缩缝处的位移被有效控制在设计伸缩量之内。由于连梁装置的设置，结构的整体性增强，原本因设置滑板支座承受地震荷载较小的边墩亦开始分担地震作用。

参考文献

[1] 公路桥涵设计通用规范 JTG D60—2015 [S]. 北京：人民交通出版社，2015.

[2] 公路钢筋混凝土及预应力混凝土桥涵设计规范 JTG 3362—2018 [S]. 北京：人民交通出版社，2018.

[3] R. Jankowski，K. Wilde，Y. Fujino. Reduction of Pounding Effects in Elevated Bridges during Earthquakes. Earthquake Eng. Stru. Dyn. 2000，29 (2)：195-212.

[4] R. Jankowski，K. Wilde，Y. Fujino. Pounding of Superstructure Segments in Isolated Elevated Bridge during Earthquake. Earthquake Engineering and Structural Dynamics，2002，31：1325-1345.

[5] R. Desroches，S. Muthkumar. Effect of pounding and Restrainers on Seismic Response of Multiple-frame Bridges. Journal of Structural Engineering. 2002，128 (7)：860-869.

[6] 郭维，沈映红. 高架桥简支梁桥非线性碰撞地震反应分析 [J]. 地震工程与工程震动. 2002，22 (4)：108-113.

[7] 帅纲毅，朱晞. 地震作用下简支梁桥碰撞反应分析 [A]. 现代地震工程进展 [C]. 2002.

[8] 王统宁. 公梁减震伸缩装置研究 [D]. 西安：长安大学，2003.

[9] R. Desroches，S. Muthkumar. Effect of pounding and Restrainers on Seismic Response of Multiple-frame Bridges [J]. Journal of Structural Engineering，2002，128 (7)：860-869.

[10] P. Trochalakis，M. O. Eberhard，J. F. Stanton. Design of restrainers for in-span hinges [J]. Journal of Structural Engineering. 1997，(4)：786-792.

[11] 崔丽丽. 城市高架桥梁地震碰撞反应分析及控制 [D]. 哈尔滨：哈尔滨工业大学，2006.

[12] R. Jankowski，K. Wilde，Y. Fujino. Pounding of Superstructure Segments inisolated elevated bridge during earthquakes. Earthquake Eng. Stru. Dyn.，1998，27 (5)：487-502

[13] TROCHALAKIS P，EBERHARD M O，STANTON J F. Design of seismic restrainers for in -span hinges [J]. Journal of Structural Engineering，1997，123 (4)：469-478.

[14] 崔静. 无阻尼纵桥向限位装置的计算与设计 [D]. 西安：长安大学，2010.

[15] 戴福洪，翟桐. 桥梁限位器抗震设计方法研究 [J]. 地震工程与工程震动. 2002，22 (2)：73-79.

[16] PanosTrochalakis ，etc. Design of Seismic Restrainers For In-span Hinges [J]. Journal of Structural Engineering ，1997，123 (4)：115-121.

[17] 王军文，李建中，范立础. 限位装置对连续梁桥地震反应的影响 [J]. 铁道学报，2008，30 (3)：71-77.

[18] 王常峰. 桥梁结构非线性地震反应研究 · 支座摩擦 · 限位装置 · 基础非线性 [D]. 兰州：兰州交通大学，2009.

[19] 郭磊. 强震作用下桥梁的碰撞效应及对应措施 [D]. 长沙：湖南大学，2010.

[20] 徐祖恩，汪芳芳. 公路桥梁梁支承长度 SE 计算方法初探 [J]. 浙江交通职业技术学院学报，2010，11 (3)：23-25.

[21] 刘健新，胡兆同，李子青等. 公路桥梁减震装置及设计方法研究总报告 [R]. 西安：长安大学，2000.

[22] 朱文正，刘健新. 公路桥梁防落梁系统研究现状述评 [J]. 广州大学学报，2005，4 (4)：347-356.

[23] 朱文正. 公路桥梁减、抗震防落梁系统研究 [D]. 西安：长安大学，2004.
[24] 松原勝己，浦野和彦，菊地敏男. 免震橋ぃゐ用落橋防止装置の特性につぃて（その2）[R]. 土木學會第46回年次學術講演會，平成3年9月.
[25] 梶田幸秀，丸山忠明，等. 大地震時にゎけゐ鄰接すゐ高架橋の桁間沖突の對策に關すゐ考察 [R]. 土木學會第53回年次學術講演會，平成10年10月.
[26] CLOUGH R W，PENZIEN J. Dynamics of Structures [M]. 3rd ed. Berkeley：Computers & Structures Inc，1995.
[27] 朱文正，刘健新. 公路桥梁连梁装置研究 [J]. 公路交通科技，2009，26 (4)：68-72.

第 11 章　位移型抗震分灾系统效能分析

位移型抗震分灾系统中各元件的抗震设计是与结构的位移响应直接相关的，该系统旨在允许结构在地震荷载下产生位移、又限制过大位移的发生，以起到防止结构发生碰撞、落梁等震害的作用。第 10 章中对位移型抗震分灾系统各元件（支座、伸缩装置、搁置长度、限位装置、连梁装置）的功能及分灾效果进行了论述，本章将在其研究结论的基础上探讨位移型抗震分灾系统的抗震性能及分灾效果。

11.1　位移型分灾系统的设防目标及元件参数

位移型抗震分灾系统的抗震设防目标是有效控制结构在地震中产生的位移，使结构的地震响应能够满足“小震不坏，中震可修，大震不倒”。

在抗震分灾系统的设计中，分灾元件需与功能性构件相互结合，在结构的功能条件允许的情况下尽量使分灾元件充分发挥其分灾作用，并使各元件之间的功能作用不出现冲突。

为达到以上目标，首先需对抗震分灾系统在地震荷载作用下的作动情况进行分析。本章算例中所采用的分灾元件分别为支座高度为 74mm 的橡胶板式支座（其允许剪切变形量为 79.5mm），伸缩量为 160mm 的伸缩装置，初始间隙为 3.2cm、刚度为 10^4 的限位装置（其极限荷载 1685kN），初始间隙为 8cm、拉索长度为 2m 的连梁装置（其破断荷载为 4000kN），梁的搁置长度为 88.34cm。

本节分别采用小震、中震以及大震各三条时程波进行动态时程分析，在此列出相对最大的分析结果（分别为小震时程 WT1636、中震时程 WT1106 以及大震时程 WT1025）。将考虑设置不同组合分灾元件时的结构地震响应进行对比，得到分灾系统的分灾效果及各元件在地震作用下的作动过程与相互关系。

分灾元件所考虑的工况如下：

工况 1：原结构（分灾元件仅考虑支座）；

工况 2：原结构＋伸缩装置；

工况 3：原结构＋伸缩装置＋限位装置；

工况 4：原结构＋伸缩装置＋限位装置＋连梁装置（位移型抗震分灾系统）。

小震 WT1636 作用下结构地震响应　　表 11-1

工况		主梁位移(cm)	墩顶位移(cm)	上、下部结构相对位移(cm)	墩底弯矩(kN·m)
工况 1	边墩	3.92	0.21	3.71	1374
	中墩	3.92	0.91	3.01	5373

续表

工况		主梁位移(cm)	墩顶位移(cm)	上、下部结构相对位移(cm)	墩底弯矩(kN·m)
工况 2	边墩	3.87	0.21	3.66	1374
	中墩	3.87	0.90	2.97	5309
工况 3	边墩	3.83	0.21	3.62	1375
	中墩	3.83	0.89	2.93	5297
工况 4	边墩	3.83	0.21	3.62	1377
	中墩	3.83	0.89	2.93	5298
工况 4/工况 1	边墩	0.98	1.00	0.98	1.00
	中墩	0.98	0.98	0.97	0.99

中震 WT1106 作用下结构地震响应　　表 11-2

工况		主梁位移(cm)	墩顶位移(cm)	上、下部结构相对位移(cm)	墩底弯矩(kN·m)
工况 1	边墩	14.99	0.59	14.40	3858
	中墩	14.99	3.25	11.74	19108
工况 2	边墩	14.78	0.59	14.19	3858
	中墩	14.78	3.21	11.57	18832
工况 3	边墩	10.33	1.45	8.86	8765
	中墩	10.32	2.50	7.82	14956
工况 4	边墩	10.03	2.04	7.97	12363
	中墩	10.03	2.38	7.64	14232
工况 4/工况 1	边墩	0.67	3.46	0.55	3.20
	中墩	0.67	0.73	0.65	0.74

大震 WT1025 作用下结构地震响应　　表 11-3

工况		主梁位移(cm)	墩顶位移(cm)	上、下部结构相对位移(cm)	墩底弯矩(kN·m)
工况 1	边墩	19.12	0.78	18.34	5099
	中墩	19.12	4.28	14.84	25258
工况 2	边墩	16.60	0.78	15.93	5099
	中墩	16.60	4.28	12.39	25681
工况 3	边墩	16.82	2.96	13.94	17950
	中墩	16.82	4.33	12.59	25969
工况 4	边墩	14.58	5.57	8.88	32803
	中墩	14.58	3.50	11.07	20783
工况 4/工况 1	边墩	0.76	7.14	0.48	6.43
	中墩	0.76	0.82	0.75	0.82

从表 11-1～表 11-3 中设置分灾系统后结构的响应与原结构的比较值可以看出，结构在采用了分灾系统后，主梁位移以及上下部结构的相对位移、中墩的墩顶位移以及墩底弯矩在各级地震下均有所减小，但边墩的墩顶位移及墩底弯矩均有所增大，增大的幅值随地震荷载的等级增加。支座的变位在大震作用下超过了其允许剪切变形量，中震下仅边墩支座位移略超过其剪切变形量。

说明分灾系统可有效减小结构的主梁位移以及上、下部结构相对位移，有较好的限位效果。而且，由于分灾元件的采用，结构的整体性增强，使原本因设置滑板支座承受地震荷载较小的边墩亦开始分担地震作用。

以下给出结构设置不同分灾元件后的地震响应变化规律如图 11-1～图 11-4 所示。

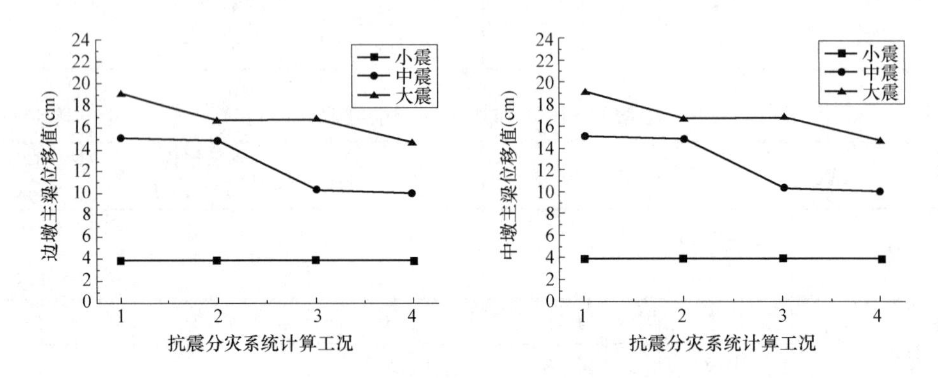

图 11-1　设置不同分灾元件及分灾系统后的结构主梁位移变化

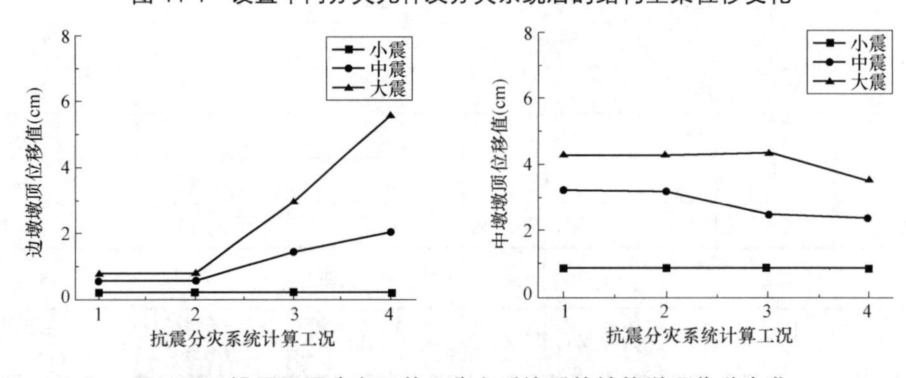

图 11-2　设置不同分灾元件及分灾系统后的结构墩顶位移变化

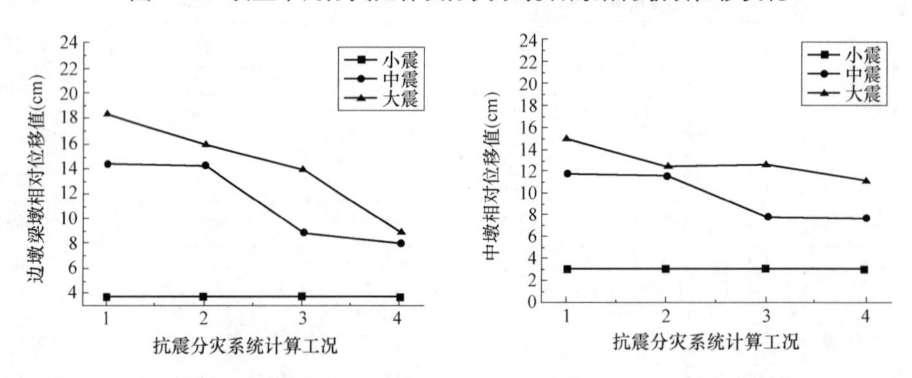

图 11-3　设置不同分灾元件及分灾系统后的结构梁墩相对位移变化

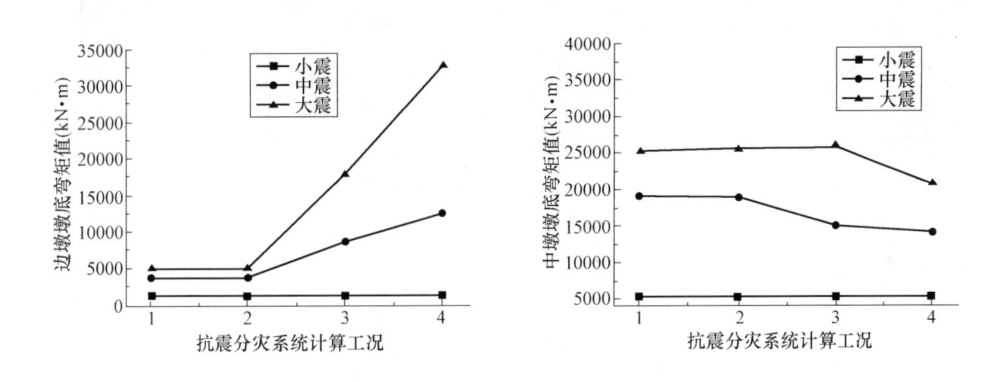

图 11-4 设置不同分灾元件及分灾系统后的结构墩底弯矩变化

从以上结构的响应变化图中可以看出：在各级地震作用下，随着桥梁结构分灾系统配置的完善，结构主梁位移、上下部结构相对位移、中墩的墩顶位移以及墩底弯矩大致呈逐渐减小的趋势；边墩墩顶位移及墩底弯矩均随分灾系统配置情况呈逐渐增加的趋势，是由于限位装置、连梁装置均设置于边墩处，使得结构的整体性能增加，导致原本通过滑板支座分散地震作用的边墩也开始与其他桥墩共同承受地震荷载。

伸缩装置、限位装置以及连梁装置的设置均对结构的位移响应有一定的影响，鉴于结构边墩的梁墩相对位移是本书较为关注的对象，将各元件对其位移减小量的贡献比例画出，如图 11-5 所示。

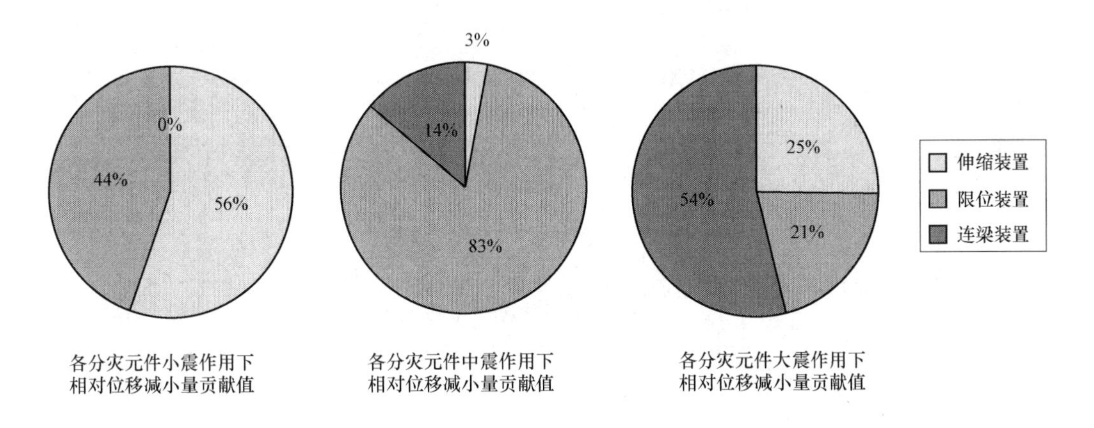

图 11-5 各分灾元件对结构边墩相对位移减小的贡献比例

由以上各分灾元件对边墩相对位移的减小贡献可以看出，伸缩装置对边墩相对位移减小的贡献在小震时最大，限位装置在中震时最大，连梁装置在大震时最大；小震作用下连梁装置不发挥作用，随着地震荷载的增大，连梁装置对位移减小的贡献比例逐渐增大。

为了分析设置分灾系统后桥梁上、下部结构相对位移的减小幅度，将其与原结构的对比时程曲线给出。在此仅列出边墩的梁墩相对位移在设置分灾系统后与原结构的对比变化时程曲线。

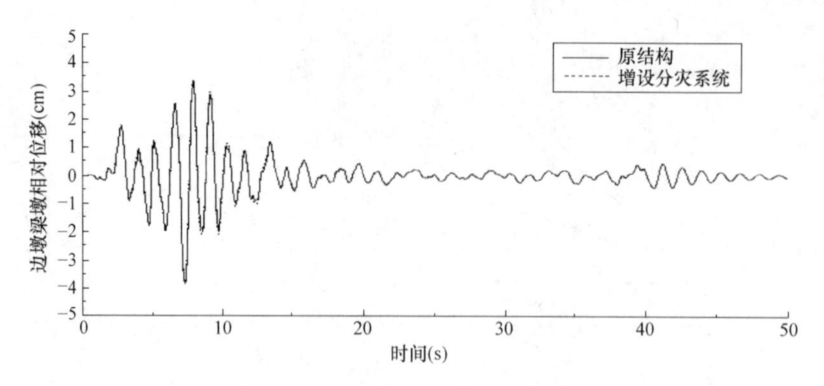

图 11-6　小震 WT1636 作用下边墩处的梁墩相对位移减小幅度

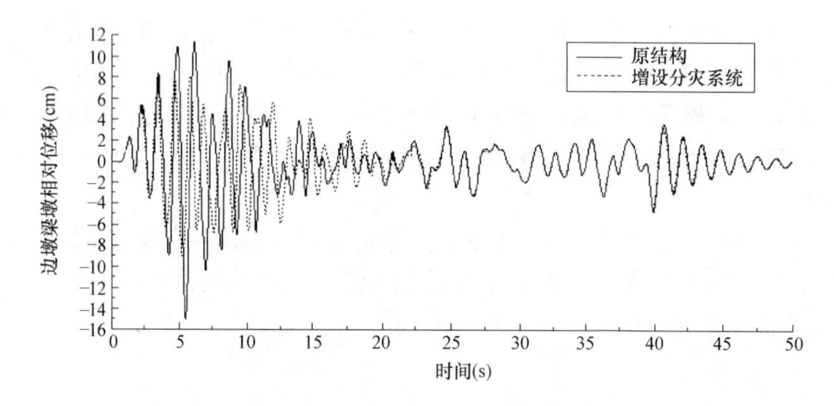

图 11-7　中震 WT1106 作用下中边墩处的梁墩相对位移减小幅度

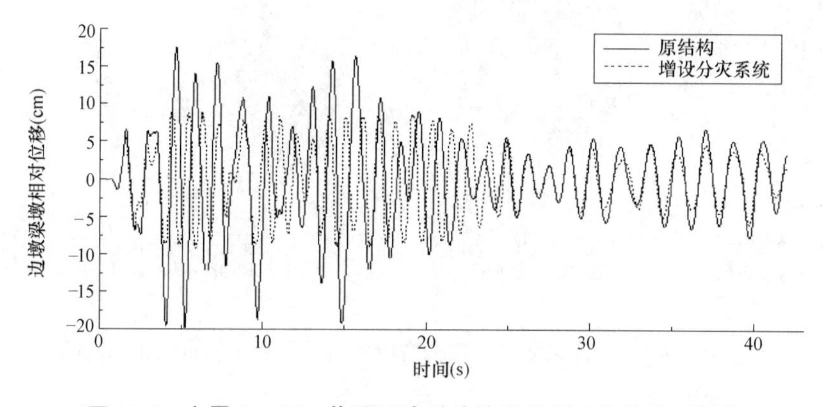

图 11-8　大震 WT1025 作用下边墩处的梁墩相对位移减小幅度

从图 11-6～图 11-8 可以看出，在小震 WT1636 作用下，因桥梁所产生的上、下部结构相对位移较小，分灾系统未启动，其位移量没有改变。在中震 WT1106 及大震 WT1025 作用下，设置了分灾系统的桥梁结构上下部结构相对位移均有所减小，边墩相对位移的量值均控制在 10cm 之内，说明位移型抗震分灾系统起到了限制结构响应位移的效果。

下面列出伸缩缝处的位移在设分灾系统后的变化情况以及伸缩装置在地震作用下的内力响应时程。

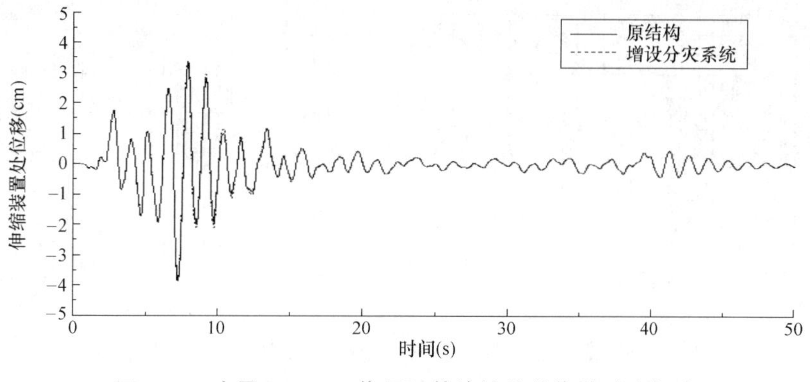

图 11-9 小震 WT1636 作用下伸缩缝处的位移减小幅度

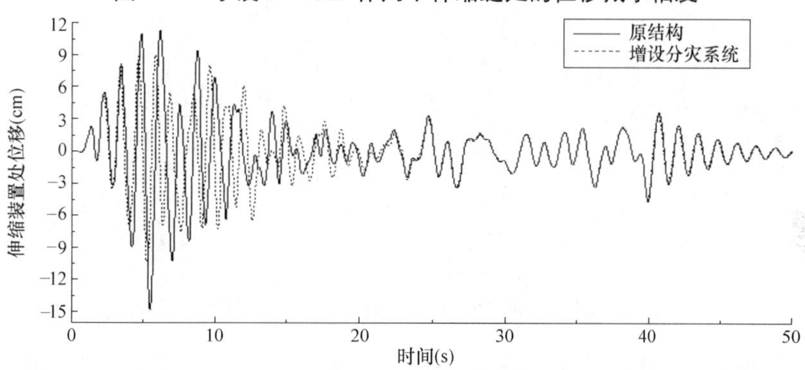

图 11-10 中震 WT1106 作用下伸缩缝处的位移减小幅度

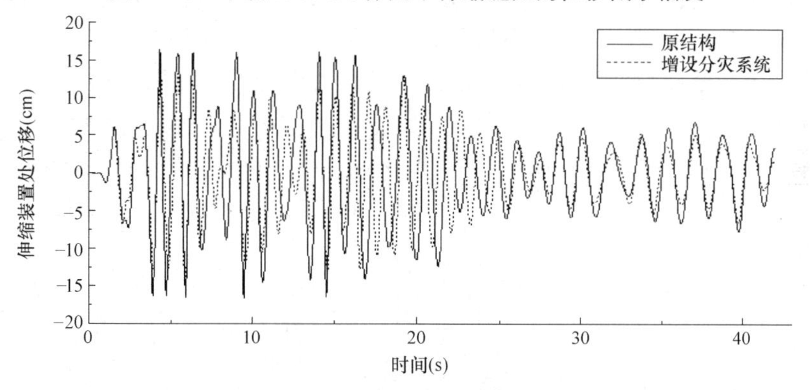

图 11-11 大震 WT1025 作用下伸缩缝处的位移减小幅度

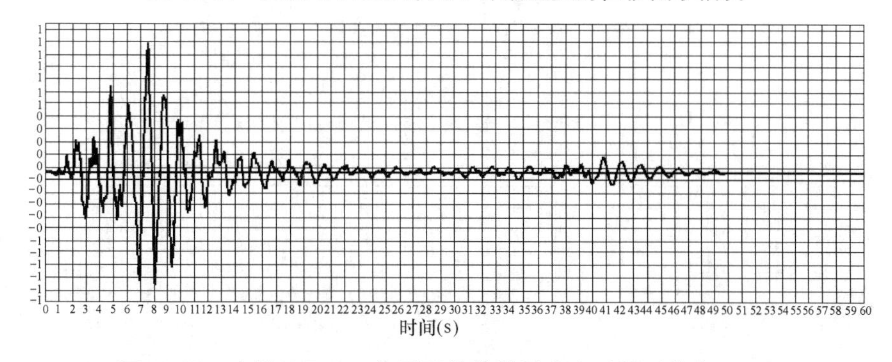

图 11-12 小震 WT1636 作用下伸缩装置内力时程（单位：kN）

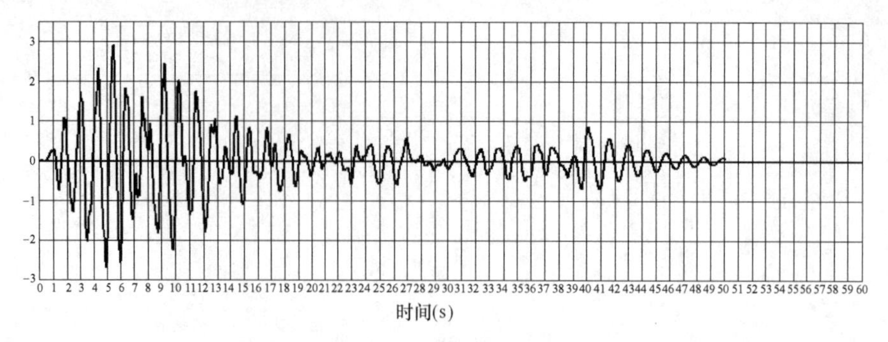

图 11-13　中震 WT1106 作用下伸缩装置内力时程（单位：kN）

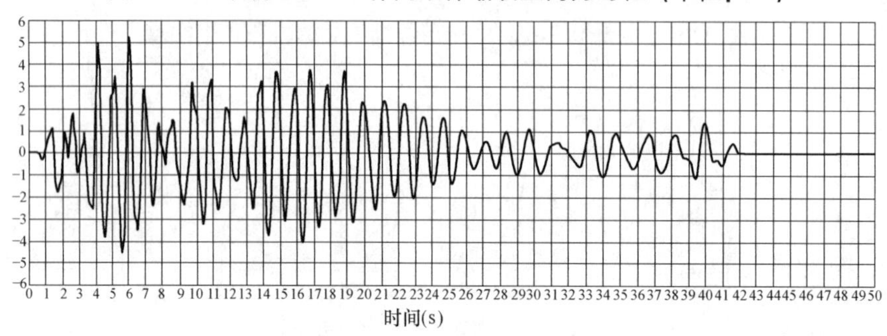

图 11-14　大震 WT1025 作用下伸缩装置内力时程（单位：kN）

由以上伸缩装置的位移及内力时程（图 11-9～图 11-14）可见，设置分灾系统后，伸缩缝处的位移在中震及大震作用下有明显的减小，伸缩缝处的最大位移控制在 15cm 以内，小于其设计伸缩量，伸缩装置不再受到地震引起的冲击荷载作用。

下面给出设置分灾系统后限位装置的内力及内力随变位的变化时程。

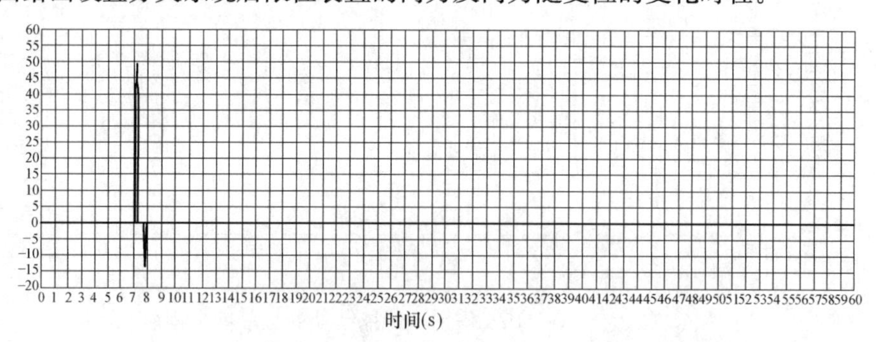

图 11-15　小震 WT1636 作用下限位装置内力时程（单位：kN）

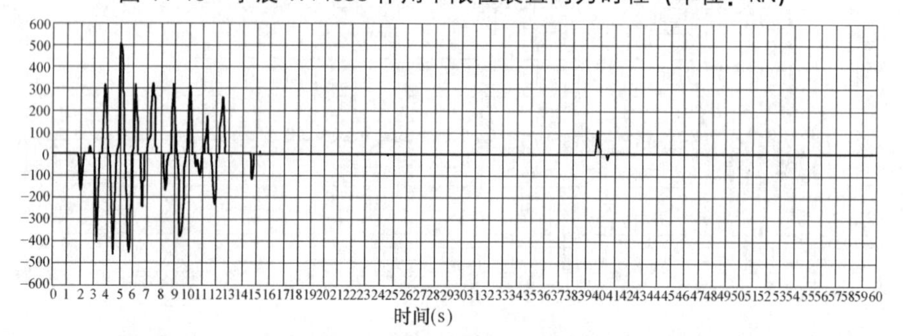

图 11-16　中震 WT1106 作用下限位装置内力时程（单位：kN）

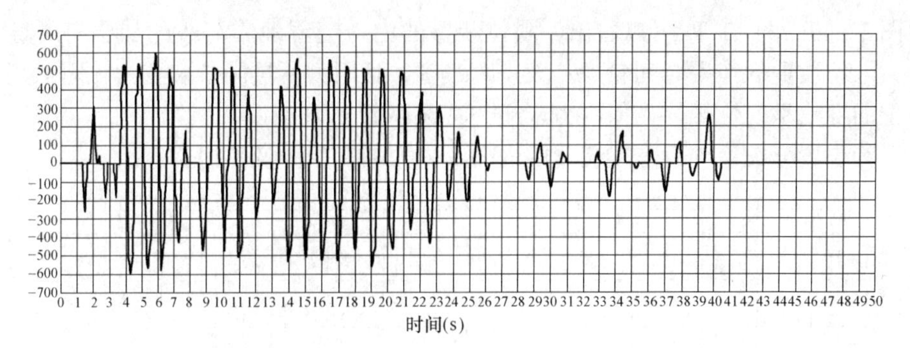

图 11-17　大震 WT1025 作用下中限位装置内力时程（单位：kN）

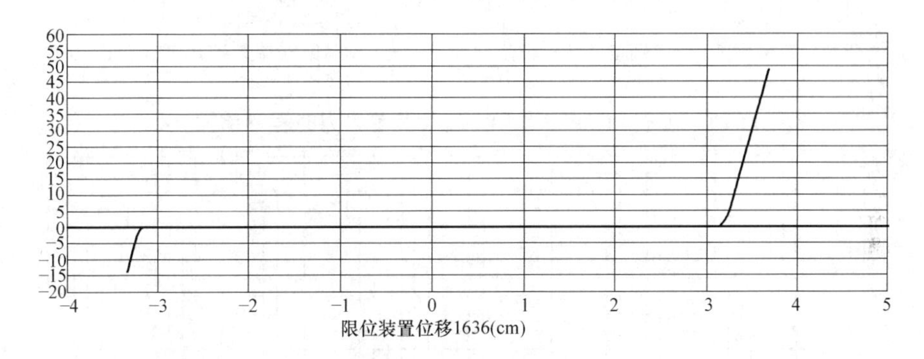

图 11-18　小震 WT1636 作用下限位装置内力随位移变化时程（单位：kN，cm）

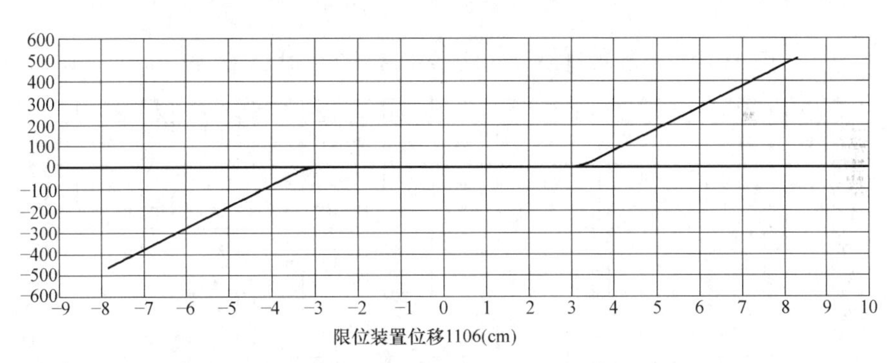

图 11-19　中震 WT1106 作用下限位装置内力随位移变化时程（单位：kN，cm）

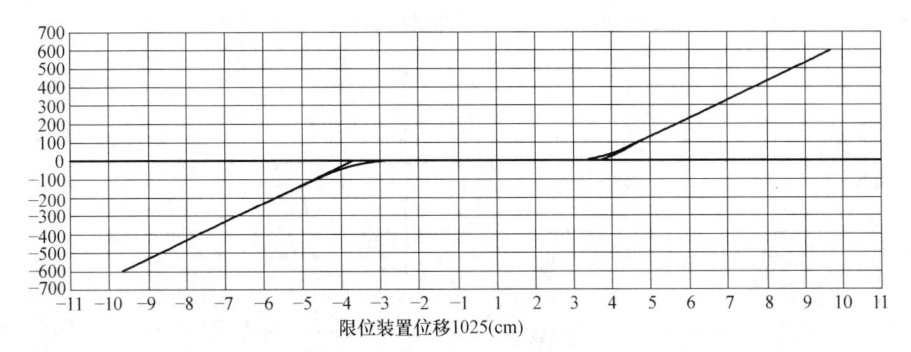

图 11-20　大震 WT1025 作用下限位装置内力随位移变化时程（单位：kN，cm）

由图 11-15～图 11-20 可以看出，限位装置的内力随着地震荷载的加剧有所增大，在小震时，限位装置的作用时间较少，大震时最多，且因为所选限位装置为无阻尼型，其内力随变位的变化呈线性规律，但内力未超过其破坏荷载 1685kN。

以下为设置分灾系统后连梁装置的内力及内力随变位的变化时程。

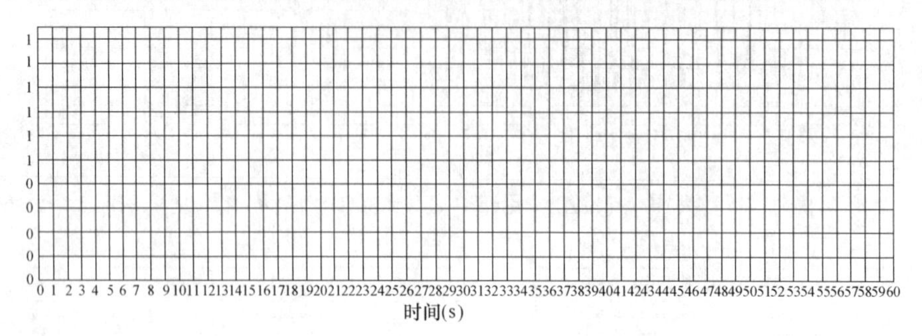

图 11-21　小震 WT1636 作用下连梁装置内力时程（单位：kN）

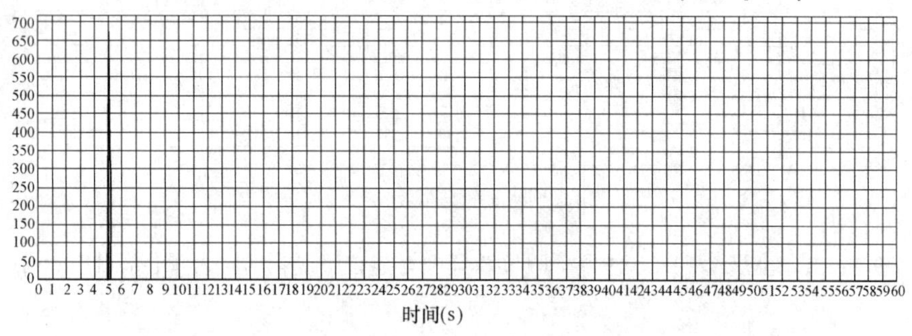

图 11-22　中震 WT1106 作用下连梁装置内力时程（单位：kN）

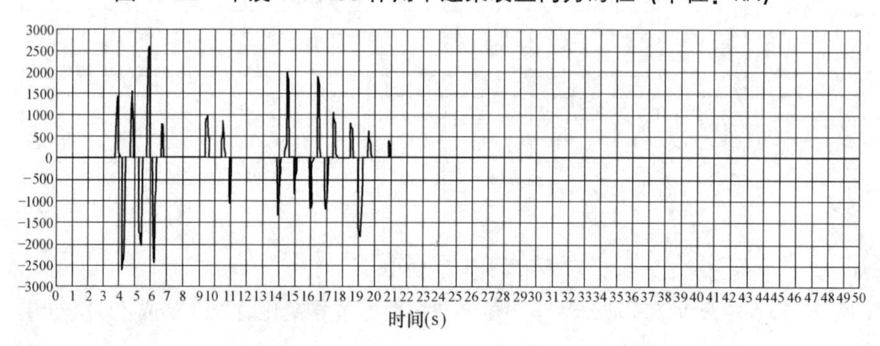

图 11-23　大震 WT1025 作用下连梁装置内力时程（单位：kN）

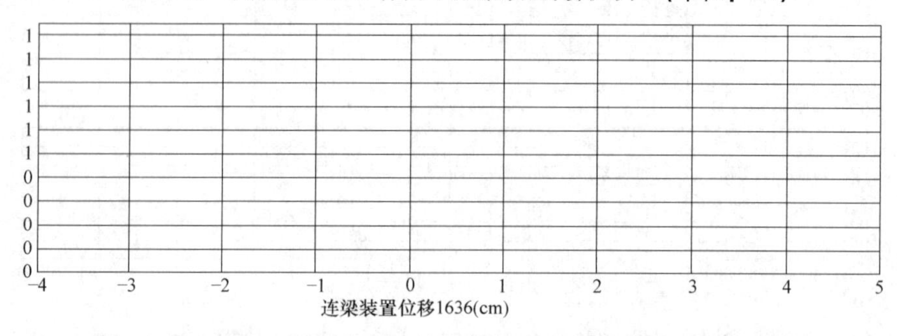

图 11-24　小震 WT1636 作用下连梁装置内力随位移变化时程（单位：kN，cm）

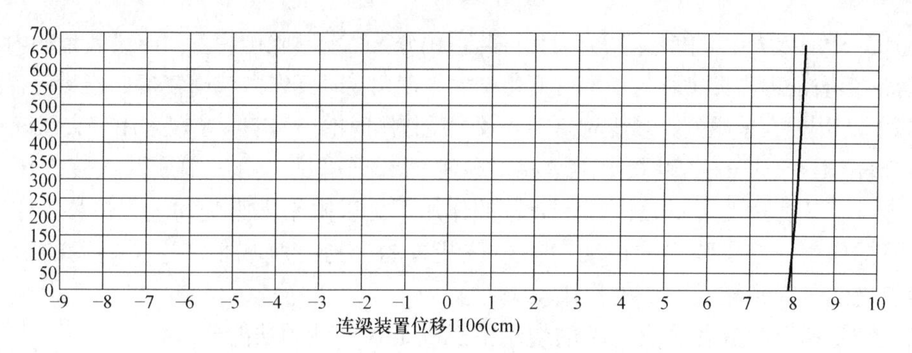

图 11-25 中震 WT1106 作用下连梁装置内力随位移变化时程（单位：kN，cm）

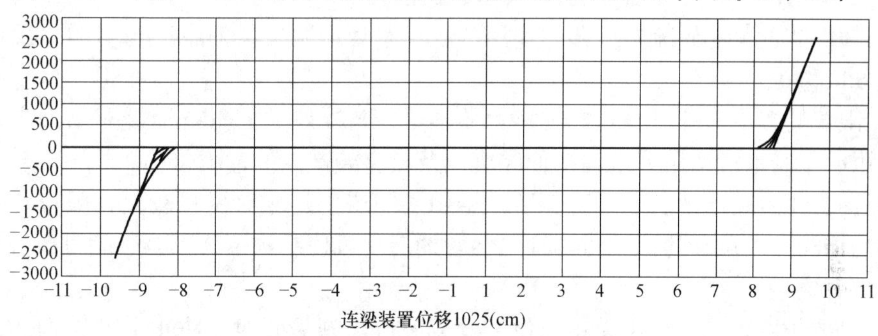

图 11-26 大震 WT1025 作用下连梁装置内力随位移变化时程（单位：kN，cm）

由图 11-21～图 11-26 可以看出，连梁装置在小震作用下不启动，在中震及大震作用下当支座位移超过其剪切变形量后开始发挥作用，连梁装置的内力随地震荷载的增大变大，其内力未超过连梁装置的破断力。

对比分析结构在单独采用分灾元件（原结构＋伸缩装置＋限位装置或连梁装置）与采用分灾系统（原结构＋伸缩装置＋限位装置＋连梁装置）时限位装置与连梁装置的受力情况，以得出其在不同工况下的作用情况。

限位装置的最大内力变化 **表 11-4**

工况		小震	中震	大震
单独采用限位装置	左侧限位装置	48.81	581.70	1209.00
	右侧限位装置	13.56	481.90	1201.00
采用分灾系统	左侧限位装置	48.86	509.30	593.80
	右侧限位装置	13.57	463.60	594.30

连梁装置的最大内力变化 **表 11-5**

工况		小震	中震	大震
单独采用连梁装置	左侧连梁装置	0.00	1613.00	3112.00
	右侧连梁装置	0.00	1272.00	3539.00
采用分灾系统	左侧连梁装置	0.00	667.00	2589.00
	右侧连梁装置	0.00	0.00	2603.00

注：表中左侧及右侧分别指桥梁结构的低里程侧与高里程侧。

从上表中可以看出，单独采用分灾元件与采用分灾系统时限位装置和连梁装置的内力均有变化。限位装置的内力在小震与中震时变化不大，在大震时其内力减小较多。连梁装置在小震时均不发挥作用，在采用分灾系统时，中震及大震作用时的内力响应也较采用分灾系统时小。

结合表 11-1～表 11-3 以及中梁墩相对位移的数据可见，由于中震及大震作用下支座的变位超过了其剪切变形量，而限位装置的作用不足以限制支座处的过大位移，连梁装置便开始发挥作用。连梁装置的启动使得限位装置的内力有所减小，连梁装置的内力也不大，两者之间可起到相互保护的作用。

以上结果所反映的各分灾元件的使用情况满足各元件的功能要求：

1）支座可起到一定的疏导位移、隔震作用；

2）伸缩装置可起到疏导位移的作用，装置本身缓冲材料的摩擦与牵制作用可限制梁端的部分位移；

3）限位装置用来补充支座抗震能力的不足，与支座共同抵抗地震对结构产生的地震作用，用以限制地震作用下结构在伸缩缝以及支座处产生的过大位移；

4）当支座丧失支承功能，上、下部结构之间产生的相对位移较大，限位装置不足以起到限制结构过大位移的作用时，连梁装置的启动可使结构位移不至于超过搁置长度、防止落梁震害发生；

5）搁置长度则是结构不采用限位装置或限位措施失效时，防止上部结构从下部结构顶部脱落的支承措施。

本算例位移型抗震分灾系统各元件的移动量区间可用图 11-27 表示如下。

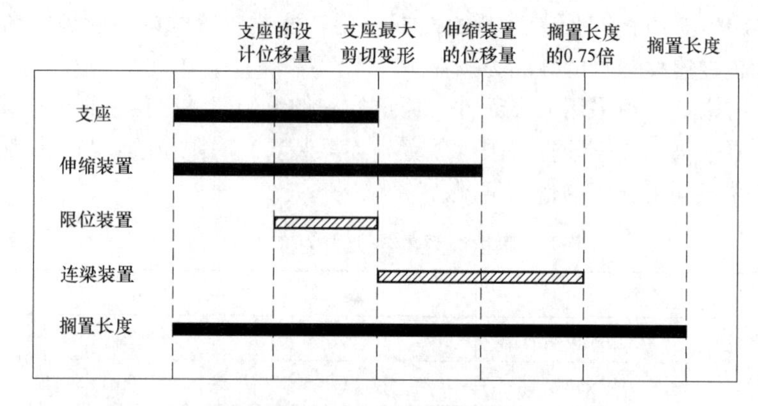

图 11-27　位移型抗震分灾系统各元件的作用位移区间

表示分灾元件的位移范围；

表示分灾元件的启动位移范围，此类分灾元件在启动后至破坏发均发挥作用

由图 11-27 可见，支座、伸缩装置均是结构使用期间至位移达到其极限位移量时发挥作用，限位装置和连梁装置在启动位移量到元件发生破坏的位移区间内发挥作用，搁置长度在结构使用至结构发生落梁破坏期间均发挥作用。

11.2　位移型分灾系统在强震下的效果分析

位移型抗震分灾系统需要在结构的整个运营期间内防止结构发生落梁震害，结构可能遭受的最大地震很有可能是设计时无法预期的地震动。在第 2 章中曾针对强震的特点进行过分析，强烈地震的强度通常较高，具有一定的超预期性，在远场地震波中长周期成分较为丰富，持时也相对较长，而大震的发生往往伴随大量的余震，具有丛集的特征。

因此，本节将抽取较有代表性的强烈地震美国北岭（Northridge）地震以及兵库县神户地震（Kobe）对上一节分析的位移型抗震分灾系统的作用效果进行验证。

11.2.1 Northridge 地震作用下分灾系统作用效果分析

首先，采用 1994 年美国北岭地震的地震动时程进行动力时程分析，地震波时程如图 11-28 所示，峰值加速度为 592.08cm/s^2（大于设计大震的峰值加速度 363.90cm/s^2）。

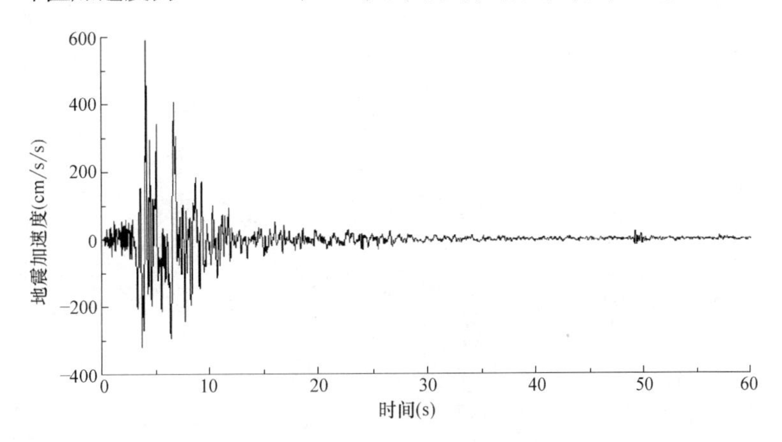

图 11-28 Northridge 地震加速度时程

对设置了位移型抗震分灾系统的桥梁结构进行动力时程分析，将结构设置分灾系统后的计算结果与原结构、考虑各分灾元件时的结构地震响应进行对比，得到其分灾效果及在地震作用下的作动过程。分灾元件的工况与上节中相同。

各分灾系统工况下结构地震响应　　表 11-6

工况		主梁位移(cm)	墩顶位移(cm)	上、下部结构相对位移(cm)	墩底弯矩(kN・m)
工况 1	边墩	24.92	1.14	23.78	7564
	中墩	24.92	5.54	19.38	32594
工况 2	边墩	16.70	1.14	15.56	7564
	中墩	16.70	4.16	12.54	24749
工况 2 /工况 1	边墩	0.67	1.00	0.65	1.00
	中墩	0.67	0.75	0.65	0.76
工况 3	边墩	14.30	1.96	12.34	11746
	中墩	14.30	3.20	11.10	18954
工况 3/工况 1	边墩	0.57	1.72	0.52	1.55
	中墩	0.57	0.58	0.57	0.58
工况 4	边墩	12.55	3.98	8.57	23924
	中墩	12.55	2.96	9.59	17592
工况 4/工况 1	边墩	0.50	3.49	0.36	3.16
	中墩	0.50	0.53	0.49	0.54

从表 11-6 中设置分灾元件和分灾系统后结构的响应与原结构的比较值可以看出结构在采用不同分灾元件后，主梁位移以及上、下部结构相对位移、中墩的墩顶位移及墩底弯矩均有所减小，但边墩的墩顶位移及墩底弯矩均有所增大。支座的变位在采用所有的分灾元件时均超过了其允许剪切变形量，也就是发生了破坏。

以上分析说明各工况的分灾系统均有效的减小了结构变位，起到了一定的限位作用。且由于分灾元件的采用，结构的整体性增强，使原本因设置滑板支座承受地震荷载较小的边墩亦开始分担地震作用。以下给出结构设置不同分灾元件后的地震响应变化。

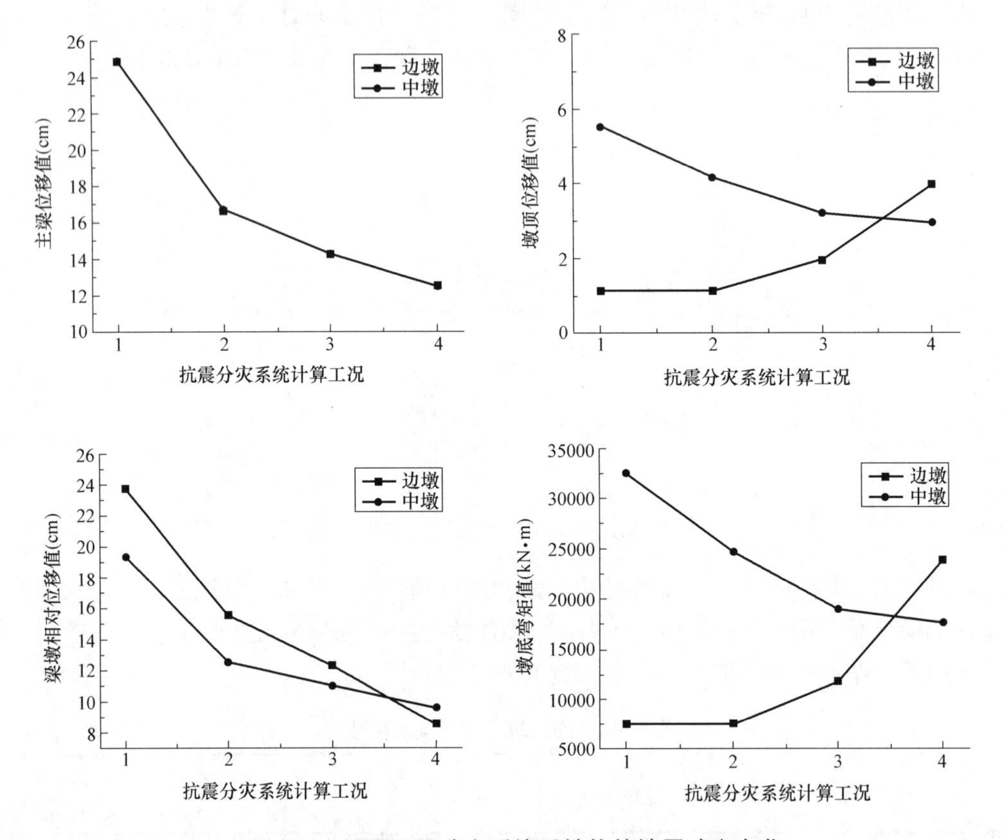

图 11-29　设置不同分灾系统后结构的地震响应变化

从以上结构的响应在各分灾工况中的变化图 11-29 中可见：随着桥梁结构分灾系统配置的完善，结构的主梁位移以及上、下部结构的相对位移、中墩的墩顶位移及墩底弯矩呈逐渐减小的趋势；边墩墩顶位移及墩底弯矩均随分灾系统配置的完善呈逐渐增加的趋势，这是由于限位装置、连梁装置均设置于边墩处，使得结构的整体性能增加，导致边墩承受的地震荷载有所增大。

下面给出各分灾元件对结构边墩梁墩相对位移减小量以及墩底弯矩增大量的贡献比例，如图 11-30 所示。

由以上各分灾元件对边墩相对位移及墩底弯矩变化量的贡献比例可以看出，在 Northridge 地震作用下，伸缩装置对边墩相对位移减小的贡献相对较大，限位装置与连梁装置均发挥了减小结构位移的作用；伸缩装置的设置对边墩墩底的弯矩值没有影响，连梁装置的设置对其增大的贡献较大。

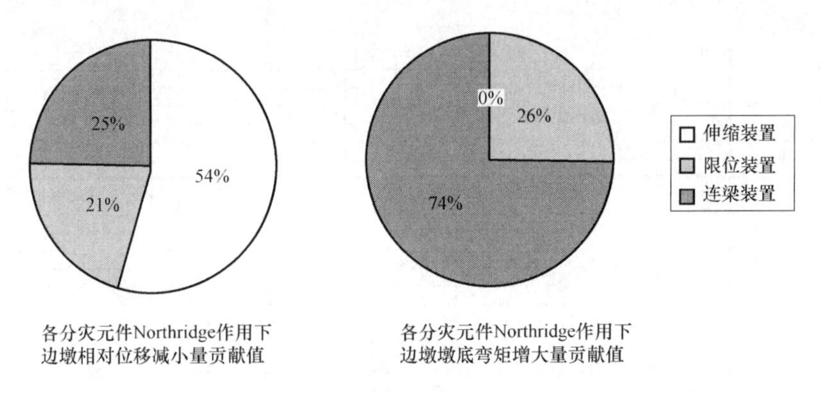

图 11-30　各分灾元件对结构边墩相对位移及墩底弯矩变化的贡献比例

为了了解设置分灾系统后桥梁上、下部结构相对位移的减小幅度，将其与原结构的对比时程曲线给出。因边墩的上、下部结构相对位移的减小幅度较大，在此仅列出边墩的梁墩相对位移在设置分灾系统后与原结构的对比变化时程曲线。

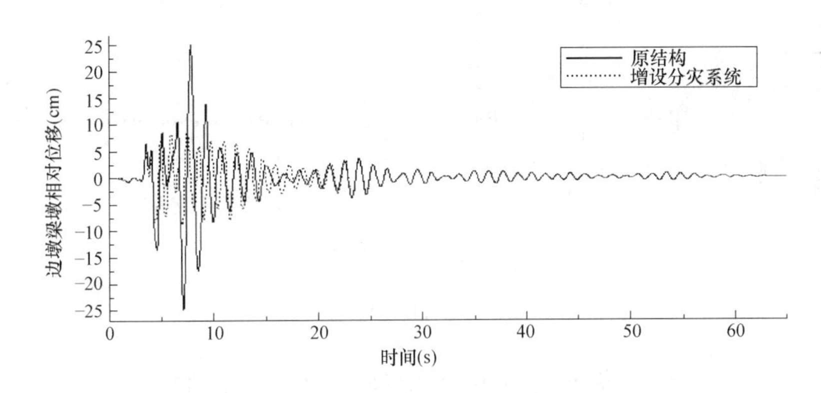

图 11-31　设置分灾系统后边墩处的梁墩相对位移减小幅度

从图 11-31 可以看出，设置了分灾系统的桥梁结构上、下部结构相对位移减小很多，说明分灾系统起到了限制结构较大位移的效果。

下面将列出结构伸缩缝处的位移在设分灾系统后的变化情况以及伸缩装置在地震作用下的内力响应时程。

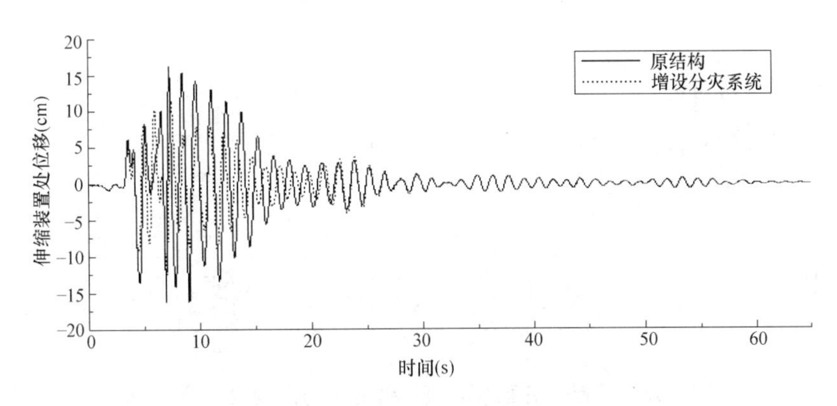

图 11-32　伸缩缝处的位移减小幅度

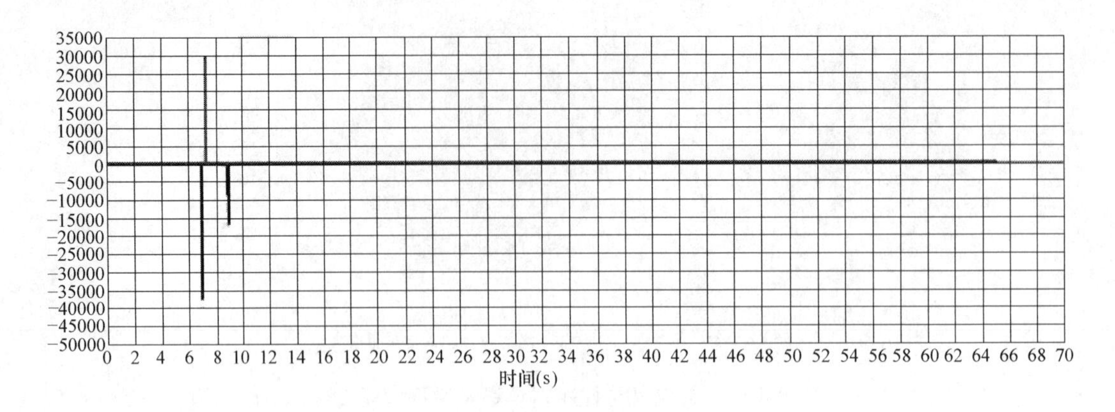

图 11-33　原结构伸缩装置内力时程（单位：kN）

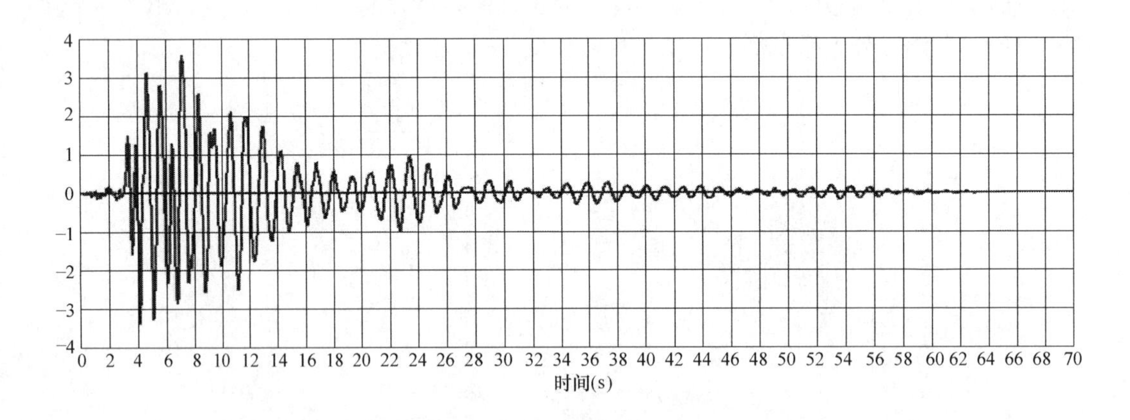

图 11-34　设置分灾系统后伸缩装置内力时程（单位：kN）

由以上伸缩装置的位移及内力时程（图 11-32～图 11-34）可见，设置分灾系统后，伸缩缝处的位移在地震作用下有明显减小，伸缩装置不再受到地震引起的冲击荷载，伸缩装置的位移被有效控制在 13cm 以内，小于其设计伸缩量。

下面给出设置分灾系统后限位装置及连梁装置的内力以及其随变位的变化时程，如图 10-35 和图 10-36 所示。

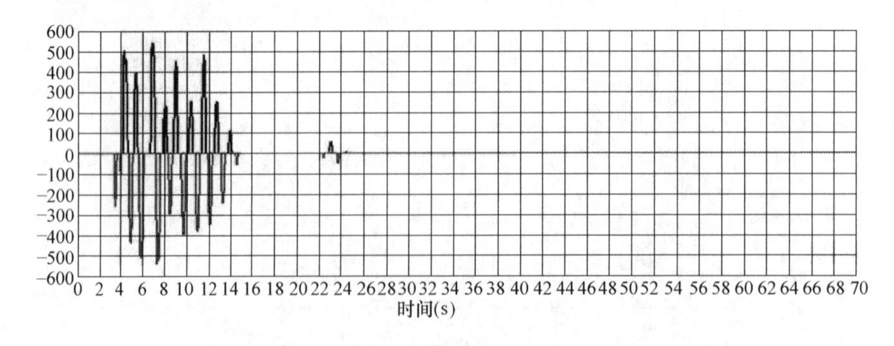

图 11-35　设置分灾系统后限位装置内力时程（单位：kN）

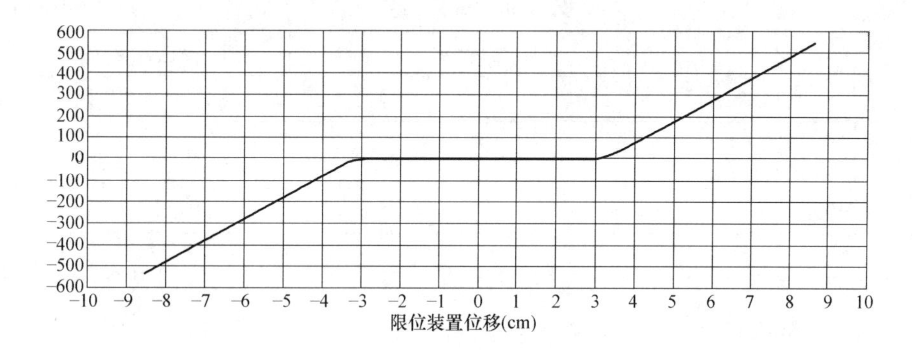

图 11-36　设置分灾系统后限位装置内力随位移变化时程（单位：kN，cm）

由图 11-36 可以看出，限位装置在地震加速度较大的时候发挥作用，内力未超过其破坏荷载 1685kN。

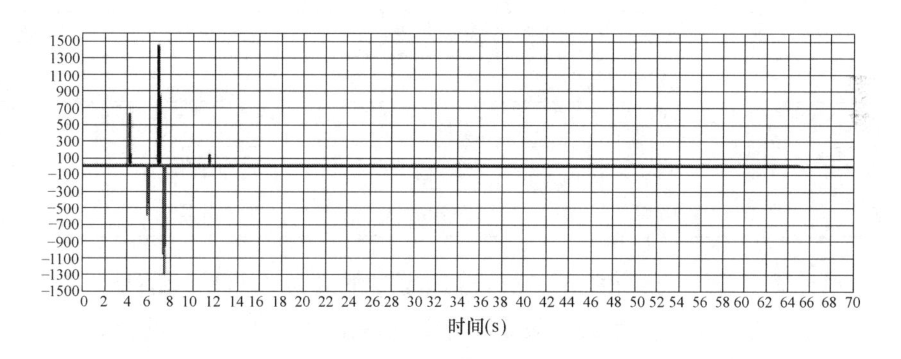

图 11-37　设置分灾系统后连梁装置内力时程（单位：kN）

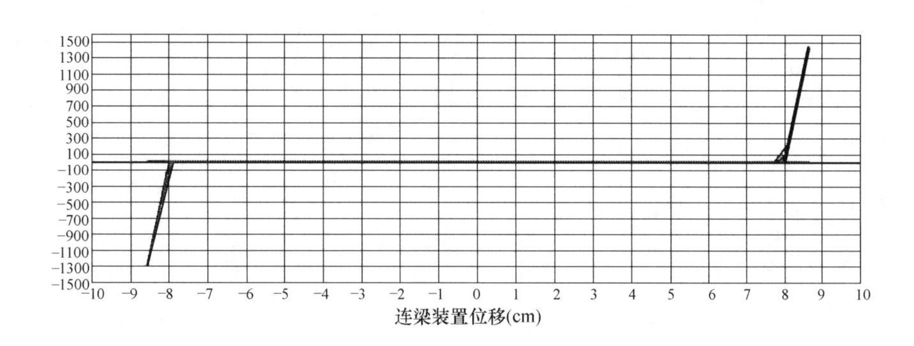

图 11-38　设置分灾系统后连梁装置内力随位移变化时程（单位：kN，cm）

连梁装置在地震加速度较大时与限位装置共同发挥作用，其内力亦未超过连梁装置的破断力。

对比分析结构在单独采用分灾元件（原结构＋伸缩装置＋限位装置或连梁装置）与采用分灾系统（原结构＋伸缩装置＋限位装置＋连梁装置）时限位装置与连梁装置的受力情况，以得出其在不同工况下的作用情况。

分灾元件的内力变化　　**表 11-7**

工　况	限位装置内力		连梁装置内力	
	左侧	右侧	左侧	右侧
采用分灾元件（限位装置或连梁装置）	940.50	843.20	3691.00	2772.00
采用分灾系统	543.60	536.30	1447.00	1280.00

从表 11-7 中可以看出，采用分灾系统与单独采用分灾元件时限位装置与连梁装置的内力均有变化。在地震加速度较大时，由于支座处产生的变位超过了其剪切变形量，连梁装置开始参与分灾，与限位装置共同分担地震作用，使得限位装置的内力有所减小，连梁装置的内力也不大。

表 11-8 给出各分灾元件在 Northridge 地震作用下的响应。

各分灾元件地震响应　　**表 11-8**

工　况	支座	伸缩装置	限位装置	连梁装置
工况 1	破坏	/	/	/
工况 2	破坏	破坏	/	/
工况 3	破坏	未发生破坏	发挥作用	/
工况 4	破坏	未发生破坏	发挥作用	发挥作用

以上结果说明，分灾系统在 Northridge 地震中能有效减小结构因地震引起的位移，也较好的起到了防止结构发生落梁的效果，分灾元件不但能发挥各自的分灾功能，还能起到相互保护的作用。与上节中的分析结论相同。

11.2.2　Kobe 地震作用下分灾系统作用效果分析

本节采用 1995 年日本兵库县南部神户地震的地震动时程进行动力时程分析，地震波时程如图 11-39 所示，峰值加速度为 617.14cm/s^2（大于设计大震的峰值加速度 363.90cm/s^2）。

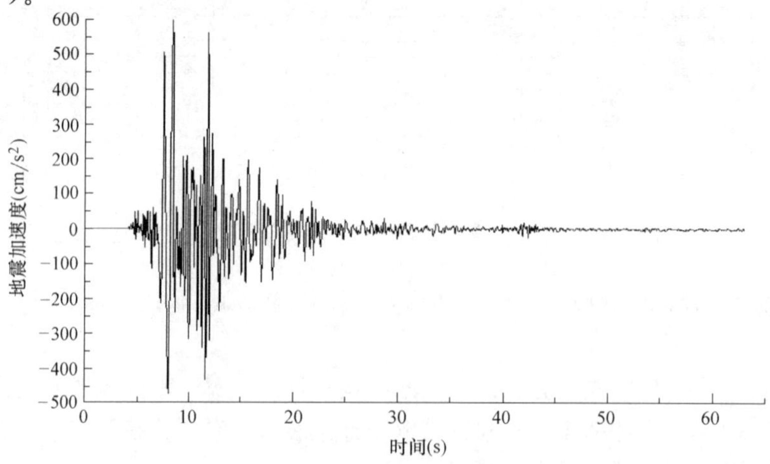

图 11-39　Kobe 地震加速度时程

对设置了位移型抗震分灾系统的桥梁结构进行动力时程分析，将结构设置分灾系统后的计算结果与原结构、考虑各分灾元件时的结构地震响应进行对比，得到其分灾效果及在地震作用下的作动过程。分灾元件的工况与上节中所设置的情况相同。

各分灾系统工况下结构地震响应 **表 11-9**

工况		主梁位移(cm)	墩顶位移(cm)	上、下部结构相对位移(cm)	墩底弯矩(kN·m)
工况 1	边墩	19.06	1.38	17.68	7564
	中墩	19.06	4.25	14.81	32594
工况 2	边墩	17.74	1.38	16.36	9047
	中墩	17.74	5.39	12.35	33092
工况 2 /工况 1	边墩	0.93	1.00	0.93	1.20
	中墩	0.93	1.27	0.83	1.02
工况 3	边墩	17.59	3.28	14.31	20470
	中墩	17.59	5.20	12.39	31969
工况 3 /工况 1	边墩	0.92	2.38	0.81	2.71
	中墩	0.92	1.22	0.84	0.98
工况 4	边墩	17.14	11.21	5.93	69885
	中墩	17.14	5.26	11.88	32321
工况 4/工况 1	边墩	0.90	8.12	0.34	9.24
	中墩	0.90	1.24	0.80	0.99

从表 11-9 中设置分灾元件和分灾系统后结构的响应以及与原结构的比较值可以看出结构在采用不同工况分灾系统后，主梁位移以及上、下部结构的相对位移、中墩的墩底弯矩均有所减小。但边墩与中墩的墩顶位移及边墩墩底弯矩均有所增大，在采用分灾系统的情况下，边墩墩底弯矩大于中墩的墩底弯矩。支座的变位在采用所有的分灾元件时几乎均超过了其允许剪切变形量，也就是发生了破坏。

以上分析说明各工况的分灾系统能够有效减小结构的变位，起到一定的限位作用，使桥梁结构在强震作用下没有发生落梁的危险。由于分灾元件的采用，结构的整体性增强，使原本因设置滑板支座承受地震荷载较小的边墩亦开始分担地震作用，导致墩顶位移与边墩的墩底弯矩均有所增加。

以下给出结构设置不同分灾元件后的地震响应变化规律。

从以上结构的响应在各分灾工况中的变化图（图 11-40）中可见：随着桥梁结构分灾系统配置的完善，结构的主梁位移以及上、下部结构的相对位移、中墩的墩底弯矩呈逐渐减小的趋势；边墩与及墩底弯矩均随分灾系统配置的完善呈逐渐增加的趋势，中墩的墩顶位移也有略微增加。这是由于限位装置、连梁装置均设置于边墩，增加了结构的整体性，导致原本通过滑板支座分散地震作用的边墩也开始与其他桥墩共同分担地震荷载。该规律与 Northridge 地震作用下的分析结果一致。

下面给出各分灾元件对结构边墩梁墩相对位移减小量以及墩底弯矩增大量的贡献比

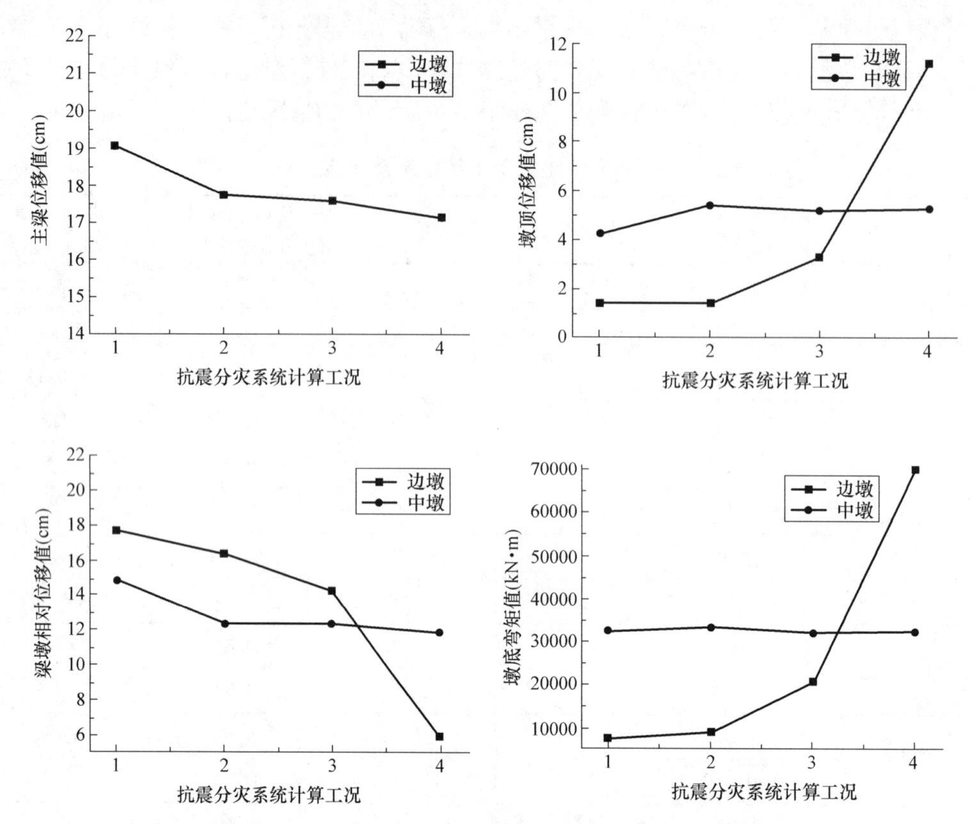

图 11-40　设置不同分灾系统后结构的地震响应变化

例，如图 11-41 所示。

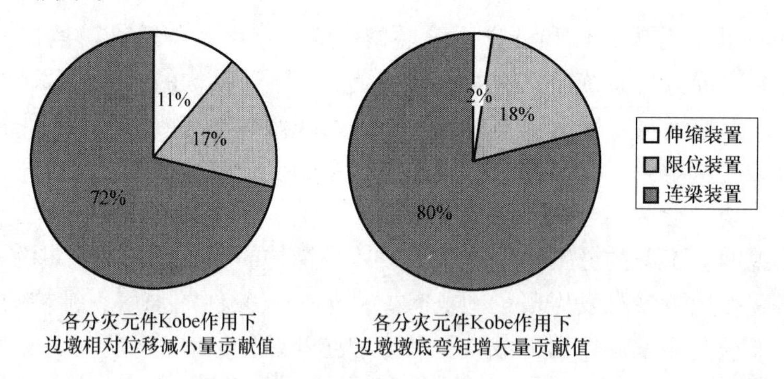

图 11-41　各分灾元件对结构边墩相对位移及墩底弯矩变化的贡献比例

由以上各分灾元件对边墩相对位移及墩底弯矩变化量的贡献比例可以看出，在 Kobe 地震作用下，连梁装置对边墩相对位移减小的贡献相对较大，伸缩装置与限位装置的贡献相对较小；连梁装置设置增加了结构的整体性，对边墩墩底弯矩的增大贡献较大，由于 Kobe 地震作用下伸缩缝处的位移超过了伸缩装置的设计伸缩量，相邻桥跨间发生了碰撞，导致伸缩装置对桥墩墩底弯矩的增加有了少量贡献。

为了了解设置分灾系统后桥梁上、下部结构相对位移的减小幅度，将其与原结构的对比时程给出。因边墩的上、下部结构相对位移减小的幅度较大，在此仅列出边墩的梁墩相对位移在设置分灾系统后与原结构的对比变化时程曲线。

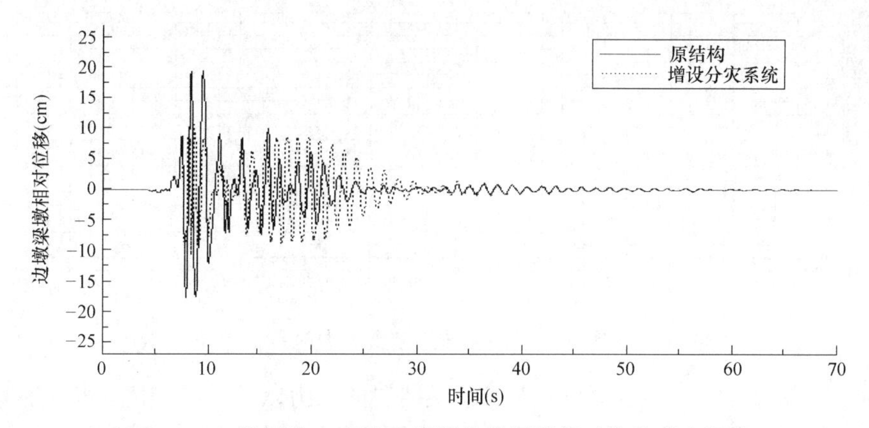

图 11-42 设置分灾系统后边墩处的梁墩相对位移减小幅度

从图 11-42 可以看出，设置了分灾系统的桥梁结构上、下部结构相对位移减小很多，说明分灾系统起到了限制结构响应位移的效果。

下面将列出伸缩缝处的位移在设分灾系统后的变化情况以及伸缩装置在地震作用下的内力响应时程。

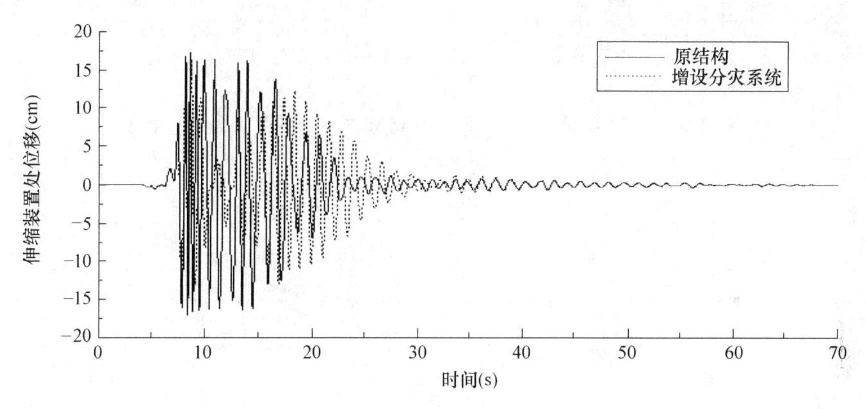

图 11-43 伸缩缝处的位移减小幅度

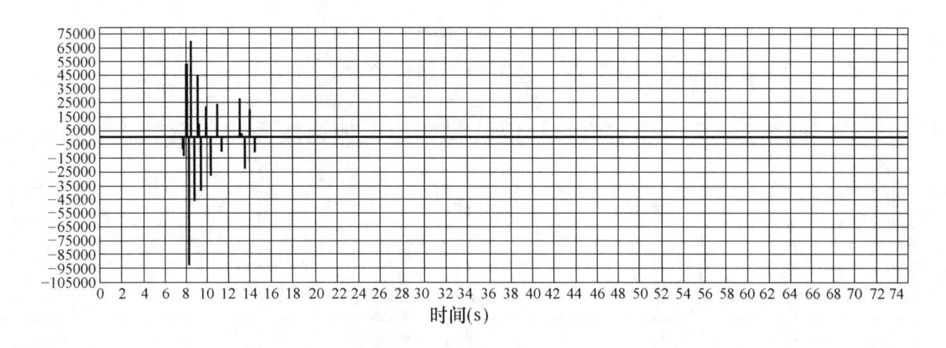

图 11-44 原结构伸缩装置内力时程（单位：kN）

由以上伸缩装置的位移及内力时程（图 11-43～图 11-45）可见，设置分灾系统后，伸缩缝处的位移在地震作用下有所减小，伸缩装置受到地震引起的冲击荷载也有所减少，但依然会受到冲击。

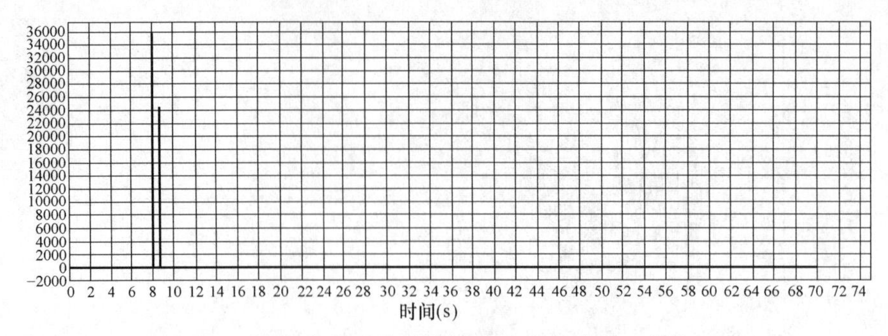

图 11-45　设置分灾系统后伸缩装置内力时程（单位：kN）

下面给出设置分灾系统后限位装置及连梁装置的内力以及其随变位的变化时程。

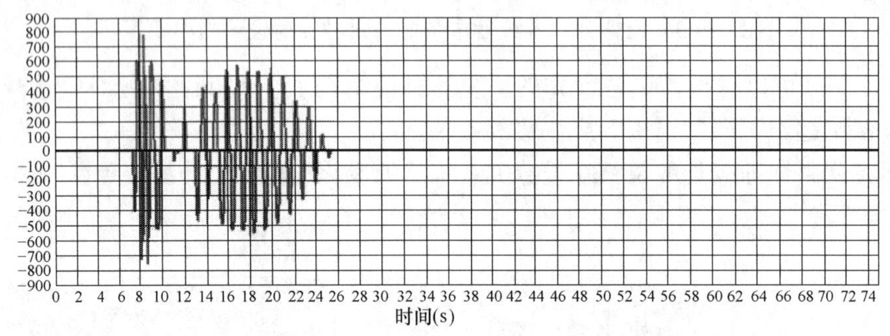

图 11-46　设置分灾系统后限位装置内力时程（单位：kN）

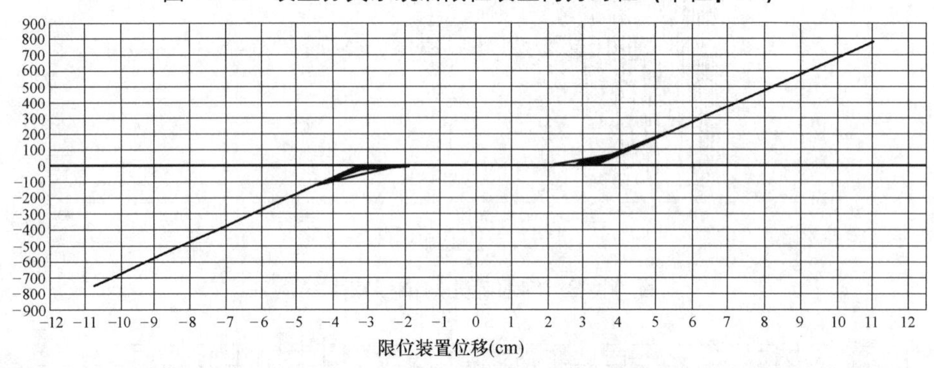

图 11-47　设置分灾系统后限位装置内力随位移变化时程（单位：kN，cm）

由图 11-46 和图 11-47 可以看出，限位装置在地震加速度较大的时候发挥作用，内力

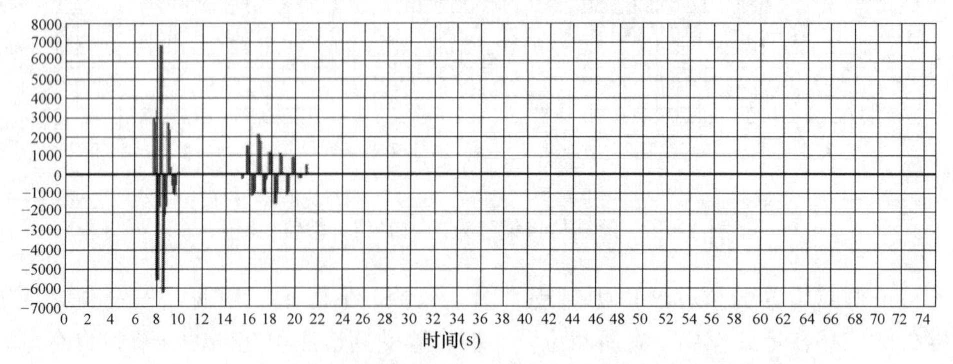

图 11-48　设置分灾系统后连梁装置内力时程（单位：kN）

未超过其破坏荷载 1685kN。

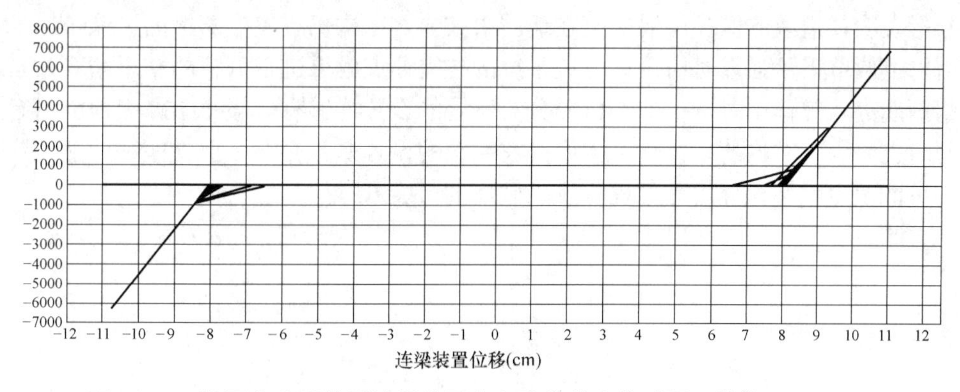

图 11-49 设置分灾系统后连梁装置内力随位移变化时程（单位：kN，cm）

由图 11-48 和图 11-49 可以看出，连梁装置在地震加速度较大时与限位装置共同发挥作用，其内力超过了连梁装置的破断力，连梁装置发生破坏。

对比分析结构在单独采用分灾元件（原结构＋伸缩装置＋限位装置或连梁装置）与采用分灾系统（原结构＋伸缩装置＋限位装置＋连梁装置）时限位装置与连梁装置的受力情况，以得出其在不同工况下的作用情况。

分灾元件的内力变化 **表 11-10**

工 况	限位装置内力		连梁装置内力	
	左侧	右侧	左侧	右侧
采用分灾元件 (限位装置或连梁装置)	1199.00	1214.00	8112.00	8569.00
采用分灾系统	781.40	754.30	6859.00	6243.00

从表 11-6 中可以看出，采用分灾系统与单独采用分灾元件时限位装置与连梁装置的内力均有变化。在地震加速度较大时，由于支座处变位超过了其剪切变形量，连梁装置开始参与分灾，与限位装置共同分担地震作用，使得限位装置与连梁装置的内力较单独使用时减小。但连梁装置在地震中发生了破坏，其内力大于设计破断力 4000kN。

表 11-11 给出各分灾元件在 Kobe 地震作用下的响应。

各分灾元件地震响应 **表 11-11**

工况	支座	伸缩装置	限位装置	连梁装置
工况 1	破坏	/	/	/
工况 2	破坏	破坏	/	/
工况 3	破坏	破坏	发挥作用	/
工况 4	破坏	破坏	发挥作用	破断

综合以上结果说明，分灾系统在 Kobe 地震中能减小结构因地震引起的位移，各分灾元件能发挥各自的分灾功能。但是由于 Kobe 地震的峰值加速度较大，伸缩装置在采用了

分灾系统之后仍然会受到强震引起的冲击力，连梁装置也因过大的地震荷载发生破断。弹塑性分析表明，边墩的保护层混凝土在地震中破碎，结构仍有发生落梁的可能。

由以上两节采用强震对所设计分灾系统的抗震分灾效果进行分析的结果来看，当结构遭遇超预期的强震作用时，位移型抗震分灾系统的设置能够有效减小结构因地震引起的位移，同时也能提高结构的整体性，说明分灾系统的设置非常必要。但支座和伸缩装置在强震中仍可能发生破坏，分灾元件也有发生破坏的可能。

第12章 结 语

12.1 研究主要结论

12.1.1 爆炸荷载下钢管混凝土墩柱动态响应及评估

基于爆炸试验和数值模拟的方法研究爆炸荷载下钢管混凝土墩柱的动态响应及其损伤评估。主要从钢管混凝土墩柱在爆炸冲击荷载作用下数值模拟方法、网格尺寸效应、抗爆性能影响因素、爆炸试验设计及开展、损伤破坏与损伤程度评估五个方面进行系统而详尽的研究，主要工作及结论如下：

1）针对爆炸冲击波的传播过程及其与结构相互作用的模拟结果的准确性在很大程度上取决于有限元模拟时采用的网格尺寸，不同尺寸的网格会导致计算结果的巨大差异的问题。针对单元网格尺寸分别为10mm、20mm、30mm、40mm和60mm五种情况建立有限元数值模型，分析讨论网格尺寸对于爆炸冲击荷载各参数的影响程度。结果表明网格尺寸大小对冲击波传播的波形和传播时间均有较大影响。同时，冲击波压力峰值随着网格尺寸的增加呈下降趋势，网格密度越大，则冲击波压力峰值与试验采集压力峰值越接近，综合考虑划分单元数量问题，当单元网格尺寸取20mm以下时模拟结果与实际是相符的。

2）钢管混凝土墩柱迎爆面柱底、柱中和柱顶三个位置的压力峰值，分别呈现柱中最大、柱底次之、柱顶最小的分布特征。而柱背爆面柱底、柱中和柱顶三个位置的峰值均没有超过大气压值。这表明爆炸冲击波在迎爆面分布以正压为主，背爆面分布以负压为主。同等折合距离条件下，复式空心截面峰值压强较普通实心截面要低。迎爆面最大位移在柱中产生，位移最大值产生的时间略滞后于压力峰值产生的时间。柱等效应力云图与最大剪应力云图的分布非常相似，均关于柱中横截面呈上下对称。在爆炸开始时应力较大区域集中在柱中，随着时间的推移，应力较大的区域逐渐向柱两端延伸，并最终形成柱中部与两端应力较大而柱顶、柱中与柱底之间过渡区域较小的分布趋势。

3）两次试验数据结果表明，折合距离是对钢管混凝土墩柱动态响应及损伤起着决定性影响的重要因素。柱迎爆面位移峰值的增加率随着折合距离的减小而迅速增加，说明折合距离越小，柱动态响应对折合距离变化越敏感。同时，折合距离对柱核心区混凝土的变形影响也较大。此外，折合距离对柱迎爆面压力峰值和冲击波的到达时间均有较大影响。压力峰值的增加率远大于折合距离的降低率，折合距离越小，柱迎爆面压强变化相应越敏感。

4）通过对不同因素条件下复式空心钢管混凝土墩柱抗爆性能影响的分析可以得出：空心率的变化对柱迎爆面受到的冲击波压力的大小没有明显的影响。增大空心率可以使柱核心区混凝土承受的压力减小，从而在一定程度上改善复式空心钢管混凝土墩柱的抗爆性能。但随着空心率的进一步增加，外钢管与芯钢管之间的核心混凝土区域相应减小而导致柱抗弯刚度降低，因此过大的空心率并不能改善柱的抗爆性能，

5）柱截面类型方面，由于圆截面与冲击波阵面接触的面积较方截面要小，即使正压的作用时间一致，圆截面产生的压力值也要低于方截面，因此圆截面抗爆性能要优于方截面。混凝土强度等级发生变化对复式空心钢管混凝土墩柱的柱面压力和等效应力分布没有明显影响，说明提高混凝土强度等级对改善复式空心钢管混凝土墩柱的抗爆性能影响不大。

6）依据试验具体的压力采集数据的结果表明，压力峰值随着两次试验测点折合距离的增加而有小幅降低，而正压冲量随折合距离的增加而有小幅上升，因此考察冲击波对构件的损伤程度，应综合考量压力峰值与正压冲量两者的作用效应。据此建立基于复式空心钢管混凝土墩柱中弯曲挠度变形的超压—冲量损伤准则，并拟合建立了 P-I 曲线数学表达式。

12.1.2　强震荷载下桥梁抗震分灾设计

基于桥梁结构的震害教训，分析了强烈地震的特点以及桥梁结构抗震设计的发展历程，结合分灾设计思想针对梁式桥较易发生的落梁及碰撞震害进行了分灾设计。通过分析结构设置位移型分灾元件后的响应，总结了各元件的功能特征以及设计参数的影响规律。对采用分灾系统的梁桥算例进行地震响应分析，总结了分灾系统在地震作用下的分灾效果，并结合强震与强震序列对所得规律进行了验证，主要工作及所得结论如下：

1. 提出了抗震分灾系统的概念并对其进行了分类：

以实现结构抗震分灾功能为目标、力保结构在地震作用下达到整体安全、在结构使用寿命期间内所需总费用最小且相互关联的分灾构件的集合体称为抗震分灾系统。并从分灾元件减少地震响应的不同机理，将分灾系统分为耗能型抗震分灾系统以及位移型抗震分灾系统两类。耗能型抗震分灾系统通过分灾元件耗散地震能量达到抗震设计的目的；位移型抗震分灾系统中各元件通过发生位移或是对结构在地震荷载下产生的过大位移进行控制，起到疏导结构位移、限制过大位移、防止结构发生碰撞、落梁等震害的作用。

2. 采用已有的设计方法对位移型抗震分灾系统各分灾元件（支座、伸缩装置、搁置长度、限位装置、连梁装置）进行设计，结合小震、中震以及大震时程波对采用不同分灾元件的算例进行动态时程分析，分析发现选择合理参数的位移型分灾元件可起到疏导位移及限制结构过大位移的效果，并能有效防止落梁和碰撞发生。

（1）支座能够起到疏导位移及隔震的作用，滑动支座的变位使得地震所致的结构水平向变位得以释放。但在中震以及大震激励下，支座的变位远远超过了其允许剪切变形量，会发生破坏。

（2）伸缩装置的设置使得结构的位移及墩底弯矩有所减小，具有疏导位移、减小结构地震响应的作用。伸缩装置在小震及中震作用下均能满足结构在梁端的位移需求，但在大震作用下会受到地震作用的冲击、发生破坏。

（3）限位装置的初始间隙越小、刚度越大其限位效果越好。设置推荐限位装置后，结构的主梁位移以及上、下部结构相对位移均有所减小，结构的整体性有所增加，使得地震作用在各墩间较为均匀地分配。支座在中震及大震作用下的位移量超过其允许剪切变形

量，会发生破坏，伸缩装置仅在大震作用下会发生破坏。限位装置的内力随着地震荷载的加剧增大。

（4）连梁装置初始间隙越小结构的内力响应、梁墩相对位移越小，连梁装置的防落梁效果越好；而拉索的长度对其防落梁效果几乎没有太大的影响。设置推荐连梁装置后，结构在地震作用下的主梁位移以及上、下部结构相对位移均有所减小，结构的整体性增大，使原本承受地震荷载较小的边墩亦开始分担地震荷载。支座在中震及大震作用下仍会发生破坏，但结构不会发生落梁；伸缩装置在各级地震下均不会受到地震荷载的冲击。连梁装置在支座处位移大于其剪切变形量之后开始启动，仅在小震时不发挥作用。

3. 通过对分灾元件进行不同的工况组合，分析了位移型抗震分灾系统在设计地震以及强烈地震作用下的分灾效果：

统计分析小、中、大、强震作用下的结构响应以及各元件的受力状况发现，小震作用下分灾系统不发挥作用，地震峰值加速度越大分灾系统对结构响应的影响效果越明显，但并非呈规律性变化。随着地震强度的增加分灾系统中作动的分灾元件逐渐增多，且分灾元件在各级地震作用下均有较好的限制结构位移、减小地震破坏的作用，但在过大地震作用下有失效的可能。

（1）分灾系统可有效减小结构的主梁位移以及上、下部结构相对位移，有较好的限位效果并会使结构的整体性增强。随着桥梁结构分灾系统配置的完善，分灾系统的分灾效果越来越好。设置分灾系统后，支座的位移量仅在大震时超过了其剪切变形量，伸缩装置则在各级地震作用下均未遭到地震荷载的冲击。

（2）各分灾元件的使用情况恰好满足了各元件的功能要求：支座可起到一定的疏导位移、隔震作用；伸缩装置可起到疏导位移的作用，装置本身缓冲材料的摩擦与牵制作用可限制梁端的部分位移；限位装置用来补充支座抗震能力的不足，与支座共同抵抗地震对结构产生的地震作用，用以限制地震作用下结构在伸缩缝以及支座处产生的过大位移；当支座丧失支承功能，上、下部结构之间产生的相对位移较大，限位装置不足以起到限制结构过大位移的作用时，连梁装置的启动可使结构位移不至于超过搁置长度、防止落梁震害发生；搁置长度则是结构不采用限位装置或限位措施失效时，防止上部结构从下部结构顶部脱落的支承措施。

（3）给出了位移型抗震分灾系统各元件的作用位移区间：支座、伸缩装置均是结构使用期间至位移达到其极限位移量时发挥作用，限位装置和连梁装置在启动位移量到元件发生破坏的位移区间内发挥作用，搁置长度在结构使用至结构发生落梁破坏期间均发挥作用。

（4）分别采用强烈地震 1994 年美国北岭（Northridge）地震、1995 年日本兵库县神户（Kobe）地震以及较为经典的集集地震序列对抗震分灾系统的作用效果进行了验证。结果表明其分灾效果及分灾元件的作动规律均与设计地震作用下的结论相符，当结构遭遇超预期的强震作用时，位移型抗震分灾系统的设置能够有效减小结构因强震及地震序列作用引起的位移，同时也能提高结构的整体性。但在较大的 Kobe 地震作用下，伸缩装置会受到地震荷载引起的冲击力，连梁装置亦会发生破坏。

4. 结合可靠度理论及荷载的粗糙度指标，从结构整体失效的角度出发，对分灾系统在设计烈度及超预期地震烈度下的失效概率及使用效益进行了粗略的分析，建立了分灾系统的体系模型，分别计算各分灾元件的失效概率，并以此得到所采用分灾系统的体系失效概率。分析发现，采用分灾系统可有效减小结构在地震作用下的失效概率。结合分灾抗震设计的基本思想，通过对结构的损失期望进行计算，分析认为分灾系统的采用可有效减小结构在使用期内因整体失效所造成的经济损失。

12.2　研究的进一步展望

本书以桥梁结构为载体，通过理论分析、试验研究、数值模拟等方式对桥梁墩柱、上部结构在爆炸、强震等强动荷载下的动态响应、损伤机理、评估准则、防灾措施等几个方面进行了原创研究，建立了复式空心钢管混凝土柱的损伤评估曲线，给出了位移型抗震分灾系统各元件的设计控制条件及位移作用范围。所得结论对完善工程结构在强动荷载下的力学响应有着现实而积极的意义。

然而，由于强动荷载作用的复杂性和多样性，仍有许多问题需要今后进一步深入研究，主要包括以下几个方面：

1）针对本书中所提出 P-I 曲线拟合公式，应进一步考察诸如混凝土抗压强度、钢管屈服强度、钢管壁厚、空心率等主要参数对复式空心钢管混凝土墩柱 P-I 曲线的影响，以建立能够代表更为普遍情况的复式空心钢管混凝土墩柱 P-I 曲线拟合公式。

2）爆炸产生的爆炸冲击波具有高度的非线性，因此不同的爆炸类型对结构构件的损伤及其自身的响应有很大差异。本书中完成的研究是针对地面爆炸和半球波的情况展开的，但是结构或构件还有可能遭受封闭空间中的爆炸冲击作用。因此，在不同爆炸类型下复式空心钢管混凝土墩柱的动态响应，爆炸冲击波与结构或构件的相互作用等也是今后继续探寻的研究方向。

3）本书仅以桥梁结构中采用较多的钢管混凝土墩柱为研究对象，然而实际爆炸冲击荷载作用下对象通常为结构，也就是柱、梁、板、墙的有机整体。因此，如何针对其他构件进行爆炸冲击荷载作用下的动态响应分析，以及构建相应的损伤程度评估方法，对于整体结构的抗爆设计有着十分重要意义，这同样有待今后进一步深入研究。

4）本书所研究的桥型为公路梁桥，跨径及桥型均很单一，但桥梁结构的形式多样，分灾设计所能设计的结构也非常多，同时书中也仅针对位移型抗震分灾系统进行了研究，在许多结构中会并存耗能型抗震分灾系统与位移型抗震分灾系统的设计，其相互影响效果及作用规律有待进一步研究。

5）各位移型分灾元件亦有很多不同的类型选择，书中所研究的均是选定的类型，其他形式的分灾元件还可做进一步的分灾效果研究。所采用各元件的设计条件大多都是限定的，还可以考虑其他情况出现的可能，例如伸缩装置安装温度的影响分析等。同时，书中对分灾系统的效益性分析较为粗略，忽略了各分灾元件分灾能力的随机特性，需要在今后的研究工作中进一步完善。